高职高专规划教材

固体废物处理及资源化应用

张雷　主编
闫凯　张锦洲　副主编
钟真宜　主审

化学工业出版社
·北京·

本书内容共包括六个模块，模块之间以固体废物污染控制与资源化的理论体系为联系。模块一为固体废物的产生、污染控制与管理情况，模块二介绍了固体废物的预处理技术，包括固体废物的分类、收集运输、压实、破碎、分选、分离等，它们是固体废物处理处置和资源化应用的前提和基础。模块三、四、五分别介绍了有机固体废物资源化应用，废金属的资源化应用和无机固体废物资源化应用。模块六内容为危险废物的控制与最终处置。

本教材基于固体废物处理及资源化的工艺方案制定、工程施工及运行、监测与管理等工作岗位，将固体废物处理和资源化的工程应用（案例）、环境工程基础理论（案例分析）、学生能力培养及用人单位的要求（任务与知识拓展）等内容有机地糅合到一起，形成了新的项目化教材。

本教材可作为高职高专院校环境类专业师生的教材及参考书，也可作为工业企业中从事固体废物处理处置及资源化工作的人员使用，也可供环境管理干部及技术人员参考。

图书在版编目（CIP）数据

固体废物处理及资源化应用/张雷主编．—北京：化学工业出版社，2014.9

高职高专规划教材

ISBN 978-7-122-20940-5

Ⅰ.①固…　Ⅱ.①张…　Ⅲ.①固体废物处理-高等职业教育-教材②固体废物利用-高等职业教育-教材　Ⅳ.①X705

中国版本图书馆CIP数据核字（2014）第127806号

责任编辑：王文峡　　文字编辑：刘莉珺

责任校对：王素芹　　装帧设计：尹琳琳

出版发行：化学工业出版社（北京市东城区青年湖南街13号　邮政编码100011）

印　　装：北京云浩印刷有限责任公司

787mm×1092mm　1/16　印张13　字数312千字　2014年11月北京第1版第1次印刷

购书咨询：010-64518888（传真：010-64519686）　售后服务：010-64518899

网　　址：http://www.cip.com.cn

凡购买本书，如有缺损质量问题，本社销售中心负责调换。

定　　价：**29.00元**

前言

环境工程学是在人类保护和改善环境过程中形成的科学技术，是根据化学、物理学、生物学、数学、地学、医学等理论，运用各种工程技术和手段，解决废物污染等问题，使单项治理技术有了较大的发展，逐渐形成了治理技术的单元操作及工艺系统。固体废物的处理和资源化是环境工程学这个庞大技术体系中的一支。固体废物同时又具有两重性，对于某一生产或消费过程来说是废物，但对于另一过程来说往往是有使用价值的原料。因此，固体废物处理和资源化利用既要对暂时不能利用的废物进行无害化处理，又要对固体废物采取管理或工艺措施，实现固体废物资源化。

固体废物引发的环境问题已成为威胁人体健康、公共安全和社会稳定的重要因素，其污染状况由过去的点源污染转向面源污染，由城市污染为主转向农村扩散和转移。国家环境保护部的“十二五”发展规划明确了加快建设资源节约型、环境友好型社会的目标，其中，加大工业固体废物污染防治力度、强化综合利用和处置技术开发、健全生活垃圾分类回收制度，完善分类回收、密闭运输、集中处理体系，加强设施运行监管等成为主要内容。固体废物处理的要求已从减量化和无害化向资源化转变，突出体现可持续发展、清洁生产的概念。固体废物的处理和资源化是各种自然和社会因素共同作用的结果，必须根据当地的自然条件，研究污染物的产生、迁移和转化规律，工业上加强生产管理和革新生产工艺、政府运用立法和经济措施保障是控制环境污染最基本最有效的途径。

从 2010 年开始，全国石油和化工行业教学指导委员会组建了由全国多所高职院校教师组成的环境类教材编审委员会。经过多次对环境类专业教学文件和教学方法的交流和研讨，逐渐达成了职业教育教材编写思路的共识，即项目化教学是适合高职教育的教学方法。目前，可用于环境类专业项目化教学的教材并不多见，化学工业出版社高度关注高职教育环境类专业的教学改革，积极支持和推进新一轮的项目化教材编写工作。

本教材充分考虑理论知识系统性和高等职业教育对教材的要求，体现“高等教育”和“职业教育”的双重性。将固体废物处理和资源化的工程应用（案例）、环境工程基础理论(案例分析)、学生能力培养及用人单位的要求（任务与知识拓展）等内容有机地糅合到一起，形成了项目化教材：以案例引入教学内容，旨在增加学生的兴趣。结合企业的实际工程应用对案例进行分析，同时将传统的知识理论、新标准和规范等内容融入。通过改造提炼再以任务为驱动，强化训练学生的实践应用能力，每个项目后还通过拓展知识来丰富学生的视野和知识面。

本书共分为六个模块，模块之间保留了固体废物污染控制与资源化的理论体系框架。模块一为固体废物的产生、污染控制与管理情况。模块二介绍了固体废物的预处理技术，这是废物处理处置和资源化应用的前提和基础，内容包括废物的分类、收集运输、压实破碎、分选分离等。模块三、四、五分别详述了有机固体废物的资源化应用知识、废金属的资源化应用和无机固体废物资源化应用知识。模块六为危险废物的控制与最终处置知识。

全书由徐州工业职业技术学院张雷主编，广东环境保护工程职业学院钟真宜高工主审。其中模块 1 由黄河水利职业技术学院闫凯编写，模块 2 的项目 1～3、5 由四川化工职业技术学院张丽编写，模块 3 由天津职业大学冯艳文编写，模块 4 的项目 1、项目 2 由长江大学张锦洲编写，模块 5 的项目 1～3 由贵州工业职业技术学院王京编写，模块六和其他项目由徐州工业职业技术学院张雷编写。编写过程中徐州工业职业技术学院季剑波教授提出了建设性的建议，并给予大力支持，化学工业出版社对于本教材的编审工作也给予了大力支持，在此一并表示真挚的感谢。

由于编者水平有限，不妥之处在所难免，敬请广大师生、读者、专家批评并给予指正。

编者

2014 年 5 月

目　录

模块1 固体废物的污染与控制概述

项目1 固体废物的产生

1.1 案例

1.1.1 我国农村固体废物的污染现状

随着农村经济快速增长，农村消费品种类和数量明显增加，农村固体废物的分选和处理难度明显加大，农村生态环境有进一步恶化的趋势，广大农村的环境污染和生态破坏问题已经成为农村经济可持续发展的一大障碍。

1.1.1.1 农用塑料薄膜污染现状与危害

农用塑料薄膜技术自从在我国推广以后，粮食产量有了大幅提高。多数农用薄膜为聚乙烯成分组成，这种材料的性能稳定，在自然环境中，其光解和生物分解性均较差，残膜留在土壤中很难降解。据农业部地膜残留污染调查结果表明，地膜残留污染较重的地区，其残留量在90～135kg/hm^2。我国农膜年残留量高达35万吨，残膜率达42%，据对新疆维吾尔自治区16个县市的调查发现，废旧地膜平均残留量为37.8kg/hm^2，其中最严重的地块达268.5kg/hm^2。土壤中含废旧农膜过多，耕作层土壤结构将遭到破坏，土壤孔隙减少，土壤通气性和透水性降低，影响了水分和营养物质在土壤中的传输，使微生物和土壤动物的活力受到抑制，阻碍了农作物种子发芽、出苗和根系生长，造成作物减产。据黑龙江农垦局环保部门测定，当土壤中残膜含量为每亩[1] 3.9kg时，可使玉米减产11%～23%、小麦减产9.0%～16.0%、蔬菜减产14.6%～59.2%。新疆生产建设兵团130团测定，连续覆膜3～5年的土壤，种小麦产量下降2%～3%，种玉米产量下降10%，种棉花下降10%～23%。

1.1.1.2 农业秸秆污染现状与危害

我国农业秸秆的年产生量约6亿吨，其中稻草1.8亿吨、玉米秆2.2亿吨、小麦秆1.1亿吨，还有薯蔓、油菜秸、大豆秸、甘蔗秸、高粱秸、花生秧及壳等，它们产出的秸秆量都超过了千万吨。目前在饲料、还田、造纸、能源和化工等领域对秸秆利用的一些关键性技术难题尚未突破：秸秆作为饲料其消化率低，只有40%左右；氨化技术氨源损失达70%；秸秆还田腐烂速度和秸秆还田机械问题尚有待解决；秸秆造纸引起的水污染难题也有待解决；秸秆综合利用的经济效益不高等，使每年秸秆的利用数量相当有限。另外，秸秆焚烧现象在

[1] 1亩≈667m^2。

我国有些地方仍然存在，由于秸秆不完全燃烧产生的二噁英、CO、CO_2 等有毒有害气体和颗粒物，严重污染了大气环境。

1.1.1.3 禽畜粪便污染现状与危害

我国兴建了许多大中型集约化的禽畜养殖场，养殖业规模及产值均发生了巨大的变化，同时禽畜粪便的排放量也急剧增加。有资料显示，2010 年全国畜禽粪便年产生量已达到约 22.35 亿吨，上海市近年来禽畜粪便的年产生量已突破 1200 万吨，远远超过当年工业废渣（663.11 万吨）和生活废物（666.44 万吨）的排放量。限于技术与经济可行性，绝大多数禽畜粪便未做任何处理直接排出场外，这种直接排放已造成地表水、饮用水的严重污染。禽畜养殖业禽畜粪便污染已成为与工业废水、生活污水相并列的三大污染源之一。畜禽粪便堆放期间有机物质被分解产生甲烷、硫化氢、氨气、甲硫醇等恶臭气体，这些有害气体含量达到一定浓度时会对人和动物产生有害影响。有研究结果表明，一个存栏 3 万只的蛋鸡场，每天向空气中排放的氨气达 1.8kg 以上。因此必须研究和开发适合我国国情的禽畜粪便治理与资源化技术，使粪污处理达到无害化、资源化，以促进畜牧业可持续发展。

1.1.1.4 农村生活垃圾污染现状与危害

农村生活垃圾主要包括厨房剩余物、包装废物、一次性用品废物、废旧衣服鞋帽等。由于目前农村生活垃圾处理设施建设严重滞后甚至没有处理设施，部分农民环保意识又相对较差，许多难以回收利用的固体废物，如旧衣服、一次性塑料制品、废旧电池、灯管、灯泡等随意倒在田头、路旁、水边，许多天然河道、溪流成了天然垃圾桶。农村生活垃圾随意堆放不仅侵占了土地，而且还成为蚊蝇、老鼠和病原体的滋生场所。随着时间的推移，混合垃圾腐烂、发臭、发酵甚至发生反应，不仅会释放出危害人体健康的气体，而且还会污染水体和土壤，进而影响农产品的品质。另外，农村自来水普及率偏低，饮用水大多取自浅井，因此，垃圾中的一些有毒物质，如重金属、废弃农药瓶内残留农药等，随雨水的冲刷、渗漏，迁移范围越来越广，最终通过食物链影响人们的身体健康。

1.1.1.5 乡镇企业产生的固体废物污染现状与危害

民营、乡镇企业促进了当地经济发展的同时，也给当地农村生态环境造成极大破坏。据统计，全国乡镇企业“三废”排放量达到工业企业“三废”排放量的 1/5～1/3，乡镇企业排放的污染物占整个工业污染的比重逐年增加。乡镇企业排放的固体废物若得不到妥善的处理处置，其中的有害物质，如重金属、持久性有机污染物等将会污染地表水、地下水以及农田，进而影响整个食物链。

1.1.2 违法处置固体废物的致害案例

2000 年 5 月，12 岁的郝某和两名同学在垃圾坑里捡了个内装液体的针剂瓶，出于好奇，他们把瓶内的液体灌进空矿泉水瓶里，郝某与小伙伴们玩耍时将矿泉水瓶中装的液体倒在地上用火柴点燃，突然升高的火焰把小伙伴杨某的脸部和右上肢点燃，不得不到医院整形治疗。原来郝某点燃的“液体”是北京某制药厂违法倾倒的废弃硝酸甘油，我国现行《固体废物污染环境防治法》规定了固体废物的内涵，其形态并不局限于固态，也包括半固态物质；液态废物和置于容器中的气态废物也适用《固体废物污染环境防治法》，如生产建设中产生的废油、废酸、废溶剂、废沥青等，以及生活中产生的厨房垃圾、废农药等。案例中引起事故的废物是硝酸甘油，它有毒并且有强烈的爆炸性，显然属于《固体废物污染环境防治法》规制的废物。多年来，该厂将生产中的废物及生活垃圾，交给未持有危险废物运输许可证、也未接受过专业培训的当地农民吴某运输，制药厂也并未给吴某指定废物倾倒地点，吴某即将废物倾倒在事发地垃圾坑内，因此，制药厂的行为严重违反了我国《固体废物污染环境防治法》的相关规定，法院终审判决制药厂赔偿杨某医疗费、整形手术费、精神损失费共计69万余元。

2008年一天，浙江寿尔福化学有限公司将100只废铁桶出售给安徽某村民陈某，由于废铁桶体积庞大，陈某将100只废铁桶运到某村附近的一处空地进行拆解，该空地离最近的村民住宅仅约10m。废铁桶内残留的苯酚、四羟基苯硫酚、三溴苯胺等危险废物，在拆解处理过程中发生挥发，导致当地约120名村民入院接受检查和治疗，其中24人在院留观输液，2人住院治疗。初步估计由此向环境排放危险废物约1500g。事故发生后，当地政府召集环保、卫生、公安、安监、疾控等部门对事故现场进行了清理，并对事故现场进行连续跟踪监测，相关责任人则被警方控制。

1.1.3　城市生活垃圾的管理案例

1.1.3.1　广州市城市生活垃圾的产生、处理、物流及收费管理案例

广州市生活垃圾来源及其成分日益复杂、产量激增，2010年其生活垃圾清运量为14962t/d，人均约1.11kg/d，中心城区每天产生的生活垃圾就接近10000t，其中约8000t运到兴丰垃圾填埋场作填埋处置，其余的送到李坑垃圾焚烧厂焚烧发电。兴丰垃圾填埋场日处理量设计为2000～3000t，2002年投入运行，预计可以使用18年，但是现在每天除了要处理城区8000t的生活垃圾之外，还要处理李坑垃圾焚烧厂产生的200t炉渣，其填埋容量、设计使用寿命将提早结束。除兴丰生活垃圾填埋场外，广州市还有花都狮岭生活垃圾填埋场，番禺火烧岗生活垃圾填埋场，以及生活垃圾焚烧发电厂1座；筹建中的垃圾处理处置设施有：日处理能力2000t的李坑第二焚烧发电厂，日处理能力4000t的第三焚烧发电厂，日处理能力1000t的厨余垃圾处理厂和日处理能力1000t的污泥处理厂。

广州市城市生活垃圾物流是根据需要，对生活垃圾进行收集、分类、加工、包装、搬运、储存，并分送到专门处理场所时所形成的物品实体流动。城市生活垃圾物流的目标不同于一般的物流活动，一般的物流活动主要是为了实现物流企业的盈利、满足顾客需求、扩大市场占有率等，而城市生活垃圾物流的目标除此之外，更多为追求环境效益的目标，回收物流企业受生产经营企业委托，帮助企业专门从事再生资源的回收与加工，还能够为多家企业提供区别于传统废品收购公司的服务，不仅具有对废物进行回收、分拣、加工、配送、处理等综合功能，还具有对废物物流的管理作用。物流流程有：①生活垃圾的混合收集和分类收集；②生活垃圾的“固定式”或“移动式”的运输；③生活垃圾的预处理；④生活垃圾的堆肥、焚烧、资源化和填埋等处理处置方式。

随着城镇化进程加快，生活垃圾的产生量日益增长与处理能力不足和处理水平低的矛盾逐渐显现出来，“垃圾围城”已经困扰着居民的生活。生活垃圾处理收费制度不够健全，仍然存在生活垃圾处理费开征率和收缴率低、收费金额不足于弥补生活垃圾处理所需费用、各环节管理不够规范和农村生活垃圾收运处理资金短缺等问题。2013年5月广东省发布《关于规范城乡生活垃圾处理价格管理的指导意见》，规定按照“污染

者付费”的原则，全面推行生活垃圾处理收费制度，产生垃圾的单位和个人，要缴纳垃圾处理费。除此之外，城市建筑垃圾处置按照建筑垃圾处置企业（单位）向建筑垃圾产生者或者建筑垃圾收集清运单位收取的对建筑垃圾进行无害化处置（不含倾倒、运输、中转、回填）的价格执行。

1.1.3.2　济南市固体废物综合处置中心案例

济南市环境保护固体废物综合处置中心作为济南及其周边企业产生的固体废物、危险废物和废液类废物进行无害化处理的定点单位，具有焚烧处置高温还原、稳定固化、物化处理、综合利用、再生资源等配套设施和功能，年处理固体废物约4万吨、综合利用固体废物的2万吨，生产约10万立方米建材。处置中心采用了多项国内外先进的工艺技术：①二燃室采用独有的纯氧供风、稀氧燃烧专利技术，比普通燃烧方式燃烧效率提高了50%～100%，彻底燃烧回转窑内还原气氛产生的CO气体，大幅度减少氮氧化物的产生，同时又减缓二燃室烧结现象的发生；②余热锅炉与急冷塔之间采用了高温高效旋风除尘器专利技术，可以在550℃以上的工况下将95%的烟尘去除，较高地提高了急冷塔的效率，减缓结壁现象的发生，降低了布袋除尘器的负荷，为后续的烟气净化提供了有力的保障；③急冷介质采用洗涤塔的循环水，在急冷降温的同时，可脱除烟气中的部分酸性组分，减少了洗涤水外排量，减轻污水处理系统负荷；④采用覆膜催化滤袋和催化反应器技术，将二噁英及氮氧化物分解为二氧化碳、氮气和水，避免了二次污染；⑤采用pH在线连续监测和自动加碱控制系统，实现洗涤水碱度连续自动调节，确保烟气中酸性组分的彻底去除，加快了洗涤水的更新频率，降低了洗涤塔的堵塞频率；⑥窑头料坑及废物暂存库采用“系统密闭集中换气＋过滤除尘＋碱液洗涤＋紫外（UV）线催化分解”工艺，集中处理废气达标后排放，并使其在负压状态下作业，确保有异味的废气不会散逸出厂房。

1.2　案例分析

1.2.1　固体废物的定义

固体废物来源于人类的生产与生活两个过程，受生产和生活方式的约束和科学技术的限制，人类在开采和利用能源和资源、生产、运输和消费产品的过程中必然产生废物，且任何产品经过使用和消耗后，最终将变成废物。在人类的生产和生活过程中产生的一般不再具有原使用价值而被丢弃的固态或半固态物质称为固体废物。

1.2.1.1　一般定义

固体废物是指人类在生产建设、日常生活和其他活动中产生的，在一定时间和地点无法利用而被丢弃的污染环境的固体、半固体废物。按物质的形态划分，固体废物包括固态、液态和气态废物。

1.2.1.2　法律定义

按照2005年4月1日起施行的《中华人民共和国固体废物污染环境防治法》的规定，固体废物是指在生产、生活和其他活动中产生的丧失原有利用价值或者虽未丧失利用价值但被抛弃或者放弃的固态、半固态和置于容器中的气态的物品、物质以及法律、行政法规规定纳入固体废物管理的物品、物质。固体废物污染海洋环境的防治和放射性固体废物污染环境的防治不适用本法。其他国家或机构对固体废物的定义见表1.1。

表1.1　其他国家或机构对固体废物的定义

法规名称		内容
美国	《资源保护与再生法》(RCRA)	任何垃圾、废料、废物处理厂(给水处理厂、空气污染控制设施)产生的污泥以及其他废弃材料,包括产生于工业、商业、采矿业和农业生产及社会活动的固体、液体、半固体或装在容器内的气体材料,但是不包括市政污水或灌溉水和满足排放要求的点源工业排放废水中的固态或溶解态材料以及根据原子能法定义的核材料和副产品
日本	《废物处理与清扫法》	垃圾、粗大垃圾、燃烧灰、污泥、粪便、废油、废酸、废碱、动物尸体以及其他污物和废料,包括固态和液态物质(不包括放射性物质和被放射性污染的物质)
欧盟	《废物框架指令》(2008/98/EC)	拥有者抛弃的,或有意或被要求抛弃的任何物质、物品

1.2.2　固体废物的分类

科学适当的分类方法，有助于对固体废物回收、运输、处理、处置及进行精细化操作，从而减少经济成本。固体废物的分类是依据其产生的途径与性质而定的，有的国家将固体废物分为工业、矿业、农业固体废物与城市垃圾四大类，我国制定的固体废物管理法中，将固体废物分为工业固体废物（废渣）与城市垃圾两类，其中含有毒有害物的成分，单独分列出一个有毒有害固体废物小类，根据废物的来源不同或者是处理方法不同提出了多种分类方法。表1.2所示为固体废物的一般分类，图1.1所示为固体废物按来源进行分类的示意。

表1.2　固体废物的分类

按化学组成分	有机废物和无机废物
按危害性分	一般固体废物和危险性固体废物
按来源分	工业废物、矿业废物、城市垃圾、农业废物和放射性废物
按形态分	固态废物、半固态废物、液态和气态废物

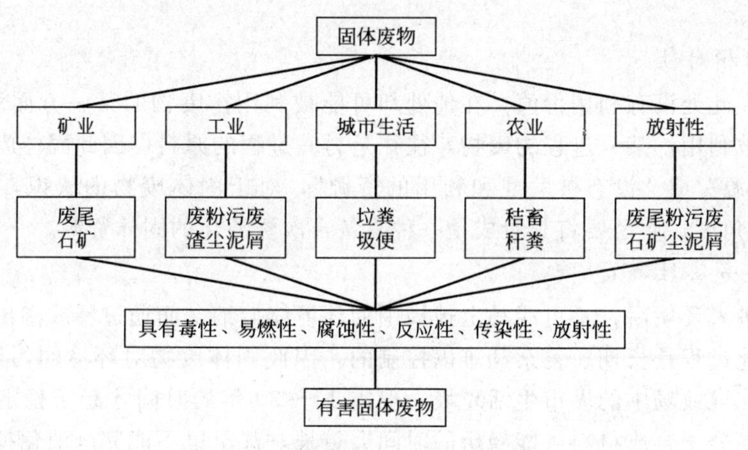

图1.1　固体废物按来源分类示意

1.2.2.1　城市生活垃圾

城市居民日常生活中或为城市日常提供服务的活动中产生的固体废物，以及法律法规规定视为生活垃圾的固体废物，主要包括厨余物、废纸、废塑料、废织物、废金属、废玻璃、陶瓷碎片、砖瓦渣土、粪便，以及废家庭用具、废旧电器、庭园废物等。城市生活垃圾主要产自城市居民家庭、城市商业、餐饮业、旅馆业、服务业、市政环卫业、交通运输业、文教卫生业和行政事业单位、工业企业及污水处理厂等，其主要特点是成分复杂、有机物含量高，受居民生活水平、生活习惯、季节、气候等因素的影响。

1.2.2.2 工业固体废物

主要来自于冶金工业、矿业、石油化学工业、轻工业、机械电子工业、建筑业、交通业和其他工业行业等，典型的工业固体废物有煤矸石、粉煤灰、炉渣、矿渣、尾矿、金属、塑料、橡胶、化学试剂、陶瓷、沥青等，可按工业类型、产废的工艺、废物种类和成分来进行细分。

1.2.2.3 农业固体废物

农业生产及其产品加工过程中产生的固体废物，主要来自于植物种植业、动物养殖业和农副产品加工业，常见的农业废物有稻草、麦秸、玉米秸、稻壳、秕糠、根茎、落叶、果皮、果核、畜禽粪便、死禽死畜、羽毛、皮毛等。

1.2.2.4 危险废物

列入国家危险废物名录或根据国家规定的危险废物鉴别标准和鉴别方法认定的具有危险特性的废物，危险废物主要来自于石油化工、金属冶炼、医疗和科研单位等，其特性包括急性毒性、易燃性、反应性、腐蚀性、浸出毒性、核放射性和疾病传染性，由于危险废物具有较大的环境危险性质，需要进行特别的管理。

1.2.3 固体废物的相对特征

1.2.3.1 时间相对性

固体废物与当下的科学技术和经济条件密切相关，随着时代的进步和科学技术的发展，现在的废物可能会成为明天珍贵的资源，如稀土矿渣若未处理处置妥当，会成为占用土地、污染地下水的污染源，但若干年后很可能会成为一种重要的稀土资源，因此，非常有必要对一些矿渣进行科学长远的处置规划，规避当下的污染风险，便于后期的再次利用。

1.2.3.2 空间相对性

固体废物在此处没有利用价值，在他处却可能被利用；废物的某一方面没有利用价值，其他方面可能被利用；某一过程的废物，往往是另一过程的原料，因此固体废物可以称为是“放错地方的资源”或“没有被发现和利用的资源”，对于固体废物的认识，不能够停留在“废”的层面与角度，而是要将其看成是一种具备再次资源化的固体资源。

1.2.3.3 持久危害性

固体废物进入环境后，不可能马上被周围的环境体接纳，而通过释放渗出液和气体进行“自我消化”，此过程是长期、复杂和难以控制的，因此固体废物对环境的污染危害比废气、废水更持久。如堆放场中的城市生活垃圾一般需 10～30 年的时间才趋于稳定，其中的废旧塑料、橡胶等高分子合成材料可能经历的时间会更长，甚至也不能完全消化掉。

1.2.3.4 无主性

在一个管理无序的社会中，被丢弃后的垃圾，不再属于谁，因此可能造成的危害会更大。如危险废物，倘若管理不善，又找不到具体负责者，会造成更大的环境危害。

1.2.3.5 物化属性

包括物理、化学、生物特性及毒性等。物理特性包括物理组成、粒度、含水率、堆积密度、可压缩性、压实渗透性等；化学特性包括挥发分、灰分、固定炭、灰熔点、灼烧损失量、元素分析组成、发热量、闪点、燃点、植物养分组成；生物特性包含物质组成和细菌含量等，前者决定了废物可被生物所利用的比例，是相关利用与处理技术的关键，后者是对废物卫生安全性的描述，可用于判断垃圾进入各种环境后可能造成的危害程度；毒性包括可燃易爆性、反应性、腐蚀性、生物毒性和传染性等。

1.2.3.6 物质转变的逻辑相对性

废物的产生是物质循环过程的必然产物，是人类社会与自然环境之间物质流动的重要一环。物质不灭定理认为，物质只会从一种形式转化为另外一种形式，物质永远不会消失，因此废物具有以下的逻辑相对性：成分的多样性与复杂性；环境与资源的双重价值；有用与无用的大集合；生产型废物的减少，消费型废物的增加；彼此依赖，相互循环。

1.3 任务

1.3.1 某城市生活垃圾的产生情况调查，设计调查方案，编制调查报告

1.3.1.1 调查目的和意义

随着城市建设进程的加快，城市人口日益增长，城市生活垃圾的排放量逐渐增大，人们对于某一城市垃圾排放总量、各区县分布状况、垃圾组成及其与各功能区的关系还不甚了解。因此，有必要对城市生活垃圾处理与利用现状进行一次详细的调查，弄清城市垃圾排放量、组成、性质、分布、处理方式、去向、环境容纳量和以上各因素与时空的关系等。正确调查和评价目前城市垃圾处理与利用现状，可以为指导城市垃圾处理与利用提供科学依据，为城市垃圾处理和利用技术政策与法律法规提出建议。

1.3.1.2 调查方案设计

调查生活垃圾排放量、垃圾的成分、特性、分布、处理方式、去向和环境容纳量等内容。

1.3.1.3 调查报告书内容

- 调查生活垃圾排放量、垃圾的成分、特性、分布、处理方式、去向和环境容纳量；
- 分析以上因素和时空的关系；
- 正确评价目前垃圾处理与利用现状和存在的问题；
- 对城市垃圾处理和利用有关的技术、政策、法律法规提出建议。

1.3.1.4 采用的研究方法

- 收集和整理相关资料；
- 走访社区、街道、环卫、环保局等单位；
- 调查居民的生活水平、习惯及城市发展水平，城市不同功能区生活垃圾是否存在着差异；
- 到垃圾投放点、中转站、垃圾卫生填埋场实地考察；垃圾抽样、渗滤液及沼气采集并进行分析和监测；
- 编制和发送调查问卷。

1.3.2 某城镇生活垃圾产生量的预测，比较和选择预测方法

某城镇人口为9万人，据调查居民平均垃圾产量1.58kg/d。如按人口增长率5%，以15年为限，对此城镇生活垃圾产量进行预测，并通过计算完成表1.3。

表 1.3　生活垃圾产量预测

年份	人口/万人	人均垃圾产量/(kg/d)	生活垃圾年产量/万吨
当年	9	1.58	
第二年			
…			
第十五年			

1.4 知识拓展

1.4.1 我国工业固体废物的产生与利用情况

我国工业固体废物占固体废物总量的 80％～90％，随着国民经济的发展，工业固体废物呈逐年增加的趋势，1988 年为 5.61 亿吨，1989 年为 5.72 亿吨，1992 年为 6.19 亿吨，2001 年为 8.17 亿吨，2010 年已突破 10 亿吨，如果加上矿业生产中产生的尾矿，固体废物的量还会增加很多。表 1.4 为 1998～2011 年全国工业固体废物处理情况。

表 1.4　1998～2011 年全国工业固体废物处理情况

年份	产生量/万吨		排放量/万吨		综合利用量/万吨		储存量/万吨		处置量/万吨	
	合计	危险废物	合计	危险废物	合计	危险废物	合计	危险废物	合计	危险废物
2011	325140.0	3431.0	433	0	199757.0	1773	60424	824	70455.0	918.0
2010	240943.5	1586.8	498.2	—	161772.0	976.8	23918.3	166.3	57263.8	512.7
2009	204094.2	1429.8	710.5	—	138348.6	830.7	20888.6	218.9	47513.7	428.2
2008	190127.0	1357.0	781.8	—	123482.0	819.0	21883.0	196.0	48291.0	389.0
2007	175767.0	1079.0	1197.0	0.1	110407.0	650.0	24153.0	154.0	41355.0	346.0
2006	151541.0	1084.0	1302.1	—	92601.0	566.0	22399.0	266.8	42883.0	289.3
2005	134449.0	1162.0	1654.7	5967	76993.0	496.0	27876.0	337.3	31259.0	339.0
2004	120030.0	995.0	1762.0	11470	67796.0	403.0	26012.0	343.3	26635.0	275.2
2003	100428.0	1171.0	1941.0	0.3	56040.0	425.0	27667.0	423.0	17751.0	375.0
2002	94509.0	1000.0	2635.0	1.7	50061.0	392.0	30040.0	383.0	16618.0	242.0
2001	88746.0	952.0	2894.0	2.1	47290.0	442.0	30183.0	307.0	14491.0	229.0
2000	81608.0	830.0	3186.0	2.6	34751.0	408.0	28921.0	276.0	9152.0	179.0
1999	78442.0	1015.0	3880.0	36.0	35756.0	465.0	26295.0	397.0	10764.0	132.0
1998	80068.0	974.0	7048.0	45.8	33387.0	428.0	27546.0	387.0	10527.0	131.0

1.4.2 我国城市生活垃圾的产生与利用情况

城市生活垃圾以北京为例，1990 年的垃圾总量不到 200 万吨，2008 年增至 672 万吨，日均 1.84 万吨，按照现在每年 8％左右的速度计算，2015 年将达到 1152 万吨，日均 3 万吨；全国其他城市的情况与北京相似，年增长率为 7％～10％，和 GDP 的增长幅度大致相当。

我国所有的城市几乎都被垃圾包围，填埋在缓解垃圾污染方面起到了一定的作用，但其占用了大量的耕地，且多数采用简易的填埋方式，没有彻底解决渗漏和污染地下水的问题，符合国家环境控制标准和建设标准的垃圾无害化项目不到 10％，造成大量土地被占用后几乎永远丧失了耕种的价值。图 1.2 所示为江苏省历年来固体废物产生和利用的情况，可以看出，工业废物的逐年增加的趋势减缓，其综合利用量逐年上升，2009 年的综合利用率已达

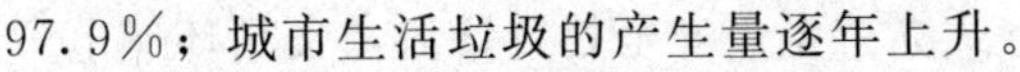

97.9%；城市生活垃圾的产生量逐年上升。

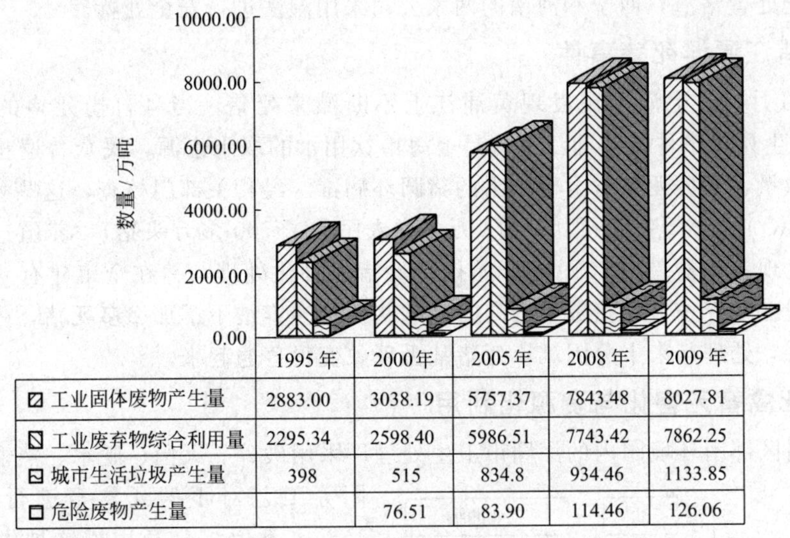

	1995 年	2000 年	2005 年	2008 年	2009 年
工业固体废物产生量	2883.00	3038.19	5757.37	7843.48	8027.81
工业废弃物综合利用量	2295.34	2598.40	5986.51	7743.42	7862.25
城市生活垃圾产生量	398	515	834.8	934.46	1133.85
危险废物产生量		76.51	83.90	114.46	126.06

图 1.2　江苏省历年来固体废物产生和利用情况

项目 2　固体废物的污染与控制

2.1　案例

2.1.1　铬渣污染事件

2.1.1.1　*云南某公司铬渣污染事件*

2011 年 6 月，云南省某化工实业公司的 5000 余吨的剧毒铬渣被非法倾倒在曲靖市麒麟区农村，造成附近农村 77 头牲畜死亡，农田遭到污染。进一步调查发现，有超过 14 万吨的铬渣在珠江正源的南盘江边长期堆放，这些铬渣堆受雨水冲刷，严重污染了水体和土壤，致使鱼虾死亡，水稻绝收。

2.1.1.2　*河南义马铬渣的污染与治理*

河南省义马市境内堆存的铬渣系原义马某化工厂 20 世纪 90 年代生产红矾钠产生的废渣，当时还没有找到铬渣安全处置的有效途径和规范，加之企业片面追求经济效益，25 万吨含有剧毒六价铬元素的废渣在厂区内露天堆积。2008 年以前该企业曾在附近山里建了一个占地 40 亩（1 亩＝667m^2，下同）的渣池，如山的剧毒废渣堆前缘正在向河里延伸，2012 年 9 月义马市遭遇多年不遇的秋汛，致使义马市铬渣堆放场出现部分渗漏。大量废渣水一度流出来，导致成片的树、草枯死。为防止特大暴雨和出现对当地及周边乃至黄河造成更大污染情况，义马市有关部门紧急抽调专门人员，购买 20000 余平方米的聚乙烯塑料防渗膜，对渣场顶部进行了全覆盖，配套建设了具有防渗功能的导流渠和已做防渗处理的临时积水池。对铬渣场周边渗漏点进行了拉网式排查，将铬渣场北侧的 30m^2 积水泵至专用罐车上运至某化工厂做无害化处理，同时对附近污染地表、杂物进行了安全清理。

义马市目前采用财政给予每吨415元补贴的方式支持企业安全处置铬渣，义马环保电厂采用干法安全处置铬渣，西宁和河南的两家公司采用湿法进行安全处置。

2.1.2 黄浦江漂浮死猪事件

2013年3月初，上海市民发现黄浦江上不断漂来死猪，当月打捞死猪的数量超过了13000头，发生死猪事件的黄浦江上游是上海市饮用水的取水水源，民众普遍担忧的是持续上涨的死猪数量、部分死猪身上检测出的猪圆环病毒。经相关部门核查，这些死猪主要来自浙江嘉兴地区，由于养猪基数很大（13万多户农民养了700多万头猪），养殖过程存在一定比例的猪死亡现象。嘉兴市2009年开始推行死猪无害化处理，并在全市建有690余处无害化处理池，但在冬春季节死猪数量升高时，这些处理池容纳不了那么多死猪，死猪数量每年都有十几万头，处理起来十分困难，死猪乱丢现象变得普遍起来。

2.1.3 病死禽畜无害化与资源化利用

位于龙岗区郁南环境园内的深圳市卫生处理厂采用破碎、灭菌、脱水、蒸馏、发酵、吸附等工艺对于病死禽畜进行处理（见图1.3），不但综合利用了这种生物资源，而且还解决了不合理处理病死禽畜可能引起的疫情传播问题。

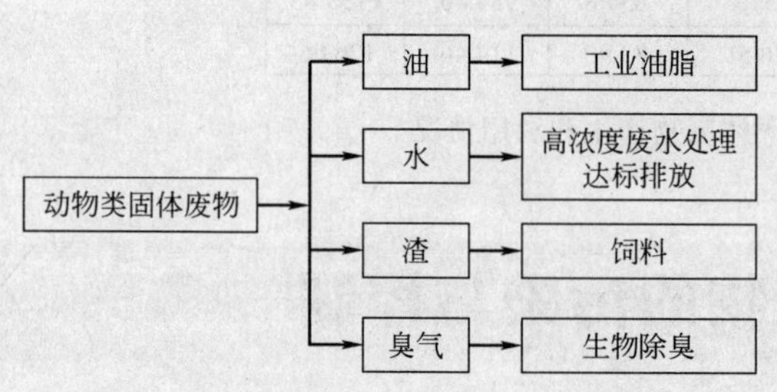

图1.3 病死禽畜的无害化及资源化示意

处理厂的工艺特点有：①采用动物类废物专用的破碎设备，破碎后物料的性状能满足欧盟饲料标准的要求；②采用泵及管道对破碎后的物料进行密闭、安全、可靠的输送；③实现100%的资源化利用，得到最终产品为肥料、饲料和油脂，不产生其他废物；④根据高浓度有机废水水质和排放标准设计处理工艺，确保无二次污染；⑤对于已严重腐败的动物尸体发出的恶臭气体，采用负压操作，经过植物萃取液和NaOH吸收、重点部位强制换气、填料塔洗涤、生物滤池等处理工艺，对臭气进行收集和处理。

2.2 案例分析

2.2.1 固体废物的危害与污染途径

固体废物的环境污染存在于储存、收集、运输、回收利用及最终处置的全过程。其污染危害途径也有多种，主要通过散发有毒、有害的气态污染物污染大气，通过分解产生大量的浸出液、渗滤液等液态污染物污染地下水、地表水和土壤，通过灰、渣、尾矿等固态污染物侵占土地和污染土壤等。这些污染物对环境造成的危害不是独立的，而是相互交叉的。图1.4所示为固体废物污染途径。

2.2.1.1 污染水体

固体废物对水体的污染有直接污染和间接污染两种途径，一是把水体作为固体废物的接纳体，向水中直接倾倒废物，从而导致水体的直接污染；二是固体废物在堆积过程中，经雨水浸淋和自身分解产生的渗出液流入江河、湖泊和渗入地下而导致地表和地下水的污染。哈尔滨市韩家洼子垃圾填埋场的地下水色度和锰、铁、酚、汞含量及细菌总数、大肠杆菌数等指标都严重超标，锰含量超标3倍多，汞超标20多倍，细菌总数超标4.3倍，大肠杆菌超

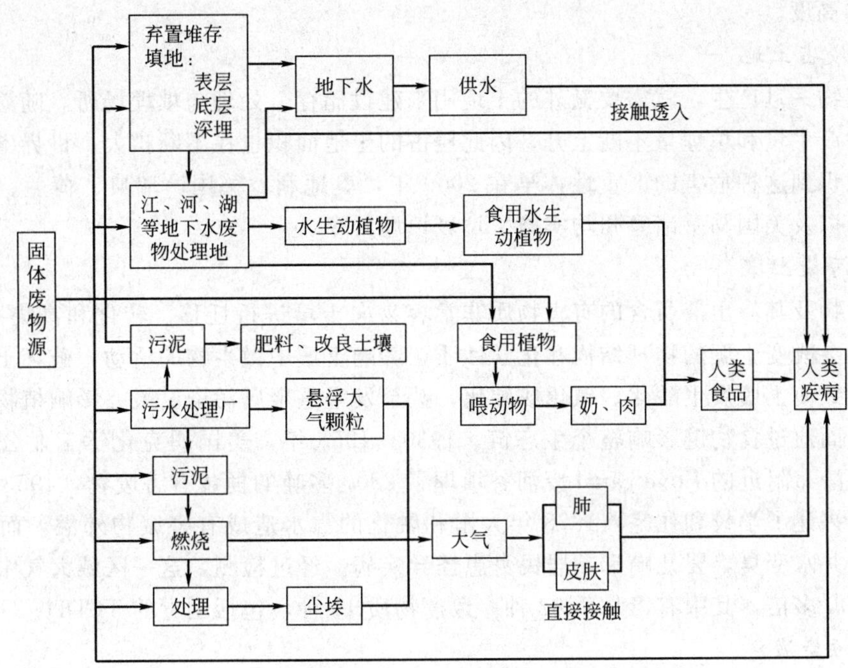

图 1.4　固体废物污染途径

标 11 倍以上。

以金属铬和铬盐（如红矾钠）生产过程中产生的铬渣为例，铬渣的化学组成包括 Cr_2O_3、Cr_2O_6、$Na_2Cr_2O_7$、SiO_2、CaO、MgO、Al_2O_3、Fe_2O_3 等，其矿物组成主要是氧化镁、四水铬酸钠、重铬酸钠、铬酸钙、铝尖晶石、硅酸二钙固溶体、铁铝酸钙固溶体、硅酸二钙等。铬的毒性与其存在形态有关，金属铬及钢铁材料中含有的铬，由于其接触食物及饮水时是惰性的，所以对人体无害。六价铬毒性最剧烈，具有强氧化性和透过体膜的能力，对人体的消化道、呼吸道、皮肤和黏膜都有危害，六价铬的组分中四水铬酸钠及游离铬酸钙为水溶相，易被地表水、雨水溶解，这也是铬渣易发污染的由来。

铬渣在被排放或综合利用之前，需要进行解毒处理，其原理是在铬渣中加入还原剂，在一定的温度和气候条件下，将有毒的强氧化性的六价铬还原为低毒的三价铬，从而达到消除六价铬污染的目的。解毒处理方法有湿法和干法两种，前者是用纯碱溶液处理，再用硫化钠还原；后者是将煤与铬渣混合进行还原焙烧，六价铬可以被一氧化碳还原成不溶于水的三价铬。铬渣综合利用和解毒处理也可以同时进行，目前能够实现铬渣综合利用的途径有：做色泽翠绿玻璃制品的着色剂，利用铬渣中残留的铬生产铸石，代替蛇纹石生产钙镁磷肥，代替白云石、石灰石炼铁，与黏土混合烧制青砖，以及配制水泥和生产矿渣棉等。

2.2.1.2　污染大气

固体废物在堆积、处理处置过程中会产生有害气体，对大气产生不同程度的污染。露天堆放的固体废物会因有机成分的分解产生的有味气体，形成恶臭；垃圾在焚烧过程中会产生酸性气体、粉尘和二噁英等污染物；垃圾在填埋处置后会产生甲烷、硫化氢等有害气体，特别是在夏季，由于温度升高、腐烂霉变加剧，释放出大量恶臭、含硫等有害气体，200～300m 的高空中氨和硫化氢的浓度均高于国家标准；除此之外，废物中的细粒、粉尘会随风飞扬，造成大面积的空气污染，如粉煤灰、尾矿堆场遇 4 级以上的风力时，灰尘可飞扬到

20～50m 的高度。

2.2.1.3 侵占土地

固体废物一旦产生，就需要额外的土地用来建设储存、处理与填埋场所，随着经济的发展，废物的产生量和填埋量不断上升，因此侵占的土地面积也在不断扩大。世界上一些发达国家已经意识到这种危害的严重性，早在 2009 年，奥地利、德国、瑞典、荷兰、比利时弗兰德斯地区以及美国马萨诸塞州均实施了垃圾填埋禁令。

2.2.1.4 污染土壤

固体废物及其渗出液所含的有害物质非常容易向土壤进行迁移、转化和富集有害物质，有害物质还会改变土壤的物理结构和化学性质，影响土壤中微生物的活动，破坏土壤内部的生态平衡，致使土壤发生酸化、碱化或硬化，甚至发生重金属污染，最终影响植物营养吸收和生长，进而通过食物链影响整个生态链。1930～1953 年，美国胡克化学工业公司在纽约州尼亚加拉瀑布附近的 Love canal 废河谷填埋了 2800 多吨的桶装有害废物，1953 年填平覆土并在上面兴建了学校和住宅，1978 年大雨和融化的雪水造成有害废物外溢，而后就陆续发现该地区井水变臭，婴儿畸形，居民身患怪异疾病。经过检测，这一区域大气中有害物质浓度超标 500 多倍，其中有毒物质 82 种，致癌物质 11 种，包括剧毒的 TCDD。

2.2.1.5 污染海洋

目前世界上原子反应堆的废渣、核爆炸产生的散落物以及向深海投弃的放射性废物，已经使能量为 0.74×10^{10} Bq 的同位素污染了海洋，海洋生物资源遭到极大破坏。1990 年 12 月在伦敦召开的消除核工业废料国际会议上公布的数字表明，此前的 40 年来，美、英两国在大西洋和太平洋北部的 50 多个“海洋墓地”中大约投弃过 4.6×10^{31} Bq（2×10^{7} Ci）的放射性废料，其中美国 1968 年向太平洋、大西洋和墨西哥湾投弃了 4800 万吨以上各种固体废物，1975 年向 153 处洋面投弃了 500 万吨以上的市政及工业固体废物。

2.2.1.6 影响市容与环境卫生

未经处理的工业废渣、垃圾露天堆放在厂区、城市街区角落，除了导致直接的环境污染外，还严重影响了厂区、城市容貌和景观，如水体中漂浮的和树枝上悬挂的塑料袋等白色垃圾严重影响了城市景观，形成了“视觉污染”。

2.2.2 固体废物的污染控制技术

废气、废水和固体废物的污染，是各种自然因素和社会因素共同作用的结果，环境污染综合防治是在对废水、废气、固体废物单项治理的基础上发展起来的，控制环境污染必须根据当地的自然条件，弄清污染物产生、迁移和转化的规律，对环境问题进行系统分析，采取经济手段、管理手段和工程技术手段相结合的综合防治措施，如改革生产工艺和设备，开发和利用无污染能源，利用自然净化能力等，以便取得环境污染防治的最佳效果。

2.2.2.1 固体废物处理

通过物理处理、化学处理、生物处理、焚烧处理、热解处理、固化处理等不同方法，使固体废物转化为适于运输、储存、资源化利用以及最终处置的过程，称为固体废物处理。

2.2.2.2 固体废物处置

针对固体废物，采用一些改变其物理、化学、生物特性的方法，达到减少数量、缩小体积、减少或清除危害，将固体废物最终置于符合环境保护规定场所，不再回取的目的，称为固体废物处置。按照处置场所的不同，固体废物处置主要分为海洋处置和陆地处置两大类。

海洋处置是以海洋为受体的固体废物处置方法，主要分海洋倾倒与远洋焚烧两种。近年来，随着人们对保护环境生态重要性认识加深和总体环境意识提高，海洋处置已受到越来越多的限制，目前海洋处置已被国际公约禁止。

陆地处置主要包括土地耕作、工程库或储留地储存、土地填埋以及深井灌注等几种。其中土地填埋法是一种最常用的方法。

2.2.3　固体废物污染控制的技术现状

我国改革开放以来特定的一段时间内，各种废物的产生基本不受政策限制和约束，所以废物的增加和环境质量下降是必然的结果。直至目前，废物处理技术仍然围绕废物的末端处理、处置技术展开，反映出以末端处理技术为核心的废物治理制度的缺陷和极限。

2.2.3.1　填埋

由于经济技术水平和社会发展较低的原因，我国填埋处理与其他处理方式相比所占的比例更高，达到90%以上，在相当长的一段时间内，垃圾卫生填埋处理仍然是我国大多数城市解决垃圾出路的最主要方法，大部分城市仍采用堆放或简单填埋方式处置城市垃圾，除少数填埋场底部铺有防渗层外，其余卫生填埋场几乎都是采用黏土防渗，真正能满足卫生填埋标准的填埋场并不多。由于没有建造能达到环境保护目的的渗滤液衬层收集系统，不能对渗滤液进行收集和集中净化处理，易导致水资源和周围环境的严重污染。2006年《北京市生活垃圾填埋场污染风险评价》报告指出，全市490处填埋场中有231处存在中、重度污染风险；对其中14处填埋场地下水水质监测分析表明，附近地下水均受到不同程度的污染，地下水全部为较差或极差，且下游地下水污染明显比上游严重，个别地方细菌超标几十倍。另外由于没有很好的压实机械，填埋场未达使用年限就填满封场；对填埋场气体未加收排处理，引发的爆炸事故常有发生。

2.2.3.2　焚烧

据中国固废网发布的《中国城市生活垃圾行业投资分析报告（2013版）》数据显示，2012年全国至少有201个生活垃圾处理新建项目，生活垃圾处理市场投资总规模426.46亿元。垃圾焚烧发电项目在2012年已成为市场主角，项目数量占比超过一半，投资规模总额359.41亿元，占2012年全年生活垃圾处理项目市场总投资的84.48%。

二噁英问题的出现，暴露出末端处理技术中的焚烧处理技术并不是完美的解决方案。日本80%的二噁英来自垃圾焚烧，二噁英排出量分别是德国的12倍、瑞典的181倍，是世界上二噁英排出最多的国家。我国各城市的垃圾焚烧项目在一定程度上也存在着重视焚烧技术的减量目标，而轻视相对比较落后的烟气的处理及热能回收技术。

2.2.3.3　堆肥

我国已开发了较为成熟的城市垃圾堆肥技术，但由于生活垃圾混合收集，堆肥预处理难度大，产品质量较差，市场接收程度不高，缺乏成套化、系列化的设备。堆肥技术和装备与国外发达国家相比还有一段差距。

2.2.4　固体废物的污染控制原则

《中华人民共和国固体废物污染环境防治法》中注明“国家对固体废物污染环境的防治，实行减少固体废物的产生量和危害性、充分合理利用固体废物和无害化处置固体的原则，促进清洁生产和循环经济发展”。“3R”（reduce，reuse，recycle）原则是固体废物处理的最重要的技术政策，发展趋势是从“无害化”走向“资源化”，“资源化”是以“无害化”为前提的，“无害化”和“减量化”应以“资源化”为条件。

2.2.4.1　减量化

通过适宜的手段减少固体废物的数量、体积，并尽可能减少固体废物的种类、降低危险废物的有害成分浓度、减轻或清除其危险特性等，从源头上直接减少或避免固体废物的产生，是最有效的减量化措施，也是防治固体废物污染环境的优先措施。

2.2.4.2　无害化

对已产生又无法或暂时不能资源化利用的固体废物，经过物理、化学或生物方法，进行对环境无害或低危害的安全处理、处置，达到废物的消毒、解毒或稳定化，以防止并减少固体废物的污染危害。对不同的固体废物，可根据不同的条件，采用各种不同的无害化处理方法，包括使用无害化最终处置技术，如卫生土地填埋、安全土地填筑以及土地深埋技术等现代化土地处置技术。

2.2.4.3　资源化

采用适当的技术从固体废物中回收物质和能源，加速物质和能源的循环，再创经济价值的方法。自然界中，并不存在绝对的废物，废物是失去原有使用价值而被弃置的物质，并不是永远没有使用价值。现在不能利用的，很可能将来可以利用；这一生产过程的废物，可能是另一生产过程的原料，因此固体废物有“放错地方的原料”之称。资源化具体包括以下三个方面的内容：①从废物中回收可再生资源，如从垃圾中回收纸张、玻璃、金属等；②利用废物制取新形态的物质，如通过堆肥化处理把城市生活垃圾转化为有机肥料等；③从废物处理过程中回收能量，生产热能和电能。

2.3 任务

2.3.1　以城市生活垃圾为例，比较和选择污染控制手段

步骤和要点：

以固体废物所具备的各种特性来解释垃圾是放错位置的资源；

叙述“3R”的控制原则和内容，以及其间关系；

归纳各种固体废物的污染控制手段；

比较各种固体废物的污染控制手段的特点并进行优劣分析。

2.3.2　查阅资料，对比分析国内外城市生活垃圾的处理处置状况

调查报告书内容：调查国外发达国家的有关城市以及我国大中型城市的生活垃圾处理处置设施的分布、处理方式、运行效果等；并对这些城市垃圾处理与利用现状进行分析和对比。分析以上因素和时空的关系；对这些城市垃圾处理与利用现状进行分析和对比；正确评价目前垃圾处理与利用现状和存在的问题。

采用的研究方法：通过网络、文献资料等方式收集和整理相关资料。

2.4 知识拓展

2.4.1　固体废物的资源化和循环经济的发展模式

固体废物的“资源化”具有可观的环境效益、经济效益和社会效益。一般涵盖以下几个方面内容：改革生产工艺，采用无废或少废技术；采用精料；提高产品质量和延长使用寿

命，使其不过快变成废物；利用多学科交叉，发展先进的处理处置技术；进行综合利用，发展物质循环利用工艺，对于某一生产或消费过程来说是废物，但对于另一过程来说往往是有使用价值的原料。

资源化方式可分为原级资源化和次级资源化两种，前者是将废物资源化后形成与原来相同的新产品，后者是将废物变成不同类型的新产品。我国城市垃圾中的灰渣比率逐年下降，纸、塑料、玻璃、金属等废品和可以堆肥的有机物的数量不断增加，垃圾资源化利用有很好的前景，但由于垃圾本身就是由大量不具有扩散性和流动性的物质构成的，垃圾资源的提取需要支付成本，所以并不是所有的垃圾都可以作为资源加以利用，只有在垃圾资源的提取成本低于垃圾资源的利用价值时，垃圾才能认为是资源并得以回收和再利用。北京市2012年垃圾焚烧、生化处理和填埋比例为2∶3∶5，计划在2015年控制比例为4∶3∶3，基本满足不同成分垃圾处理的需要，实现全市原生垃圾零填埋。广州市计划在2015年对生活垃圾的再生资源主要品种回收利用率达40%，其余部分生活垃圾焚烧发电、生物处理和填埋比例为4∶1∶5，基本实现直接填埋之前必须先进行垃圾分类；到2018年比例优化为5∶1∶4，基本满足不同种类垃圾处理的需要，2020年实现原生垃圾零填埋。

目前我国钢、有色金属、纸浆等产品三分之一以上的原料来自再生资源。回收利用1t废纸可再造0.8t纸，挽救17棵大树，降低污染排放75%，节省能耗40%～50%；4t废塑料可提炼出0.7t无铅汽油和柴油；废易拉铝罐熔解后可无数次循环再造成新罐；1t废玻璃生产酒瓶可节约石英砂720kg、纯碱250kg、长石粉60kg，比用新原料生产节约成本20%。虽然如此，再生材料产业远远没有发挥出其应有的产业价值，和发达国家相比也有很大的差距，在不同废物资方面的再生材料产业化水平也参差不齐。企业是发展再生材料产业的主体，政府应努力推动企业研制经济可行的再生材料技术，推动废旧物资回用的规模化、效益化的生产；建设集中的废旧物资类集散交易市场，使其具有储存、集散和初级加工功能，改变现有废旧物品回收利用的传统模式，逐步实现从单一回收经营向回收、加工利用和综合处理多层次综合开发方向的转变；从单纯的流通体制向流通、生产、科研以及服务方向转变，创建再生资源物流体系。

2.4.2　环保产业

2.4.2.1　环保产业的定义

环保产业一般有狭义和广义的两种理解，环保产业的狭义理解是终端控制，即在环境污染控制与减排、污染清理以及废物处理等方面提供产品和服务，美国称为“环境产业”。环保产业的广义理解包括生产中的清洁技术、节能技术，以及产品的回收、安全处置与再利用等，是对产品从“生”到“死”的绿色全程呵护，日本称为“生态产业”或“生态商务”。

国家环境保护部《关于环保系统进一步推动环保产业发展的指导意见》环发［2011］36号中指出：环保产业是为社会生产和生活提供环境产品和服务活动，为防治污染、改善生态环境、保护资源提供物质基础和技术保障的产业。

2.4.2.2　环保产业产品目录

根据国家发展改革委和环境保护部2010年4月16日共同发布《当前国家鼓励发展的环保产业设备（产品）目录（2010年版）》鼓励发展八大领域环保设备147项产品，分别是：

① 水污染治理设备。鼓励产品集中在生化废水、含重金属离子废水治理，污泥处理与利用以及直接关系到人体健康和环境安全的消毒设备等领域。

② 空气污染治理设备。包括工业炉窑除尘设备、电站烟气脱硫设备、有害气体净化设备、煤炭清洁燃烧设备、烟气脱硫专用设备等。电除尘器是治理大气粉尘污染的主要设备。

③ 固体废物处理设备。重点支持固体废物无害化处理处置设备；对有排放指标要求的焚烧类处置设备从严控制。

④ 噪声控制装置。选择城市区域噪声治理设备作为鼓励发展的方向。

⑤ 环境监测仪器。将在线污染物连续监测设备列入鼓励发展范围。

⑥ 节能和可再生能源利用设备。可再生能源是指可以再生的能源总称，包括生物质能源、太阳能、光能、沼气等。

⑦ 资源综合利用和清洁生产设备。包括废旧物资综合利用设备、三废综合利用设备、余压余热利用设备、农业废物处理利用设备四个鼓励内容。

⑧ 环保材料与药剂。将环保专用药剂和专用材料纳入鼓励发展范围。

2.4.2.3　我国环保产业发展

我国环保产业主要集中在东部沿海、沿长江和中部经济较发达的地区。广东、浙江、江苏和山东地区的环保产业年收入总额位居全国前列。固体废物处理领域中，浙江、广东、江苏、山东和河北是我国工业污染源最集中的5大地区，工业污染源数量约占全国的60%；广东、浙江、山东、江苏和湖南等地区人口数量众多，生活污染源数量约占全国的24%。因此，上述地区的固体废物处理需求相对较大。此外，国家对固体废物的管理实行“就近式、集中式”原则，这也是形成固体废物处理区域性特点的重要原因之一。

我国环保产业发展过程可分为三个阶段。一是技术服务阶段，特点是针对某个环保治理项目，提供技术方案，组织规模小；二是项目承接阶段，特点是为环保项目提供设计、施工、调试及运营等一揽子服务，组织成规模化发展；三是以产品为核心的品牌阶段，是以产品营销为核心，以企业品牌为依托，以项目融资、项目承接、产品营销、技术服务等为内容。因此要将我国环保产业潜在市场转化为现实市场，需要不断增加环保投入，严格执法监督，实施强强联合战略。尽管经过多年的发展，我国的设备制造业与国外的差距仍然存在，这种差距体现在环境污染治理设备、在线监测仪器的制造方面；环保企业在转化、引进、吸收国外成熟环保技术和设备以及在技术工艺的开发方面远远低于其他行业，无法提供满足我国日益严重的环境污染需要的技术工艺和综合实力；没有统一的管理规范和约束机制，市场准入的条件没有限制，环保的市场资源比较分散，无法形成竞争优势。

2.4.3　环境服务业

环境服务业是以有效的环境执法监管为前提，运用市场化、产业化、社会化的方式，促进各类环境问题解决，最终实现环境质量改善。环境服务业的发展水平是衡量现代社会经济发达程度和社会成熟程度的重要标志之一。

我国环境服务业包括以下内容：治理水、气、噪声、固体废物等污染；改善环境质量与修复被污染环境介质，包括水体、大气环境质量改善，土壤（场地）污染修复等；环境咨询、培训与评估，包括工程咨询、环境影响评价、环境技术评价、清洁生产审核、环境执业能力培训、环境损害评估等；环境认证与符合性评定，包括环境标志产品认证、环境管理体系认证、有机产品认证、生态建设示范评定、环保科技成果评奖、环境技术专利评定等；环境监测和污染检测，包括社会化环境监测、机动车排放控制性能定期检测、污染物自动监测设施运营等；环境投融资和保险，包括企业环境融资、环保投资、环境保险等。

“十一五”时期，社会各方面对环境服务的需求得以初步释放，驱动环境服务业实现快速增长，环境服务业收入年增长率约为30%，城市污水处理设施社会化运营比例为50%，工业水、气污染治理设施社会化运营比例为5%。“十一五”末期，我国环境服务业年收入总额为1500亿元，在环保产业中的比重为15%，从业单位1.2万家，从业人员270万人。“三废”（废水、废气、固体废物）综合利用技术装备广泛应用，再生铝蓄热式熔炼技术、废弃电器电子产品和包装物资源化利用技术装备等取得一定突破，无机改性利废复合材料在高速铁路上得到应用。在环保领域，已具备自行设计、建设大型城市污水处理厂、垃圾焚烧发电厂及大型火电厂烟气脱硫设施的能力，关键设备可自主生产，电除尘、袋式除尘技术和装备等达到国际先进水平；环保服务市场化程度不断提高，大部分烟气脱硫设施和污水处理厂采取市场化模式建设运营。

我国环境服务业发展中目前还存在一些问题。①创新能力不强。以企业为主体的节能环保技术创新体系不完善，产学研结合不够紧密，技术开发投入不足；一些核心技术尚未完全掌握，部分关键设备仍需要进口，一些已能自主生产的节能环保设备性能和效率有待提高。②结构不合理。企业规模普遍偏小，产业集中度低，龙头骨干企业带动作用有待进一步提高；节能环保设备成套化、系列化、标准化水平低，产品技术含量和附加值不高，国际品牌产品少。③市场不规范。地方保护、行业垄断、低价低质恶性竞争现象严重；污染治理设施重建设、轻管理，运行效率低；市场监管不到位，一些国家明令淘汰的高耗能、高污染设备仍在使用。④政策机制不完善。节能环保法规和标准体系不健全，资源性产品价格改革和环保收费政策尚未到位；财税和金融政策有待进一步完善，企业融资困难；生产者责任延伸制尚未建立。⑤服务体系不健全。合同能源管理、环保基础设施和火电厂烟气脱硫特许经营等市场化服务模式有待完善；再生资源和垃圾分类回收体系不健全；节能环保产业公共服务平台尚待建立和完善。

从国际看，在应对国际金融危机和全球气候变化的挑战中，世界主要经济体都把实施绿色新政、发展绿色经济作为刺激经济增长和转型的重要内容。一些发达国家利用节能环保方面的技术优势，在国际贸易中制造绿色壁垒。为使我国在新一轮经济竞争中占据有利地位，必须大力发展节能环保产业。从国内看，面对日趋强化的资源环境约束，加快转变经济发展方式，实现“十二五”规划纲要确定的节能减排约束性指标，必须加快提升我国节能环保技术装备和服务水平。我国节能环保产业发展前景广阔。据测算，到2015年，我国技术可行、经济合理的节能潜力超过4亿吨标准煤，可带动上万亿元投资；节能服务总产值可突破3000亿元；产业废物循环利用市场空间巨大；城镇污水垃圾、脱硫脱硝设施建设投资超过8000亿元，环境服务总产值将达5000亿元。“十二五”时期是我国节能环保产业发展难得的历史机遇期，必须紧紧抓住国内国际环境的新变化、新特点，顺应世界经济发展和产业转型升级的大趋势，着眼于满足我国节能减排、发展循环经济和建设资源节约型环境友好型社会的需要，加快培育发展节能环保产业，使之成为新一轮经济发展的增长点和新兴支柱产业。

项目3　固体废物的管理

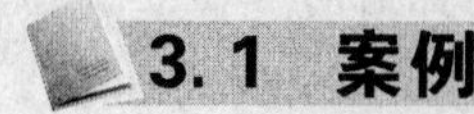

3.1 案例

3.1.1　环保标识的识别

图 1.5 中包括多种环保标识，注解如下文所述。

(a) 回收标识

(b) 纸制品回收标识

(c) 铝制品可回收标识

(d) 欧盟生态标识

(e) 北欧白天鹅标识

(f) 德国“绿点”标识

(g) 捷克共和国“绿点”标识

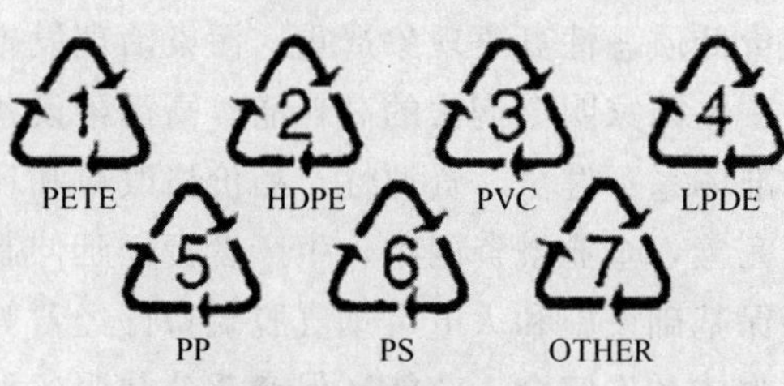

(h) 塑料制品回收标识

(i) 美国3R环保标识

(j) 中国台湾地区资源回收环保标识

(k) 日本的环保标识

图 1.5　各种环保标识

（a）各种式样的回收标识。

（b）各种式样的与纸制品有关的回收标识。

（c）铝制品可回收标识。

（d）欧盟生态标识（European Union Eco-label）——“花”。欧盟于 1992 年颁布了 880/92 号法令，宣布了生态标识计划的诞生。

（e）“北欧白天鹅”标识（Nordic Environmental Label）。北欧部长级委员会于 1989 年决定实施此标识，同年芬兰、冰岛、挪威和瑞典开始使用。

（f）德国“绿点”（Der Grüne Punkt）标识，是世界上第一个有关“绿色包装”的环保标识，于1975年问世。绿点的双色箭头表示产品或包装是绿色的，可以回收使用，符合生态平衡、环境保护的要求。

(g) 捷克共和国的“绿点（Zeleny Bod）”标识；目前，该制度的最高机构是欧洲包装回收组织（PRO EUROPE），负责欧洲的“绿点”管理。世界上约有4600亿件流通的包装物上盖有“绿点”标记。欧洲使用“绿点”制度的国家（括号内的是该国设立或加入PRO EUROPE的年份）有：奥地利（1993）；比利时（1995）；法国（1992）；德国（1990）；希腊（1993）；爱尔兰（1997）；意大利（1997）；卢森堡（1995）；葡萄牙（1996）；西班牙（1996）；捷克共和国（2002）；匈牙利（1996）；拉脱维亚（2000）；立陶宛（2002）；波兰（2001）；芬兰（1996）；挪威（1996）；瑞典（1994）。上列的欧洲诸国均有自己的“绿点”标识，但也有一些国家的“绿点”标识在风格基本类似的前提下又体现出不同的特色样式。

(h) 塑料制品回收标识，由美国塑料行业相关机构制定。这套标识将塑料材质辨识码打在容器或包装上，从1号到7号，让民众无需费心去学习各类塑料材质的异同，就可以简单地加入回收工作的行列。

第1号：PET（聚乙烯对苯二甲酸酯），这种材料制作的容器，就是常见的装汽水的塑料瓶，俗称“宝特瓶”。

第2号：HDPE（高密度聚乙烯），清洁剂、洗发精、沐浴乳、食用油、农药等的容器多以HDPE制造。容器多半不透明，手感似蜡。

第3号：PVC（聚氯乙烯），用于制造水管、雨衣、书包、建材、塑料膜、塑料盒等器物。

第4号：LDPE（低密度聚乙烯），随处可见的塑料袋多以LDPE制造。

第5号：PP（聚丙烯），用于制造水桶、垃圾桶、箩筐、篮子和微波炉用食物容器等。

第6号：PS（聚苯乙烯），由于吸水性低，多用以制造建材、玩具、文具、滚轮，还有速食店盛饮料的杯盒或一次性餐具。

第7号：其他。

(i) 美国“3R”的环保标识。

循环标识是最常见的环保标识之一，其含义一般可表达为“3个‘R’”，即：“Reduce”——可降解还原；“Reuse”——可再生利用；“Recycle”——可进行循环再生处理。

(j) 中国台湾地区的资源回收环保标识。

(k) 日本的环保标识。

左边起第一个：纸制包装的可循环回收标识。

左边起第二个：钢铁制品的可循环回收标识。

左边起第三个：纸制品的可循环回收标识。

左边起第四个：铝制品的可循环回收标识。

左边起第五个：表示原料可循环利用。

左边起第六个：塑料容器包装的可循环回收标识。

3.1.2　一般工业固体废物生态管理标识评选指标体系

为了客观、准确、全面地评判企业在固体废物产生、回收、处置和利用方面的管理水平，天津经济技术开发区结合国家有关政策法规要求和区域固体废物管理工作内容，制定了一般工业固体废物生态管理标识（LOGO）评选指标体系和评选标准，通过考察与评估工业

图 1.6 工业固体废物生态管理标识

废物从产生到处理、处置各环节的管理工作，定期组织LOGO企业开展经验交流，专家讲解，政策解读、案例分析、实地考察等活动，最终对那些内部管理优良、综合利用废物资源、安全无害处置废物的企业给予表彰，并给企业颁发“工业固体废物生态管理标识”，以提高企业固体废物管理水平，规范引导企业固体废物流向正规、有规模、有完善环境保护设施的资源化利用企业发展。

根据LOGO标识（图1.6）的评选种类，评选指标体系分为生产型企业、资源回收型企业、资源回收利用与处置企业三类。对于连续三年获得开发区工业废物生态管理标识企业称号的企业，给予额外的奖励。

3.2 案例分析

3.2.1 国外固体废物的管理制度

3.2.1.1 “生产者延伸责任制”政策

为了避免“排污收费”政策在执行过程中效率较低的问题，一些国家制定了“生产者延伸责任制”政策。它规定产品的生产者（或销售者）对其产品被消费后所产生的废物的处理处置负有责任。例如，对包装类废物，规定生产者必须对其商品所用包装的数量或质量进行限制，尽量减少包装材料的用量；家电生产企业，必须负责报废家电的回收；美国加州对汽车蓄电池也采取了这种政策，要求顾客在购买新的汽车电池时，必须把旧的汽车电池同时返还到汽配商店，汽配商店才可以向顾客出售新的汽车电池。

3.2.1.2 “押金返还”制度

消费者在购买产品时，除需要支付产品本身的价格外，还需要支付一定数量的押金。产品被消费后，其产生的废物返回到指定地点时，可赎回已支付的押金。例如，美国加州对易拉罐饮料采取了这种制度，它要求顾客在购买易拉罐可口可乐饮料时，需额外支付每罐5美分的押金。顾客消费后把易拉罐送回回收中心时，可把这5美分的押金收回。

3.2.1.3 “税收、信贷优惠”政策

通过税收的减免和信贷的优惠，支持从事固体废物管理的企业，促进环保产业长期稳定发展。由于对固体废物管理带来更多的是社会效益和环境效益，经济效益相对较低，甚至完全没有，因此，需要政府在税收和信贷等方面给予政策优惠，以支持相关企业和鼓励更多企业从事这方面的工作。例如，对回收废物和资源化产品的企业减免增值税，对垃圾的清运、处理、处置、已封闭垃圾处置场地的地产开发商实行政策补贴，对固体废物处置过程项目给予低息或无息贷款等。

3.2.1.4 “垃圾填埋费”政策

对进入卫生填埋场进行最终处置的垃圾再次收费，目的是鼓励废物的回收利用，提高废物的综合利用率，以减少废物的最终处置量，同时也是为了解决填埋土地短缺的问题。这种政策在欧洲国家使用较为普遍，但需要严格监管垃圾收运部门的运输路线，以防出现乱拉乱倒的情况。例如，荷兰在1995年颁布了一项法令，规定29种垃圾不允许直接进行填埋处理；奥地利禁止填埋含有5%以上有机物质的垃圾；欧盟垃圾填埋起草委员会要求限制可被

微生物分解的有机物垃圾的填埋，在2010年以前，这些垃圾的填埋量不应超过1993年垃圾量的20%。

3.2.2 部分发达国家的管理状况

3.2.2.1 德国

德国的固体废物管理水平位于世界前列，其目标就是实现一种面向未来的、可持续的循环经济，政策重心首先是资源保护，其次是尽可能有效地处理废物。废物管理方面坚持预防为主、产品责任制和合作原则，着眼于避免不必要的废物的产生。法律法规是德国成功推动固体废物管理的重要手段，在严格执法的基础上，鼓励自愿承诺，形成了一套完善的、富有特色的废物管理体系。1972年颁布的《废物管理法》，要求关闭垃圾堆放厂，建立垃圾中心处理站进行焚烧和填埋；1986年颁布了新的《废物管理法》，试图解决垃圾的减量和再利用问题；1991年通过了《包装条例》，要求生产厂家和分销商对其产品包装进行全面负责，回收其产品包装，并再利用其中的有效部分；1992年通过了《限制废车条例》，规定汽车制造商有义务回收废旧车；1996年通过了《循环经济与废物管理法》，把废物处理利用提高到发展循环经济的思想高度。

德国垃圾分类系统从法律、法规到居民参与、具体实施，其完善程度都是世界上首屈一指的，有纲领性的垃圾框架方针，也有具体实施方案，都是以联邦循环经济和垃圾法为基础的。德国的垃圾处置原则为：减量化、无害化和资源化，各州都有其针对的法律、法规和条例，明确了垃圾产生者必须承担垃圾清除、处理、处置的义务。欧盟根据《垃圾分类编号规定》，对各种不同来源的垃圾进行了严格的界定和分类，并进行了编号，以利于管理。全部垃圾共分为20个大类，110个小类，839种垃圾，生活垃圾为第20种垃圾。各州、市、县对生活垃圾的分类收集、分类运输方式按照各自实际情况进行组织，具体方式各自不同，其中生活垃圾大体分为有机垃圾、废纸类、废玻璃、包装垃圾、剩余垃圾、有毒有害垃圾、大件垃圾等。

3.2.2.2 美国

20世纪60年代，美国经济学家K. 波尔丁提出了“循环经济”的概念。美国1965年制定的《固体废物处置法》是第一个固体废物的专业性法规，该法1976年修改为《资源保护及回收法》(RCRA)，分别于1980年和1984年经国会加以修订，日臻完善，已成为世界上最全面、最详尽的固体废物管理的法规之一。根据RCRA的要求，美国又颁布了《有害固体废物修正案》(HSWA)，其内容共包括九大部分及大量附录，每一部分都与RCRA的有关章节相对应，实际上是RCRA的实施细则。为了清除已废弃的固体废物处置场对环境造成的污染，美国又于1980年颁布了《综合环境对策保护法》(CERCLA)，俗称“超级基金法”。

3.2.2.3 日本

日本政府和学界通过认真分析后逐渐认识到，环境问题的根本原因在于以“大量生产、大量消费、大量废弃”为特点的大量废弃型社会的发展模式，因此应逐步建立并推广以再生利用为目的的废物管理政策，进而推进生产、消费等社会发展模式的转变。法律的颁布和修订为日本从大量废弃型社会迈向循环型社会奠定了基础。随着社会经济的发展和城市化步骤的加快，城市生活垃圾、固体废物大幅增加，1970年日本“公害国会”通过了《废物处理法》，该法除了对“废物”进行定义之外，还将废物区分为“一般废物”与“产业废物”，并分别规定地方政府和企业的废物处理责任。1970 年后，为了达成废物减量化目标和环境卫生保护目标，日本大规模地推广和普及焚烧处理技术和填埋场处理技术，焚烧和填埋技术是日本大量废弃型社会最有代表性的废物处理技术。以 1997 年为例，日本全国产业废物焚烧设施有 4066 家，一般废物焚烧设施有 1641 家，居发达国家首位。因此，日本废物处理也被称为“焚烧主义”。2000 年是日本循环型社会的“元年”，日本国会通过《循环型社会形成推进基本法》并修订《废物处理法》，废物的定义、处理责任和处理技术都有了很大的变化。日本《废物处理法》将废物分为一般废物、产业废物，并明确规定了国民、企业和政府的废物处理责任（排放者责任原则）。

生活垃圾的分类处理是将垃圾进行可燃烧、不可燃烧、粗大垃圾（电视、冰箱等）、玻璃、塑料瓶等分类；遵守政府制定的一般废物处理计划，把分类的垃圾正确地送到指定垃圾收集点；不同地区的废物分类各有不同，有些地区废物分类多达 20 种。全日本约有 60%的市镇村废物分类在 10 种以下，40%的市镇村废物分类在 11 种以上。研究表明，废物分类数每增加 1 种，废物人均日排放量就会减少 1%～2%。

一般废物的处理责任。各级部门必须制定该区域内一般废物的处理计划，并根据该计划在各自区域内不使生活环境受到影响的情况下，对一般废物进行收集、搬运以及处理、处置，其中收集、搬运过程一般委托给第三方回收公司。除此之外，为了减少废物的排放量，现行的方法有：计量回收制、定额回收制和超量有偿回收制等。征收费用的方式可分“指定垃圾袋方式”和“粘贴方式”。

产业废物的处理责任。作为一般原则，企业必须自己处理其产业废物。具体处理方法有：自家处理方式，该方式必须有主务大臣的认定；委托第三方废物处理公司处理方式（现行方式中最常用的方式），排放者承担处理成本委托第三方废物处理公司处理。除此之外，在产业废物处理过程中，为了防止非法丢弃，企业不仅履行排放者责任原则，同时还要遵守和执行产业废物管理者的义务。

3.2.3 我国固体废物的管理状况

我国对固体废物的立法管理主要分为国家制定的法律、各行政管理部门制定的行政法规和我国与国际组织签订的国际公约条约三个层面。

随着我国加入世界贸易组织，我国越来越多地参与国际范围内的环境保护工作，目前已签署了多个国际公约，如《控制危险废物越境转移及其处置巴尔塞公约》。

我国全面开展环境立法的工作始于 20 世纪 70 年代末，1978 年的宪法中，首次提出了“国家保护环境和自然资源，防止污染和其他公害”的规定，1979 年颁布的《中华人民共和国环境保护法》是我国环境保护的基本法，对我国环境保护工作起着重要的指导作用。1995 年颁布的《中华人民共和国固体废物污染环境防治法》（以下简称《固废法》）共分为六章，内容涉及固体废物污染环境防治的监督管理、固体废物污染环境的防治、危险废物污染环境防治的特别规定、法律责任等，2005 年 4 月 1 日起正式成为我国固体废物污染环境防治及管理的法律依据。国家环境保护部和有关部门还单独颁布或联合颁布了一系列行政法规，如《城市市容和环境卫生管理条例》、《城市生活垃圾管理办理法》，这些行政法规都是以《固废法》中确定的原则为指导，结合具体情况，针对某些特定污染物制定的，是《固废法》在实际工作中的具体应用。《固废法》确立我国固体废物污染防治的技术政策为：全过程管理、危险废物有限管理和“三化”管理。

3.2.4 我国固体废物的管理制度

3.2.4.1 分类管理

固体废物具有量多面广、成分复杂的特点，因此需对城市生活垃圾、工业固体废物和危险废物分别管理。《中华人民共和国固体废物污染环境防治法》第 50 条规定："禁止混合收集、储存、运输、处置性质不相容的未经安全性处理的危险废物，禁止将危险废物混入一般废物中储存。"

3.2.4.2 工业固体废物申报登记制度

为了使环境保护部门掌握工业固体废物和危险废物的种类、产生量、流向以及对环境的影响等情况，进而进行有效的固体废物全过程管理，《中华人民共和国固体废物污染环境防治法》要求实施工业固体废物和危险废物申报登记制度。

3.2.4.3 固体废物污染环境影响评价制度及其防治设施的"三同时"制度

这一制度是我国环境保护的基本制度，《中华人民共和国固体废物污染环境防治法》重申了这一制度。

3.2.4.4 排污收费制度

固体废物污染与废水、废气污染有着本质的不同，废水、废气进入环境后可以在环境中经物理、化学、生物等途径稀释、降解，并且有着明确的环境容量。而固体废物进入环境后，不易被其环境体所接受，其稀释降解往往是个难以控制的复杂而长期的过程。严格地说，不经任何处置排入环境当中的。根据《中华人民共和国固体废物污染环境防治法》的规定，任何单位都被禁止向环境排放固体废物。固体废物排污费的交纳是对那些按规定或标准建成储存设施、场所前产生的工业固体废物而言的，"污染收费"政策的作用能够解决垃圾收运和处理费用问题，促使家庭和企业减少垃圾的产生量。

3.2.4.5 限期治理制度

为了解决重点污染源污染环境问题，对没有建设工业固体废物储存或处理处置设施、场所或已建设施、场所不符合环境保护规定的企业和责任者，实施限期治理、限期建成或改造。限期内不达标的，可采取经济手段以至停产的手段。

3.2.4.6 进口废物审批制度

《中华人民共和国固体废物污染环境防治法》明确规定："禁止中国境外的固体废物进境倾倒、堆放、处置"，"禁止经中华人民共和国过境转移危险废物"，"国家禁止进口不能用作原料的废物、限制进口可以用作原料的废物"。为贯彻这些规定，国家外经贸、国家工商、海关总署和国家商检局 1996 年联合颁布《废物进口环境保护管理暂行规定》以及《国家限制进口的可用作原料的废物名录》，规定了废物进口的三级审批制度、风险评价制度和加工利用单位定点制度等。在这些规定的补充规定中，又规定了废物进口的装运前检验制度。

3.2.4.7 危险废物行政代执行制度

危险废物的有害性决定了其必须被进行妥善处置。《中华人民共和国固体废物污染环境防治法》规定："产生危险废物的单位，必须按照国家有关规定处置；不处置的由所在地县以上地方人民政府环境保护行政主管部门责令限期改正；逾期不处置或处置不符合国家有关规定的，由所在地县以上地方人民政府环境保护行政主管部门指定单位按照国家有关规定代为处置，处置费由产生危险废物的单位承担。"

3.2.4.8 危险废物经营许可证制度

危险废物的危险特性决定了并非任何单位和个人都可以从事危险废物的收集、储存、处理、处置等经营活动。必须由具备达到一定设施、设备、人才和专业技术能力并通过资质审查获得经营许可证的单位进行危险废物的收集、储存、处理、处置等经营活动。

3.2.4.9 危险废物转移报告单制度

也称作危险废物转移联单制度，这一制度是为了保证危险废物运输安全、防止非法转移和处置，保证废物的安全监控，防止污染事故的发生。

3.2.5 我国固体废物管理的技术标准

我国固体废物国家标准基本由中华人民共和国环境保护部，住房和城乡建设部在各自的管理范围内制定。环境保护部负责制定有关废物分类、污染控制、环境监测和废物利用方面的标准；住房和城乡建设部主要负责制定有关垃圾的清运、处理处置的标准。经过多年的努力，我国已建立了多种固体废物管理标准体系。

3.2.5.1 固体废物分类标准

包括《国家危险废物名录》、《危险废物鉴别标准》、住房和城乡建设颁布的《城市垃圾产生源分类及垃圾排放》及《进口废物环境保护控制标准（试行)》等。

3.2.5.2 固体废物监测标准

主要用于对固体废物环境污染进行监测，包括固体废物的样品采制、样品处理，以及样品分析标准等，如《固体废物浸出毒性测定方法》、《固体废物浸出毒性浸出方法》、《危险废物鉴别标准急毒性毒性初筛》、《工业固体废物采样制样技术规范》、《固体废物检测技术规范》、《生活垃圾分拣技术规范》、《城市生活垃圾采样和物理分析方法》、《生活垃圾填埋场环境检测技术标准》等。

3.2.5.3 固体废物污染控制标准

该标准是进行环境影响评价、环境治理、排污收费等管理的基础，因而是固体废物标准中最重要的标准。固体废物污染控制标准分为两大类；一是废物处理处置控制标准，即对某特种特定废物的处理处置提出的控制标准和要求，如《农用粉煤灰污染物控制标准》、《城镇垃圾农用控制标准》等；另一方面是废物处理设施的控制标准，如《城市生活垃圾填埋污染控制标准》、《城市生活垃圾焚烧污染控制标准》、《危险废物安全填埋污染控制标准》等。

3.2.5.4 固体废物综合利用标准

固体废物资源化在固体废物管理中具有重要的作用。为大力推行固体废物的综合利用技术，避免在综合利用过程中产生二次污染，我国相关部门已经和正在制定一系列有关固体废物综合利用的规范、标准。例如有关电镀污染、含铬废渣、磷石膏等废物综合利用的规范和技术标准等。

3.2.5.5 固体废物与非固体废物的鉴别方法

《中华人民共和国固体废物污染环境防治法》中进行了定义；《固体废物鉴别导则》（征求意见稿中）罗列出了固体废物范围。若对物质、物品或材料是否属于固体废物或非固体废物的判断结果存在争议的，则由有关主管部门召开专家会议进行鉴别和裁定。

3.3 任务

本项目的任务是分析国内外固体废物管理的差距，具体如下。

调查发达国家的有关固体废物管理方面的措施和先进经验；我国固体废物管理方面的有关措施以及实施的情况；并进行分析和对比，找出不足和差距。

3.3.1　报告书内容

具体说明发达国家的有关固体废物管理方面的措施和先进经验；

我国固体废物管理方面的有关措施、实施的情况；并与国外的情况进行分析和对比；

正确评价目前固体废物管理方面存在的不足。

3.3.2　采用的研究方法

通过网络、文献资料等方式收集和整理相关资料。

3.4　知识拓展

3.4.1　固体废物的全过程管理

全过程固体废物管理基于对人类物质利用过程与废物产生关系的考虑，以及物质利用过程生态化要求与可持续发展战略关系的考虑，管理目标可概括为实现人类物质利用过程的生态化，减少物质利用过程的原材料需求；减少物质利用过程向自然环境输出的废物流量，同时应使其组成特性达到尽可能高地与自然生态过程相容；对进入自然环境的废物设置物流交换隔离屏障，避免废物对环境生态的直接冲击与破坏。将固体废物管理视作对整个人类物质利用体系控制的一部分，就要求将管理渗入人类物质利用的全过程。固体废物管理边界一般包含了固体废物产生、储存、使用与废弃和最终处置的全部环节，同时亦延伸至产品的原材料选择、设计和商品包装及含毒物质商品销售的环节，以便更有力地实施源头控制和废物全过程管理。消费偏好由于对固体废物产生的直接影响亦被列入管理体系的范畴。

3.4.1.1　源头控制

生产中使用环保材料、天然材料、可降解材料、无毒材料，简易包装，使垃圾减量、无害化，是源头控制的主要方式。2003 年欧盟公布了《报废电子电气设备指令》（WEEE 指令）和《关于在电子电气设备中禁止使用某些有害物质指令》（RoHS 指令），针对在欧盟地区上市销售的电气电子产品的生产过程及原材料，2006 年 7 月 1 日之后，明确规定了铅、镉、汞、六价铬等四种重金属和多溴苯酚及多溴二苯醚等溴化阻燃剂的含量。

3.4.1.2　经济手段调节生产、消费方的行为

对使用非环保材料的生产者征收相应的税、费，使其对环境影响买单；对居民征收“垃圾处理费”，减少生活垃圾的产出量。谁消费，谁买单。许多国家在计收方式上采取了计量收费制或超量收费制的办法。按容积、按重量、按垃圾袋（垃圾桶）等计量收费的手段。而超量收费制则是指在一定数量内免费，超过一定数量后收取费用。美国西雅图市实施城市生活垃圾收费制度后，生活垃圾减量 25%。韩国实行城市生活垃圾处理收费两年后，生活垃圾减量 37%。但城市生活垃圾收费并不具有长期的减排效果。

3.4.1.3　发展技术手段，科学分类回收

发展垃圾分类和回收的先进科学技术，建立垃圾分类、回收、处理等相关的法规；在垃圾处理、回收行业适当引入竞争机制；增加垃圾处理的资金投入、科研投入、设备更新。德国垃圾处理中的机械生物处理技术，机械或电子机械分类技术的改进，光学（近红外线）分

类技术的应用，以及近年来计算机运算能力的大幅提高，使得更精确的材料识别技术得以成功开发，可以从混合生活垃圾中分选出多种类别物品，而且分选效率通常可超过 90%。目前全中国有 230 万拾荒者，分布在 660 个城市里，仅北京市就有 17 万人依靠拣垃圾为生。如果能在此基础上发展先进的技术手段、科学分类回收，兴利除弊，应该可以更加有效地解决城市垃圾问题，促进可再生产业的发展，节约宝贵的自然资源。

3.4.2 我国有关固体废物管理的法律法规

我国现有的关于固体废物处理处置及资源化的法律法规（部分），见表 1.5。

表 1.5 关于固体废物处理处置及资源化的法律法规（部分）

颁发部门	法律和法规名称	文号或颁发时间
人大常委会	《中华人民共和国固体废物污染环境防治法》(2004)	国家主席 31 号令
人大常委会	《中华人民共和国清洁生产促进法》(2012)	国家主席 54 号令
人大常委会	《中华人民共和国循环经济促进法》(2008)	国家主席 4 号令
国务院	《医疗废物管理条例》(2003)	国务院 380 号令
国务院	《危险废物经营许可证管理办法》	国务院 408 号令
国务院	《废弃电器电子产品回收处理管理条例》(2011)	国务院 551 号令
国务院	《“十二五”全国城镇污水处理及再生利用设施建设规划》	2012
国务院	《“十二五”全国城镇生活垃圾无害化处理设施建设规划》	2012
发改委	《全国循环经济发展规划(2011～2015)》	2012
发改委等	《废物资源化科技工程十二五专项规划》	2012
工信部	《大宗工业固体废物综合利用“十二五”规划》	2012
发改委等	《全国危险废物和医疗废物处置设施建设规划》	2003
发改委等	《“十二五”危险废物污染防治规划》	2012
环保部	《国家环境保护“十二五”规划》	2011
环保部	《钢铁工业发展循环经济环境保护导则》(2013 年修订)	HJ 465—2009
环保部	《铝工业发展循环经济环境保护导则》(2013 年修订)	HJ 466—2009
国务院	《静脉产业类生态工业园区标准》(试行)	HJ/T 275—2006 2006-09-01
环保部	《一般工业固体废物贮存、处置场污染控制标准》(2013 年修订)	GB18599—2001
环保部	《危险废物贮存污染控制标准》(2013 年修订)	GB18597—2001
环保部	《危险废物填埋污染控制标准》(2013 年修订)	GB18598—2001
发改委等	《生活垃圾填埋污染控制标准》	GB16889—1997
发改委等	《生活垃圾焚烧污染控制标准》	GB18485—2001
环保部	《水泥窑协同处置固体废物污染控制标准》	GB 30485—2013
环保部	《国务院办公厅关于深入开展毒鼠强专项整治工作的通知》	国办发[2003]63 号
环保部等	《关于将硫化汞列入〈中国禁止或严格限制的有毒化学品名录〉的公告》(2003)	环发[2003]166 号
环保总局	《医疗废物管理行政处罚办法》	环保总局 21 号令
环保总局	《防治尾矿污染环境管理规定》	环保总局 6 号令
环保总局	《危险废物转移联单管理办法》	环保总局 5 号令
环保总局	《废弃危险化学品污染环境防治办法》	环保总局 27 号令
环保总局	《危险废物出口核准管理办法》	环保总局 47 号令
发改委等	《关于实行危险废物处置收费制度，促进危险废物处置产业化通知》	2003
发改委等	《国家危险废物名录》	发改委环保部 1 号令
发改委等	《危险废物污染防治技术政策》	2001
卫生部等	《医疗废物分类目录》	卫医发[2003]287 号
卫生部等	《医疗废物集中处置技术规范》、《医疗废物专用包装物、容器标准和警示标识规定》、《医疗废物转运车技术要求》、《医疗废物焚烧炉技术要求》	

续表

颁发部门	法律和法规名称	文号或颁发时间
财政部	《关于部分资源综合利用及其他产品增值税政策问题的通知》和《关于部分资源综合利用产品增值税政策的补充通知》	财税〔2001〕198号 财税〔2004〕25号
税务总局	《关于部分资源综合利用产品增值税政策有关问题的批复》	国税函〔2005〕1028号
住建部	《城市建筑垃圾管理规定》(2005)	建设部139号令
工信部等	《关于推进再生有色金属产业发展推进计划》(2011)	工信部联节51号
商务部	《旧电器电子产品流通管理办法》(2013)	商务部1号令

模块 2

固体废物的预处理

项目 4　固体废物的分类

4.1 案例

4.1.1　国内城市生活垃圾的产生情况

由图 2.1 可以看出北京、上海两市垃圾产生量的增长趋势，“九五”期间上海市生活垃圾年平均增长率 12.03%，“十五”期间垃圾年平均增长率为 3.5%。上海的生活垃圾日产量从 1990 年的 8620t/d 增加到 2010 年的 130400t/d，人均垃圾产生量将从 0.84kg/d 增至 1.12kg/d。

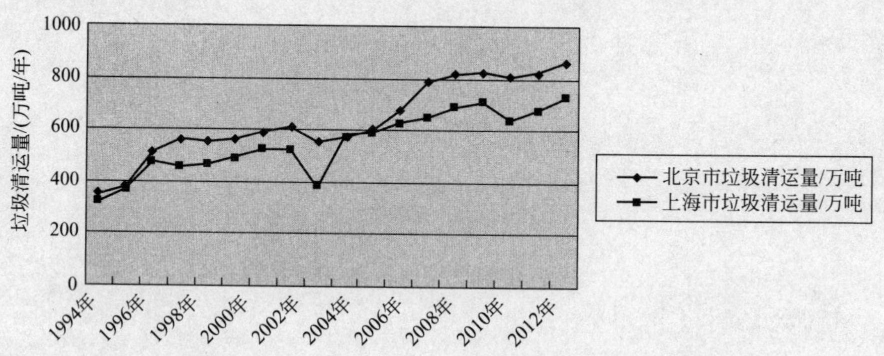

图 2.1　北京和上海 1994～2011 年垃圾清运量对比

图 2.2 为上海市生活垃圾成分从 1990 年到 2003 年之间的变化情况，塑料垃圾从 4.0% 升至 13.33%，纸类垃圾从 4.0%升至 9.23%，果类垃圾 10.8%升至 14.08%，厨余垃圾从 71.9%降至 51.82%。

4.1.2　国内城市生活垃圾的分类排放情况

2012 年，全国各大城市纷纷展开垃圾分类试点，颁布垃圾分类实施方案，如北京、上海、杭州、深圳、济南、苏州等地。

4.1.2.1　北京

2012 年 3 月，国内首部立法形式规范垃圾处理行为的地方法规《北京市生活垃圾管理条例》正式实施，采取举报可获奖励办法推进条例实施，严格规范生活垃圾、餐厨垃圾市场，对违法行为进行责任追究，这一举措为我国规范垃圾处理行为起到一定的引领作用。

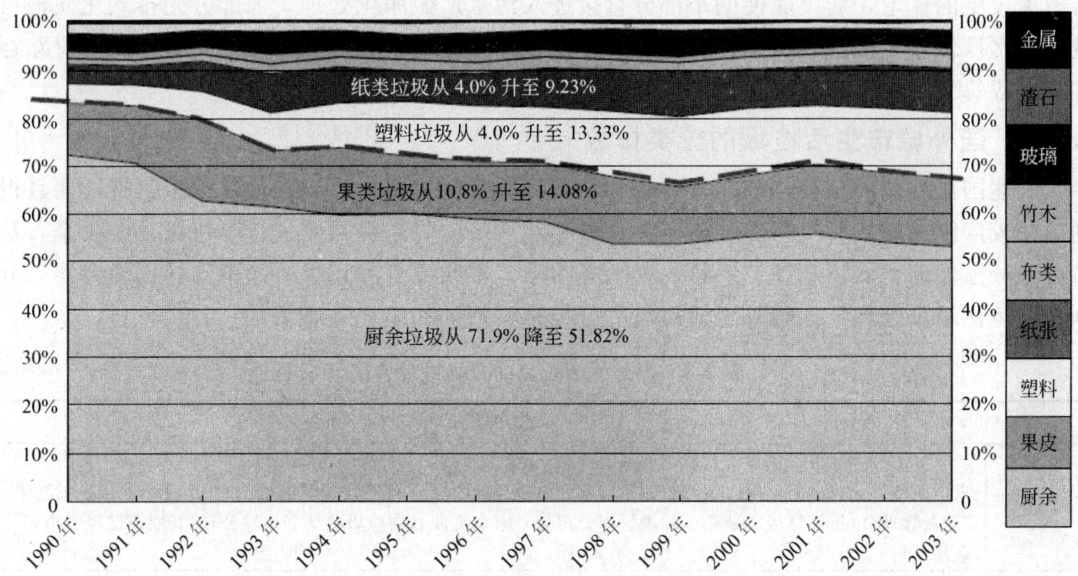

图 2.2　上海市垃圾成分构成变化

4.1.2.2　广州

广州市实行“三类投放、四类存放”的生活垃圾分类标准，力图建设垃圾分类“广州范本”：垃圾处理实行阶梯收费，试行垃圾袋实名制，垃圾按袋计量收费，厨余垃圾专袋投放等措施受到了广泛关注。

“三类投放”是按照排放主体区分生活垃圾的投放，居民排放生活垃圾粗分三类，包括厨余垃圾、其他垃圾、有害垃圾；单位排放生活垃圾粗分三类，包括餐饮垃圾、其他垃圾、有害垃圾；公共场所生活垃圾粗分两类，包括可回收物、其他垃圾；学校、政府机关、集团单位可在粗分三类的基础上结合自身情况再进行细分。“四类存放”是按照回收用途区分生活垃圾的存放，分为：可回收物（蓝色垃圾桶收集），包括未污染的废纸类（纸巾和卫生纸除外，因水溶性强不可回收）、废塑料（泡沫、一次性塑料餐盒等）、废玻璃、废金属（易拉罐、罐头等）、废衣物织品等；餐厨垃圾（绿色垃圾桶收集），指生活垃圾中的餐饮垃圾、厨余垃圾和集贸市场有机垃圾等易腐性垃圾，包括食品交易、制作过程中废弃的食品、蔬菜、瓜果皮核等；其他垃圾（灰色垃圾桶收集），除上述可分类的垃圾之外的，混杂、污染、难以分类的生活垃圾，如厕纸、一次性尿片、烟蒂、渣土、砖瓦陶瓷等；有害垃圾（红色垃圾桶收集），包括废充电电池、废扣式电池、废灯管、过期药品、废化妆品、废杀虫剂、废油漆、废日用化学品、废水银产品、小件废旧电器及电子产品等，这些都需要经过特殊的安全处理。

4.1.2.3　国内其他城市

国内大多城市生活垃圾中有用物质含量偏低，居民一般将废纸、玻璃瓶、纤维物等可再利用的物质在住宅内分类选出，出售给废品门市部；经过此步骤后，抛弃在排放点的城市生活垃圾中可再利用物质的含量相当低，主要采用还处于初级阶段的混合收集方式：一般是由垃圾发生源运至垃圾桶，统一由环卫工人将垃圾桶内垃圾装入垃圾车，再运至中转站，最后由中转站运去填埋场处置，形成了一套固定模式的收集—中转—集中处置系统。商业垃圾及建筑垃圾原则上由产生单位自行清除；粪便的收集按其住宅有无卫生设施分成两种情况，具有卫生设施的住宅，居民粪便的小部分直接进入污水厂做净化处理，大部分先排入化粪池再进入污水厂做净化处理；没有卫生设施的公厕或倒粪站，由环卫部门使用收集粪车清除运输，一般每天收集一次，当天运至指定的处理地点。

4.1.3 国外城市生活垃圾的分类排放

发达国家的垃圾分类排放以及收集和加工处理系统，不仅拥有现代化技术装备，而且得到居民较广泛的理解和支持。如美、英、法和瑞士等国，居民自发进行了垃圾分类收集，从垃圾中分出玻璃、黑色金属、织物、废纸等物品，不同成分的垃圾装入不同标识的容器，分别直接运往垃圾处理厂。国外生活垃圾的分类排放情况如表 2.1 所示。

表 2.1 国外生活垃圾的分类排放情况

国家	典型做法
美国	政府为垃圾分类提供了各种便利的条件，除了在街道两旁设立分类垃圾桶以外，每个社区都定期派专人负责清运各户分类出的垃圾。纽约将垃圾处理称为“垃圾管理”，马路的两旁堆放着一些黑色或深褐色的写着“垃圾管理公司”的垃圾集装箱。垃圾管理公司是一家全美闻名的垃圾收集和运输公司，其股票已经上市，且业绩不俗
法国	几乎每家都有不同颜色的垃圾桶，每家超市都有电池回收处。不同垃圾放入不同颜色的回收箱。避免产生 1t 垃圾和治理 1t 垃圾所需费用之比是 1∶10，回收 1t 废纸可以变成 800kg 再生纸，相当于少砍伐 17 棵大树。70％的废弃包装类垃圾都得到循环处理。它们经再处理后被制成纸板、金属、玻璃瓶和塑料等初级材料，17％被转化成了石油、热力等能源
瑞典	每家都在厨房的水池下或抽屉中放置不同的垃圾收纳容器，分别收集玻璃瓶、金属、纸张、塑料和厨房垃圾等；每条街边都设有不同分类的大垃圾桶，每户附近都有一个垃圾回收中心，专门收集分类后的垃圾。有些居民的厨房水槽里还装有食物垃圾粉碎机，垃圾可被搅碎后直接冲到地下水桶，再由垃圾运输车直接送往沼气场
德国	每栋住宅楼都有 3～4 个垃圾桶，分别存放各种包装物、不可回收垃圾、纸制品以及玻璃瓶。垃圾公司根据住宅楼的住户密度，决定垃圾桶的大小，确定住户需要缴纳的垃圾处理费用。家电、电池、家具等垃圾则采取定点收集处理。各地投放玻璃的垃圾桶会被漆成白色、绿色和棕色，分别用于投放透明、绿色和棕色的玻璃瓶。不可回收垃圾桶上都有橙色标志；投放包装物的垃圾桶则为黄色。为将这套复杂的分类系统传给下一代，学校的老师和父母通过言传身教培养孩子的垃圾分类意识
英国	每个家庭有 10 个不同大小的垃圾箱，用于分类回收包括茶包和灯泡在内的各种垃圾：灰色滚轮垃圾箱用来存放生活垃圾，绿色垃圾箱用于安置花园垃圾，黑色垃圾盒放置废玻璃、罐头盒、喷雾罐和保鲜纸，蓝色垃圾袋用于回收硬纸板，蓝色垃圾盒存放废纸和废报刊。塑料瓶必须放进一个橙色收口垃圾袋，废旧电池和节能灯泡分别放进小透明塑料袋。地方议会为每吨垃圾缴纳税费 48 英镑。根据欧盟制定的目标，从 2013 年起，每过 3 年，每吨垃圾税费将在原有基础上上涨 8 英镑。若存在不符合规定的现象，例如垃圾箱过满、有剩余垃圾或在错误时间将垃圾桶拿出，专门负责监督垃圾回收方案执行的警察可以当场开出 100 英镑罚单
日本	垃圾分类除了一般的生活垃圾分为可燃和不可燃垃圾外，资源性垃圾还具体分为干净的塑料、纸张、旧报纸杂志、旧衣服、塑料饮料瓶、听装饮料瓶、玻璃饮料瓶等。除此之外，更换电视、冰箱和洗衣机还必须和专门的电器店或者收购商联系，并要支付一定的处理费用。大件的垃圾一年只能扔 4 件，超过的话，要付钱。比如喝完一瓶可乐后，他们会洗净饮料瓶，揭下外面的塑料包装，把它扔到可回收的塑料垃圾袋中。瓶盖属于不可燃垃圾，而瓶子本身则要放入专门的塑料瓶回收箱。日本实行严格的定时、分类投放垃圾的制度，居民需要在垃圾清运当天早晨 8 点前，把垃圾堆放到指定地，不能错过时间，否则就要等下周。在公园、高速公路休息站等公共场所，则通常会设置一大排垃圾桶，分别收集生鲜垃圾、瓶子和罐头、塑料饮料瓶、报纸、不可燃垃圾以及其他垃圾等。各地政府网站都会介绍垃圾分类的相关知识，甚至会附一份详尽的分类列表，把居民日常生活中可能遇到的几乎所有物品的分属都列得明明白白
韩国	周末不能扔垃圾，不仅倒垃圾得看日子，有的地方甚至还被要求在垃圾袋上写上姓名。首尔市政府除了在公共场所设立分类垃圾桶，每个社区的垃圾回收是定点定时的。原则上，周末和平日里白天不允许扔垃圾，因为收一般垃圾和食物垃圾的车是每周一到周五凌晨来收走。如果是周末，就得把垃圾存到周日晚上，否则垃圾车走了再扔就会影响环境

城市生活垃圾的有效管理是实现垃圾资源化的最有效途径，只要按垃圾组分的不同性质

和特点，分别采取相应的处置措施，垃圾才能避免成为城市环境的污染源和负担，而成为一种“取之不尽，用之不竭”的再生资源。表2.2所示是德国美因茨市的生活垃圾分类收集情况。

表2.2　美因茨市生活垃圾的分类收集情况

类别	剩余垃圾	有机垃圾	废纸类	废玻璃	包装垃圾	有毒有害	大件垃圾
组成	尿不湿、房间清扫垃圾、香烟蒂、瓷器、陶器、橡胶、胶黏带、羽毛、海绵、抹布等	蔬菜与水果垃圾、树叶、树枝、食物残余、茶叶袋、茶叶、鸡蛋壳、卷筒纸、餐巾纸、纸或纸板，沾有食物残渣	报纸、纸或纸板的包装品、杂志、产品广告单、写过的废纸张（仅限干净的纯废纸）	没有盖子的一次用玻璃瓶、罐头和饮料包装玻璃瓶（平板玻璃与镜子不能投放）	只有金属、塑料、混合材料制成的包装垃圾（如：罐头和饮料罐、包装泡沫塑料）	过期药品、废油、染料、涂料、洗涤用品、溶解剂等	家具、床褥床垫，电器如电视机、洗衣机、计算机屏幕、电冰箱
收集方式	居民家中	居民家中	居民家中或集中投放	居民家中或集中投放	居民家中或集中投放	车辆定点定时收集或自行送回收站	电话预约或定点定时收集、自行送回收站
容器	灰色桶（或含清运费用的塑料袋）	绿色桶（可购买包含清运费用的塑料袋）	桶、箱	桶、箱	黄色塑料袋、黄色塑料桶	专门容器	

4.2 案例分析

4.2.1 城市生活垃圾的组成

城市生活垃圾是指在城市日常生活中和为其提供服务的活动中产生的固体废物，主要包括生活垃圾、商业垃圾、建筑垃圾、粪便以及污水处理厂的污泥等。由于生活垃圾的收集背景和现状各不相同，并且各城市也采用不同的收集方式、转运方案，配置不同的收集工具、运输车辆、中转站设施和转运工具，因此形成了各不相同的垃圾收运系统。城市生活垃圾的组成非常复杂，并受多种因素的影响，如自然环境、气候条件、城市发展规模、居民生活习性（食品结构）、家用燃料（能源结构）、经济发展水平等都将对其有不同程度影响。因此各国、各城市甚至各地区产生的城市生活垃圾组成都有所不同，一般来说，发达国家垃圾组成是有机物多、无机物少；发展中国家则是无机物多、有机物少。在我国，南方城市垃圾的有机物多、无机物少，北方城市则相反。

4.2.2 城市生活垃圾的特点

4.2.2.1 增长速度快、社区垃圾分类效果有待提高

多数地区居民对垃圾分类知晓率已达到90%以上，但参与源头分类行动的居民却不多，仅仅停留在收集容器的设置、社会宣传的开展上，居民参与率还远未达到要求。据北京市调查的统计结果显示，28.1%的被访者一直保持在家中进行简单的垃圾分类，42.2%的被访者在家中会偶尔进行简单分类，29.6%被访者从不进行分类。一直保持简单分类的被访者还比较少。我国于2000年确定北京、上海、广州、深圳等八个城市为“生活垃圾分类收集试点城市”，但到2008年为止，大部分城市取得的效果仍然不佳。2001年武汉取消了垃圾分类收集；2007年广州取消了垃圾分类收集；2008年深圳也取消了垃圾分类收集，其他有些城

市的垃圾分类收集也形同虚设。

4.2.2.2　成分复杂、多变

城市生活垃圾的组分非常复杂，包括有机物（厨余等）、塑料、纸类（纸、硬纸板及纸箱）、包装物、纺织物、玻璃、铁金属、非铁金属、木块、矿物组分、特殊垃圾和余下物。其中特殊垃圾主要是有毒、有害性垃圾，如灯泡、电池、药品瓶、非空的化妆品瓶、盒等，这给如何分类带来了一定困难，如何进行垃圾分类收集，目前我国还没有统一的标准，因此制定垃圾分类收集标准非常重要。

4.2.2.3　垃圾分类的成本增加、责任转变

垃圾分类收集实际上是把垃圾分类这样一个专业化的工作分摊给每个居民。要实现分类收集，居民家中必然要根据要求设置多个垃圾容器。这一方面增加了收集垃圾的成本，另一方面占据了更大的居住空间，此外，分类收集改变了以前垃圾投放的频率，追加运输成本。假设垃圾分四类收集，则垃圾储存容器的数量增加 4 倍，随之而来的是要增加垃圾收集车辆，这就要求投入更多的垃圾储存和运输成本，如果减小垃圾收集车的运营频率，那么垃圾在储存容器里的储存周期必然加长。

4.2.2.4　垃圾产业链和管理不健全

垃圾分类收集难以推广的深层次原因与我国城市生活垃圾产业链和管理不健全有关，缺乏配套的回收设施和专业的处理机构，分类后的生活垃圾不得不实行集中处理，形成垃圾分类收集、混合运输和处置现象的发生，这导致前期垃圾分类毫无意义。垃圾分类是对国民素质、政府号召力和管理水平的一种考验，分类垃圾在实施上难度大，需要每位居民能都按要求自觉将垃圾分类后再分类置放；同时，这需要政府的职能部门按照已分类的垃圾转运至相应的处理工厂，要求一系列环节必须环环相扣，做到有分类、回收、处理等环环相扣的统一协调管理。

4.2.3　城市生活垃圾的物化性质

4.2.3.1　物理性质

城市生活垃圾的物理性质有组分、含水率、密度等。

生活垃圾的含水率是指单位质量垃圾的含水量，它随季节变化、气候、垃圾组分而变化，与垃圾中动植物含量、食品垃圾的含量有关，其典型值变化范围一般为 15%～40%。可以通过垃圾的含水率计算出以垃圾干物质为基础的各种成分的含量，进一步研究垃圾特性；如果垃圾直接用于堆肥或焚烧，含水率是处理过程中需要重点控制和调节参数；垃圾如果送去堆场或者填埋场，也可根据含水率参数科学地估算出堆放场或填埋场产生的渗透液数量。因此含水率是研究垃圾特性、确定垃圾处理工艺过程中必不可少的参数。城市生活垃圾的组成一般以各成分质量占干基垃圾的质量分数来表示，即干基率。测定需要采样、烘干、分拣、称重，经计算得到各垃圾组分含量（质量分数）。密度指单位体积的质量。

4.2.3.2　化学性质

城市生活垃圾的化学性质有挥发分、灰分、灰分熔点、元素组成、固定碳及发热值。估算垃圾的发热值，对于确定焚烧的适用性，选择垃圾处理工艺是非常必要的。估算生化需氧量（BOD），对确定好氧堆肥化的适用性、选择垃圾处理工艺是非常必要的。

化学性质的测定方法常用有：化学分析方法、仪器分析方法、比如：C、H 联合测定——碳氢全自动测定仪；N 测定——凯氏消化蒸馏法；P 测定——硫酸过氯酸铜蓝比色

法；K 测定——火焰光度法；金属元素测定——原子吸收分光光度法。

垃圾的热值 Q_L，单位质量的垃圾完全燃烧所放出的热量，用氧弹量热计测定（Q_H）。对于垃圾发电，参考热值的估算公式为：

$Q_L<3344$kJ/kg，需借助辅助燃料；

3344kJ/kg$<Q_L<$4180kJ/kg，不需借助辅助燃料，但废物利用价值不高；

4180kJ/kg$<Q_L<$5000kJ/kg，供热、发电均可；

$Q_L>5000$kJ/kg，可稳定焚烧和能源利用。

挥发分 V_s 的计算：

$$V_s=(W_3-W_4)/(W_2-W_1)\times 100\%$$

式中　W_1——坩埚质量；

W_2——烘干的垃圾质量；

W_3——烘干的垃圾质量＋坩埚质量；

W_4——灼烧残留量（$W_{残}$）＋坩埚质量。

4.2.4　固体废物的分类原则

垃圾分类就是在源头将垃圾分类投放，并通过分类的清运和回收使之重新变成资源，从国内外各城市对生活垃圾分类的方法来看，大致都是根据垃圾的成分构成、产生量，结合本地垃圾的资源利用和处理方式来进行分类的。如德国一般分为纸、玻璃、金属、塑料等；澳大利亚一般分为可堆肥垃圾、可回收垃圾、不可回收垃圾；日本一般分为可燃垃圾、不可燃垃圾等。如今我国生活垃圾一般可分为可回收垃圾、厨余垃圾、有害垃圾和其他垃圾四类，分类的原则有如下几种。

4.2.4.1　工业废物与城市生活垃圾分开

由于工业废物和城市生活垃圾的产生量、性质以及发生源都有较大的差异，其管理和处理处置方式也不尽相同。一般来说，城市生活垃圾的发生源分散、产生量相对较少、污染成分也以有机物为主，而工业废物的发生源集中、产生量大、可回收利用率高，而且危险废物也大都源自工业废物，因此，对城市生活垃圾和工业废物实行分类回收。

4.2.4.2　危险废物与一般废物分开

由于危险废物具有对环境和人类造成危害的特性，一般需要对其进行特殊的管理和处理或处置，对处理处置设施的要求和设施建设费用、运行费用都要比一般废物高得多。对危险废物和一般废物实行分类，可以大大减少需要特殊处理的危险废物量，从而降低废物管理的成本，并能减少和避免由于废物中混入有害物质而在处置过程中对环境产生潜在的危害。

4.2.4.3　可回收利用物质与不可回收利用物质分开

固体废物作为人类对自然资源利用废弃产物，含有大量可回收利用的资源，对废物中的可回收利用物质和不可回收利用物质实行分类，有利于固体废物资源化的实现。废物中可回收利用物质价值的大小，取决于它们的存在形态、纯度和数量。废物中可回收利用的资源纯度越高和数量越大，利用价值就越大。

4.2.4.4　可燃性物质与不可燃性物质分开

对于大批量产生的固体废物，在多数情况下，将其分离为若干具有相同性质的混合物较为容易。将废物分为可燃与不可燃，有利于处理处置方法的选择和处理效率的提高。不可燃物质可以直接填埋处置，可燃物质可以采取焚烧处理。

4.2.4.5 泥态和固态分开

由于泥态物质中含有大量水分，一般需要进行脱水预处理，否则混入到固态物质中容易造成预处理成本增加，或造成后期处理和处置的难度加大。

4.3 任务

4.3.1 阐述垃圾分类的重要性以及当前垃圾分类存在的问题，完成表格填写

目前我国实行垃圾分类的城市有哪些？	
我国现有关于垃圾分类的管理条例有哪些？ 我国当前垃圾分类存在的问题有哪些？ 你的垃圾分类建议	

4.3.2 垃圾填埋场的参观实习

（1）参观地点　学校所在城市的垃圾填埋场。

（2）参观前准备

学生：准备参观记录本，并事先写出自己感兴趣的问题，以便在现场进行提问。

教师：对学生进行安全动员工作，将可能在参观过程涉及的安全问题进行讲解，并提出学生在参观现场时的衣着、行为及其他要求。同时，对此次参观要达到的目的和参观实习报告的撰写等内容向学生告知。

（3）撰写参观报告　学生完成参观后，应及时撰写参观实习报告。

4.4 知识拓展

4.4.1 城市生活垃圾的卫生填埋

在生活垃圾处理处置方式中，填埋无疑占据着举足轻重的位置。从全球来看，填埋占到70％左右，在各发达国家应用非常广泛。加拿大1989年卫生填埋处置量占82％；20世纪90年代，英国、意大利处置量超过90％，美国处置量占72％，西班牙处置量占75％，德国处置量占73％。卫生填埋是在不影响生活环境的情况下，利用自然界的容量，采取有效技术措施，防止渗滤液及有害气体对水体和大气的污染，并将垃圾压实减容至最小，适当地储存废物，需要考虑废物种类、运输、填埋场位置、地区的气候水文条件等诸多因素。填埋场的构筑方式和填埋方式与地形地貌有关，可分为山谷型填埋和平地型填埋方式。

4.4.1.1 填埋厂区选址要求

填埋场的场址选择应符合下列规定：

（1）填埋场场址设置应符合当地城市建设总体规划要求；符合当地城市区域环境总体规划要求；符合当地城市环境卫生事业发展规划要求。

（2）填埋场对周围环境不应产生影响或对周围环境影响不超过国家相关现行标准的规定。

（3）填埋场应与当地的大气防护、水土资源保护、大自然保护及生态平衡要求相一致。

（4）填埋场应具备相应的库容，填埋场使用年限宜10年以上；特殊情况下，不应低于8年。

（5）选择场址应由建设、规划、环保、设计、国土管理、地质勘察等部门有关人员

参加。

(6) 填埋场选址应按下列顺序进行。

① 场址初选，根据城市总体规划、区域地形、地质资料在图纸上确定3个以上候选场址；

② 候选场址现场踏勘，选址人员对候选场址进行实地考察，并通过对场地的地形、地貌、植被、水文、气象、交通运输和人口分布等对比分析确定预选场址；

③ 预选场址方案比较，选址人员对2个以上（含2个）的预选场址方案进行比较，并对预选场址进行地形测量、初步勘探和初步工艺方案设计，完成选址报告，并通过审查确定场址。

填埋场不应设在下列地区：

(1) 地下水集中供水水源的补给区；

(2) 洪泛区；

(3) 淤泥区；

(4) 填埋区距居民居住区或人畜供水点500m以内的地区；

(5) 填埋区直接与河流和湖泊相距50m以内地区；

(6) 活动的坍塌地带、地下蕴矿区、灰岩坑及溶岩洞区；

(7) 珍贵动植物保护区和国家自然保护区；

(8) 公园、风景、游览区、文物古迹区、考古学、历史学、生物学研究考察区；

(9) 军事要地、基地，军工基地和国家保密地区。

4.4.1.2 填埋场的设计及工程

填埋场的设计包括确定填埋场类型；确定场区地下水功能和保护等级；确定衬层材料及衬层构造；建立废物浸出液分配模型，确定防渗层的有关设计参数；考虑衬层的施工及其对衬层质量的影响。主体工程包括以下几种。

① 地基处理工程：填埋场场地需要经过平整、碾压和夯实，并且根据渗滤液导排要求形成一定的纵横坡度。

② 基底防渗层工程：防止垃圾渗滤液从填埋位置通过地基层向下渗漏，继而通过下层土壤进一步侵入地下水或者流进地表水。衬层是填埋场得以形成封闭系统的关键部分，应该根据场地的防渗要求铺设衬层。

③ 渗滤液导排与处理系统：收集系统通常采用导流层或者盲沟（穿孔管）铺设，管道或者沟道应该坡向集水井或者污水调节池。

④ 填埋气体的收集和利用工程：根据场地规模、垃圾成分、产气速率、产气量等确定填埋场产气处理或利用方案。

⑤ 雨水导排系统：填埋场必须设置独立的雨水导排系统，根据当地的降水情况和场区地质条件设置明沟或者地下排水管道系统。

⑥ 最后覆盖系统工程：减少水分对填埋场的渗入，并对填埋物进行封闭。

⑦ 填埋终场后的生态恢复系统：地面植被的覆盖能够保证最终填埋恢复系统的长期稳定以及正常功能的发挥，在达到卫生填埋的要求之上，应该根据当地自然条件，选择适宜的植被，在填埋场周边设置隔离林带，改善环境，改良填埋土地性状，便于以后开发利用。

4.4.1.3 填埋场的防渗系统

垃圾渗滤液是指超过垃圾所覆盖土层饱和蓄水量和表面蒸发潜力的雨水进入填埋场地

后，沥经垃圾层和所覆盖土层而产生的污水，还包括垃圾自身所含的水分、垃圾分解所产生的水及浸入的地下水。主要污染成分有有机物、氨氮和重金属等，其种类和浓度与垃圾类型、组分、填埋方式、填埋时间、填埋地点的水文地质条件、不同的季节和气候等密切相关，主要呈现 COD_{Cr} 和 BOD_5 浓度高、金属含量高、营养元素比例失调等特征。

填埋场防渗系统，不仅能防止渗滤液渗出污染地下水，还要防止地下水涌入填埋场。场底防渗系统主要有水平防渗系统和垂直防渗系统两种类型。水平防渗系统是在填埋区底部及周围铺设低渗透性材料制作的衬层系统。垂直防渗系统将密封层建在填埋场的四周，主要利用填埋场基础下方存在的不透水层或弱透水层，将垂直密封层构筑在其上，以达到将填埋气体和垃圾渗滤液控制在填埋场之内的目的，同时也有阻止周围地下水流入填埋场的功能。

无机天然防渗材料主要有黏土、亚黏土、膨润土等。黏土衬层较为经济，至今仍在填埋场中被广泛采用。黏土的选择主要根据现场条件下所能达到的压实渗透系数来确定。在最佳湿度条件下，当被压制到90%～95%的最大普氏干密度时，渗透性很低（通常 10^{-7}cm/s 或者更小）的黏土，可以作为填埋场衬层材料。

人工改性防渗材料，是在填埋场区及其附近没有合适的黏土资源或者黏土的性能无法达到防渗要求的情况下，将亚黏土、亚砂土等进行人工改性，使其达到防渗性能要求而制成的防渗材料。人工改性的添加剂分有机和无机两种。有机添加剂包括一些有机单体如甲基脲等的聚合物；无机添加剂包括石灰、水泥、粉煤灰和膨润土等。相对而言，无机添加剂费用低、效果好，适合于在我国推广应用。

天然和有机复合防渗材料主要指聚合物水泥混凝土防渗材料，聚合物水泥混凝土是由水泥、聚合物胶结料与骨料结合而成的新型填埋场防渗材料，是在水泥混凝土搅拌阶段，掺入聚合物分散体或者聚合物单体，然后经过浇铸和养护而成。聚合物水泥混凝土具有比较优良的抗渗和抗碳化性能，以及较高的耐磨性和耐久性。在力学性质方面，其抗压强度、抗折强度、伸缩性、耐磨性都可以通过配方改变加以改善。

人工合成有机材料通常称为柔性膜，主要包括聚乙烯、聚氯乙烯、氯化聚乙烯、氯磺聚乙烯、塑化聚烯烃、乙烯-丙烯橡胶、氯丁橡胶、热塑性合成橡胶等。柔性膜防渗材料通常具有极低的渗透性，其渗透系数均可达到 10^{-11}cm/s。现广泛使用的是高密度聚乙烯防渗卷材。

由于渗滤液水质变化大，且不呈周期性，对渗滤液的处理，不仅要考虑工艺方法对渗滤液的处理效果，而更要考虑工艺对水质、水量变化的适应性。目前，渗滤液处理的主要技术和方法有两种。

一种是排入城市污水处理厂。渗滤液预处理达到一定标准后经管道输送（或运输）至城市污水处理厂进一步处理后排放。有研究表明，COD 为 24000mg/L 的渗滤液与城市污水混合，其中渗滤液量达到生活污水量的4%～5%时，城市污水的运行将受到影响；平均 BOD 和氨氮浓度不超过全部污水负荷的1%～2%时，渗滤液反而有利于生活污水的处理。

另外一种是建设独立的场内处理系统。场内处理垃圾渗滤液一般利用生物、物化、膜处理和土地处理工艺等，污水处理达到相应标准后进行林业灌溉或直接向周围环境排放。生物处理法是垃圾渗滤液处理的主要方式，主要包括厌氧处理、好氧处理、好氧厌氧相结合的处理方式。渗滤液的土地处理主要包括慢速渗滤系统（SR）、快速渗滤系统（RI）、表面漫流（OF）、湿地系统（WL）、地下渗滤土地处理系统（UJ）以及人工快滤处理系统（ARI）等多种土地处理系统。另外，可考虑利用渗滤液回灌减少污水处理量。物化处理主要为混凝沉淀、化学氧化、吸附、膜分离、膜过滤等方法。实际是生物与物化等方法的结合。

4.4.1.4　填埋场的生物降解过程

垃圾填埋后，有机垃圾发生生物降解反应，产生渗滤液和填埋气体。有机垃圾的微生物降解依次经历好氧分解、兼氧分解和完全厌氧分解几个阶段。

① 好氧分解阶段：复杂有机物通过微生物胞外酶分解成简单有机物，后者再通过好氧分解转化成小分子物质或 CO_2 和水，并释放热量。在较短时间内完成（一般为十至数十天）。特点是：渗滤液产量较少，有机质浓度较高，可生化性好；pH 值呈弱酸或近中性，CO_2 开始产生，渗滤液含一定硫酸根、硝酸根和重金属，产生大量热，可使温度增加数度至十余度。

② 过渡阶段（液化或兼氧分解阶段）：通常是好氧分解后的十余天，填埋场内水分渐达饱和，氧气被耗尽，厌氧环境开始建立。复杂有机物（多糖、蛋白质等）在微生物和化学作用下水解、发酵，由不溶性物质变为可溶性物质，并生成挥发性脂肪酸、CO_2 和少量 H_2。其特点如下：渗滤液的 pH 值继续下降，COD 升高；渗滤液含较高浓度的脂肪酸、钙、铁、重金属和氨；气体 CO_2 为主，含少量 H_2 和 N_2，基本不含 CH_4。

③ 发酵阶段：微生物降解第二阶段积累的溶于水的产物转化为酸（大部分为乙酸）、醇及 CO_2 和 H_2，可作为甲烷细菌的底物而转换为 CH_4 和 CO_2。特征为：pH 值很低，呈酸性，而 BOD 和 COD 急剧升高；酸性使无机物尤其是重金属溶解，呈离子态；溶滤液含大量可产气有机物和营养物，可生化性好（BOD/COD＞0.4），氨氮浓度逐渐升高；CO_2 仍是该阶段的主要气体，先升后趋缓，有少量 H_2。

④ 产甲烷阶段：前几阶段的产物（乙酸、H_2）在产甲烷菌的作用下，转化为 CO_2 和 CH_4，为能源利用的黄金期，一般持续数年到十几年。特点是：脂肪酸浓度降低，渗滤液的 COD、BOD 逐渐下降，可生化性变差，氨氮浓度高，pH 值升高（6.8～8），重金属离子降低，甲烷产生率稳定，甲烷浓度保持在 50%～65%。

⑤ 稳定阶段：主要特征是填埋垃圾及渗滤液的性质趋于稳定；填埋场中的微生物量极度贫乏；几乎没有气体产生，即使有，亦以 N_2、O_2、CO_2 为主。填埋场的沉降停止，填埋场达到稳定。

上述五个阶段并非绝对孤立，它们相互作用、相互依托，有时会发生交叉。各阶段的持续时间因废物、填埋场条件不同而异。由于垃圾是在不同时期进行填埋的，在填埋场的不同部位，各个阶段的反应都可能在同时存在。

4.4.1.5　填埋气体的产生与收集处理

填埋场的主要气体包括氨、二氧化碳、一氧化碳、氢、硫化氢、甲烷、氮和氧等，其中以甲烷和二氧化碳的含量最高。温度 43～49℃，相对密度 1.02～1.06，水蒸气含量基本达到饱和，高位热值为 15630～19537kJ/m^3。收集填埋气体的作用是减少填埋气体向大气的排放量、控制填埋气体的无序迁移，并为填埋气体的回收利用做准备。收集系统可分为主动式和被动式两种，被动式收集系统利用垃圾体内的气体压力来收集填埋气体，主动收集系统则是采用抽真空的方法来控制气体的流动，常用的填满气体收集系统有垂直抽气井、水平收集沟和地表收集器三种方式。

4.4.1.6　填埋场的封场

现代化填埋场的表面密封系统有多层构成，第一部分是土地恢复层；第二部分是密封工程系统，由保护层、排水层、防渗层和排气层组成。填埋场的稳定化程度直接决定其土地回用的可能性，不同的回用目的对填埋场的稳定性要求也不同；判断填埋场的稳定化指标主要有填埋场表面沉降速度、渗滤液水质、释放气体的质和量、垃圾体的温度、垃圾矿物化的程度等。但是，到目前为止还没有填埋场稳定化的定量标准。

最终覆盖系统的主要功能是减少雨水及融化雪水等渗入填埋场，控制填埋场气体从填埋场上部释放，抑制病原菌的繁殖，避免地表径流水的污染，避免危险废物的扩散，避免危险废物与人和动物的直接接触，便于封场后土地利用，提供美化环境的表面。

4.4.2 生活垃圾卫生填埋场工程项目的申请报告范本（编制提纲）

第一章　概述

1.1　项目名称

1.2　承办单位

1.3　编制依据、编制原则及编制范围

1.3.1　编制依据

1.3.2　编制原则

1.3.3　编制范围

(1) 生活垃圾处理工艺方案论证及推荐选择合适的工艺方案

(2) 垃圾填埋场内的工艺、建筑、结构、电气、暖通等配套工程的方案设计

(3) 垃圾填埋场的渗沥液的收集与处理

(4) 垃圾填埋场内工程投资估算及经济评价

1.4　依据的法律法规及采用的标准、规范

(1)《中华人民共和国环境保护法》(1989 年 12 月 26 日)

(2)《中华人民共和国固体废物环境污染防治法》(1995 年 10 月)

(3)《建设项目环境保护管理条例》(国务院第 5 号令，1998 年 11 月 29 日)

(4) (87) 国环字第 002 号文《建设项目环境保护设计规定》

(5)《生活垃圾填埋污染控制标准》(GB 16889—1997)

(6)《城市生活垃圾卫生填埋技术规范》(GJJ 17—2001)

(7)《城市生活垃圾处理及污染防治技术政策》(2000 年版)

(8)《城市市容和环境卫生管理条例》(1992 年版)

(9)《城镇垃圾农用控制标准》(GB 8172—87)

(10)《城市生活垃圾卫生填埋处理工程项目建设标准》(2001 年版)

(11)《聚乙烯 (PE) 土工膜防渗工程技术规范》(SL/T 231—98)

(12)《建筑给水排水设计规范》(GB 50015—2003)

(13) 国家计委、建设部、国家环境总局部 2002 年共同制定的《关于推进城市污水、垃圾处理产业化发展的意见》(计投资 [2002] 1591 号)

(14)《××省建设项目环境保护管理条例》(1996 年版)

(15)《城市区域环境噪声标准》(GB 3096—93)

(16)《关于环境保护相关问题的若干规定》(国务院国发 [1996] 31 号文)

(17)《建设项目环境保护设计规定》(1987 年 3 月)

(18)《工业企业厂界噪声标准》(GB 12348—90)

(19)《地表水环境质量标准》(GBZB 1—1999)

(20)《污水综合排放标准》(GB 8978—1996)

(21)《×××省建设项目环境保护管理条例》(1996)
(22)《恶臭污染物排放标准》(GB 14554—93)
(23)《室外给水设计规范》(GB 50013—2006)
(24)《室外排水设计规范》(GB 50014—2006)
(25)《给水排水工程构筑物结构设计规范》(GB 50069—2002)
(26)《建筑设计防火规范》(GB J16—87)(2001 修订版)
(27)《建筑物防雷设计规范》(GB 50057—94)
(28)《建筑结构荷载规范》(GB 50009—2001)
(29)《混凝土结构设计规范》(GB 50010—2002)
(30)《建筑地基基础设计规范》(GB 50007—2002)
(31)《建筑地基处理技术规范》(JG J79—2002)
(32)《建筑抗震设计规范》(GB 50011—2001)
(33)《地下工程防水技术规范》(GB 50108—2001)
(34)《供配电系统设计规范》(GB 50052—95)
(35)《低压配电设计规范》(GB 50054—95)
(36)《10kV 及以下变电所设计规范》(GB 50053—94)
(37)《自动化仪表安装工程质量检验评定标准》(GB J131—90)
(38)《电气装置安装工程施工及验收规范》(GB 50254～50259—1996)
(39)《建筑工程施工现场供用电安全规范》(GB 50194—93)
(40)《采暖通风与空气调节设计规范》(GB 50019—2003)
(41) 国家现行的其他标准及规范

1.5　城市概况及自然条件

1.5.1　县域概况

(1) 地理位置
(2) 社会概况
(3) 经济概况

1.5.2　自然条件

(1) 地形地貌
(2) 气象资料
(3) 水文、地质资料

水文

地质

(4) 地震

根据《建筑抗震设计规范》(GB 50011—2001)，××抗震设防烈度为×度。

1.6　环境卫生及垃圾处理现状

(1) 环境卫生发展
(2) 环境卫生管理体制
(3) 生活垃圾处理处置现状

1.7　生活垃圾成分

1.8　项目建设的必要性

1.9 工程概况

(1) 设计使用年限

(2) 建设规模与目标

第二章 垃圾处理与处置方案的比选与论证

2.1 方案选择

2.2 垃圾处理与处置方案的论证

第三章 场址的选择

3.1 填埋场类型

3.2 填埋场选址原则及依据

3.2.1 场址禁设地区

3.2.2 场址比选与场址确定

3.3 场址综合条件分析

3.3.1 场址社会环境

3.3.2 场址周围环境

3.3.3 场址自然环境

3.3.4 交通概况

3.4 场址结论

第四章 建设规模及处理年限

4.1 垃圾产量及组成预测

4.2 规模及年限

第五章 填埋工艺的设计

5.1 填埋区库容

5.2 填埋库区分区

5.2.1 分区原则

5.2.2 分区工程

5.3 填埋场垃圾填埋工艺

5.4 填埋作业方法

5.4.1 分区分单元填埋作业

5.4.2 填埋分层作业

5.4.3 分阶段填埋作业

5.5 垃圾坝的设计

5.6 防渗系统的设计

5.6.1 场地处理

5.6.2 防渗层结构

5.7 渗沥液收集系统

5.8 地下水导流及雨污分流系统设计

5.8.1 地下水导流设计

5.8.2 雨污分流系统设计

5.9 防洪系统

5.9.1 构筑物等级及防洪标准

5.9.2 防洪系统设计
5.9.3 截洪构筑物工程
5.9.4 洪雨水的导排
5.10 填埋气体收集导排及利用
5.10.1 填埋气体的产量
5.10.2 填埋气体控制系统
5.10.3 填埋气体处理及利用系统
5.11 监测井的设置
5.12 封场和土地再利用方案
5.12.1 封场方案
5.12.2 土地再利用方案
5.13 填埋设备的选择
5.13.1 摊铺和碾压作业主要设备
摊铺设备
碾压设备
5.13.2 取土及喷药和洒水设备
5.13.3 其他设备
第六章 垃圾渗沥液处理工程
6.1 垃圾渗沥液处理方案的比选
6.2 渗沥液处理设计水量及水质的确定
6.2.1 渗沥液产量计算
6.2.2 渗沥液水质确定
6.2.3 生活水的处理方案
6.3 垃圾渗沥液处理工艺的比选及确定
6.3.1 渗沥液处理工艺的选择原则
6.3.2 渗沥液处理工艺的选择
6.3.3 方案的选取
6.3.4 流程及各处理单元简要说明
6.3.5 供气系统
6.3.6 排水系统
第七章 工程方案设计
7.1 总图设计
7.1.1 平面布置
交通运输
绿化
辅助设施及管理中心
计量设施
洗车装置
维修设施
加油设施

综合办公楼

7.1.2 场区给排水设计

（1）给水系统

（2）排水系统

7.2 建筑设计

7.2.1 设计依据

（1）建设项目选址意见书。

（2）×××卫生管理站委托设计研究院编制×××生活垃圾卫生填埋场工程《项目申请报告》的委托书及其他原始资料。

（3）国家现行的有关设计规范及标准：

设计采用的主要规范及标准

《民用建筑设计通则》（GB 50352—2005）

《建筑设计防火规范》（GBJ 16—87）（2001 年版）

《屋面工程质量验收规范》（GB 50207—2002）

《地下工程防水技术规范》（GB 50108—2001）

《建筑内部装修设计防火规范》（GB 50222—95）

《民用建筑热工设计规范》（GB 50176—93）

《民用建筑节能设计标准》（JGJ 26—95）

《饮食建筑设计规范》（JGJ 64—89）

《办公建筑设计规范》（JGJ 67—89）

7.2.2 设计原则

7.2.3 环境处理目标

7.2.4 建筑总体效果

7.3 结构设计

7.3.1 设计依据

（1）×××提供的原始资料及其他专业提供的基本资料。

（2）国家现行的有关设计规范及标准

设计采用的主要规范及标准：

《工程结构可靠度设计统一标准》（GB 50153—92）

《建筑结构可靠度设计统一标准》（GB 50068—2001）

《建筑抗震设防分类标准》（GB 50223—2004）

《建筑抗震设计规范》（GB 50011—2001）

《构筑物抗震设计规范》（GB 50191—93）

《建筑结构荷载规范》（GB 50009—2001）

《建筑地基基础设计规范》（GB 50007—2002）

《建筑地基处理技术规范》（JGJ 79—2002）

《混凝土结构设计规范》（GB 50010—2002）

《砖体结构设计规范》（GB 50003—2001）（局部修订）

《多孔砖砌体结构技术规范》（JGJ 137—2001）（2002 年版）

《地下工程防水技术规范》（GB 50108—2001）

《给水排水工程构筑物结构设计规范》(GB 50069—2002)

《给水排水工程钢筋混凝土水池结构设计规程》(CECS 138：2002)

《给水排水工程管道结构设计规范》(GB 50332—2002)

《混凝土外加剂应用技术规范》(GB 50119—2003)

《×××省建设工程抗震设防审查要点》

《中国地震动参数区划图》(GB 18306—2001)

7.3.2　工程地质

7.3.3　抗震设计

7.3.4　基础处理

7.3.5　结构选型

7.3.6　防渗漏设计

7.3.7　其他

7.4　电气系统设计

7.4.1　设计依据

7.4.2　设计范围

7.4.3　供电电源及供电负荷

7.4.4　高压配电系统

7.4.5　低压供电系统及控制

7.4.6　电能计量

7.4.7　设备选型

7.4.8　防雷与接地

7.4.9　其他

7.5　暖通设计

7.5.1　设计范围

7.5.2　采暖设计

7.5.3　通风、空调设计

第八章　环境保护、安全卫生及节能

8.1　环境保护

8.2　安全卫生

8.3　节能

第九章　安全防火与劳动保护

9.1　安全防火

9.1.1　设计依据

9.1.2　概述

防火等级

防火措施

9.2　劳动保护

第十章　项目管理及实施计划

10.1　实施原则及步骤

10.2　建设项目的管理机构

10.3 项目实施计划
10.4 垃圾填埋场的运行管理和人员编制
10.4.1 运行维护措施
10.4.2 填埋场的运营方式
10.4.3 人员编制
第十一章 项目招投标
11.1 招标依据
11.2 招标范围
11.3 招标组织形式
11.4 招标方式
第十二章 投资估算及资金筹措
12.1 投资估算
12.1.1 编制依据
12.1.2 投资范围及编制结果
12.1.3 各项费用的确定
12.2 流动资金估算
12.3 投资计划及资金筹措
第十三章 经济评价
13.1 评价依据
13.2 基础数据
13.2.1 生产能力
13.2.2 实施进度及项目计算期
13.2.3 基准收益率
13.2.4 产品成本和费用估算
13.2.5 营业收入、营业税金及附加和增值税估算表
13.3 财务评价
13.3.1 盈利能力分析
13.3.2 清偿能力分析
13.4 不确定性分析
13.4.1 盈亏平衡分析
13.4.2 敏感性分析
13.5 综合评价
第十四章 项目风险分析
14.1 投资风险分析
14.2 技术和管理风险分析
14.3 工程风险分析
14.3.1 地震风险分析
14.3.2 机械故障及停电风险分析
14.3.3 维修风险分析
第十五章 工程效益分析

15.1　社会效益

15.2　环境效益

15.3　经济效益

第十六章　结论和建议

16.1　结论

16.2　建议

附表：

（1）建设投资估算表

（2）项目投资使用计划与资金筹措表

（3）固定资产折旧费估算表

（4）无形及其他资产摊销估算表

（5）总成本费用估算表

（6）营业收入、营业税金及附加和增值税估算表

（7）利润与利润分配表

（8）项目投资现金流量表

（9）项目资本金现金流量表

（10）财务计划现金流量表

（11）资产负债表

（12）敏感性分析表

附图：

（1）某生活垃圾卫生填埋场区域位置图

（2）总平面布置图

（3）填埋区平面布置图

（4）填埋区纵剖面示意图

（5）终期封场图

（6）污水处理工艺流程图

（7）膜锚固大样图

（8）防渗层及导排大样图

附件：

（1）《项目申请报告》的委托书

（2）建设项目选址意见书

（3）×××国土资源局关于某垃圾处理厂项目用地初审意见

（4）×××供电公司关于某生活垃圾卫生填埋场保障供电的证明

（5）×××水务局供水证明

（6）×××建设局关于城区生活垃圾产生量的说明

（7）投资构成及当地材料（水泥、钢材、红砖、石子、沙子）价格的情况说明文件

（8）×××财政局关于某垃圾处理厂建设投资承诺

（9）×××财政局关于确保生活垃圾卫生填埋场正常运行的证明

（10）×××人民政府办公室关于转发《×××垃圾处理和环境卫生服务补助费征收管理办法》的通知

(11) ×××环境保护局关于某垃圾填埋场建设项目环境影响评价工作的说明

(12) ×××水务局关于×××生活垃圾填埋场对水环境无影响的证明

(13) ×××建设局卫生管理站垃圾处理收费许可证正本（复印件）

(14) ×××建设局卫生管理站事业单位法人证书正本（复印件）

项目5　固体废物的收集运输

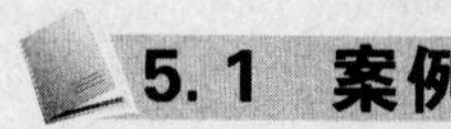

5.1 案例

德国生活垃圾的收集运输

德国有着完善的生活垃圾分类收集、运输、处置体系。清运专业部门是法律授权的垃圾公共清运单位，根据收费规定向居民和企业收取垃圾清运、处置费用，还承担宣传、教育、咨询等工作，以实现垃圾减量化目标。生活垃圾综合治理有垃圾收费制度、环境警察监督制度、全民教育制度等保证措施。图2.3所示为德国生活垃圾的处置方式。

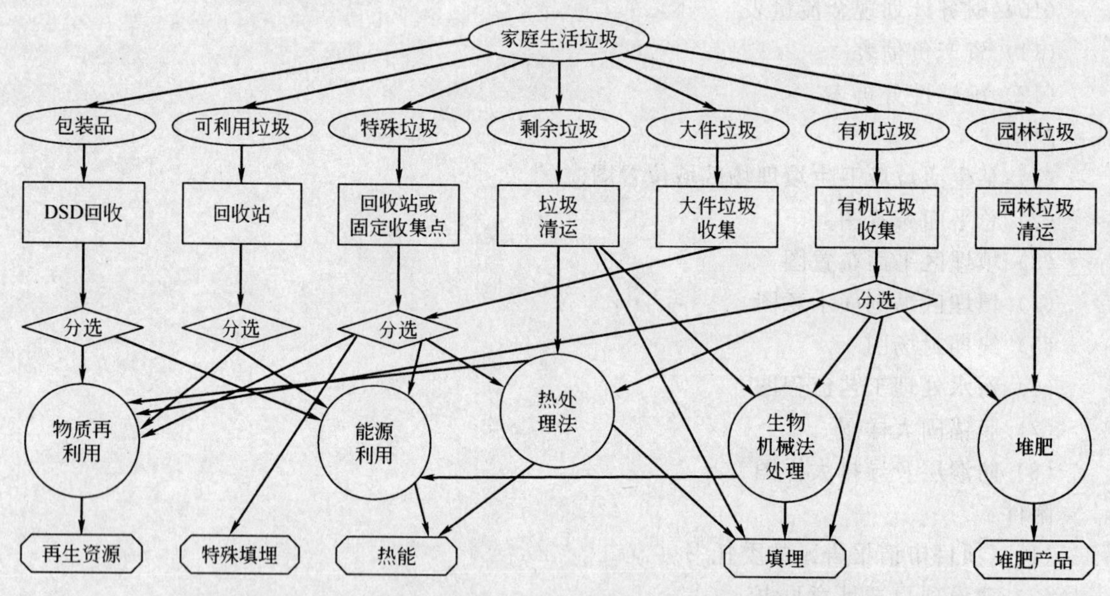

图2.3　德国生活垃圾分类收集、处理处置系统

随着社会环保意识的提高以及资源枯竭引发的威胁，1991年德国率先在世界上制定了《包装品回收处理办法》，明确了包装品的生产、使用企业、消费者应对包装垃圾回收、再利用承担的责任和义务，提出了每种包装品材料必须达到的回收再利用率；在此基础上，德国的包装品生产、使用企业联合成立了第二收运系统公司，即绿点回收系统，出售绿点标志获得资金用于组织对包装垃圾的回收再利用。

包装垃圾（除废纸、废玻璃外）由居民投放在黄色垃圾袋中，由收运企业定时收集，运输至包装垃圾分拣中心，包装垃圾通过机械、人工分选，剔出石块、无机物质等杂质，按金属、塑料等不同原材料材质分类，作为再生资源。废纸类垃圾由压缩垃圾车送转运站或直接送分选回收处理厂，直接粉碎后生产新的纸浆，因德国的人工和生产成本较高，此类回收处理厂多在国外；废玻璃垃圾由家庭分类回收的都为玻璃瓶类，平板玻璃类多从企业直接回收，因玻璃的再利用对玻璃颜色的纯净度要求较高，很多地方都将废玻璃回收分为白色玻璃、绿色玻璃、棕色玻璃 3 个不同的回收箱桶，个别地区也有各色玻璃混合回收的。收集的废玻璃经分选处理厂分选后，按照不同颜色、粒径分为不同的玻璃原料，送回收再利用厂熔融后生产新的玻璃制品，废玻璃的分选采用先进的光选设备，不仅可去除石块、陶瓷、金属、塑料等杂质，还可将不同颜色玻璃单独分开，其纯净度可达 99%。

5.2 案例分析

5.2.1 固体废物的收集方法

垃圾的收集是把各储存点暂存的垃圾集装到垃圾收集车上的操作过程；运输是指收集车辆把收集到的垃圾运至终点、卸料和返回的全过程。垃圾的收集和运输是整个收运管理系统中最为复杂、耗资最大的操作过程，对整个垃圾的管理有重要的影响。垃圾收运效率和费用的高低主要取决于垃圾收集方法、收运车辆数量、装载量及机械化装卸程度、收运次数、时间、劳动定员和收运路线等。

废物量大的工业企业，一般都有自己专门的堆场和相应的收集和运输措施。对于生活垃圾和商业垃圾，我国一般由当地的物资回收站或废品收购站负责收集、运送以及回收，其收集的废物品种十分繁多，按照废物类型及其最终利用途径分为黑色金属、有色金属、橡胶、塑料、纸张、破布、麻、棉、牲骨、人发、玻璃、油脂、化工废料等 16 类约 1000 多个品种，这种实践在我国已经实行多年，效果很好。城市垃圾中，商业垃圾和建筑垃圾原则上由各单位自行清除，大型的土建项目均按照有关规定使用运输车辆将渣土及时收集运送进行土地回填或用于绿地建设等。有卫生设备的住宅其粪便一般先进入室外化粪池经过预处理后进入污水厂处理，公共厕所和倒粪池的粪便由分片的环卫车定期抽吸、运输和集中处置。家庭生活垃圾在清除之前，通常进行分类收集，也可以由拾荒者从垃圾桶、垃圾箱和垃圾场中进行分离收集并卖给物资回收站和废品站。许多发达国家提倡和实行生活垃圾的袋装化，可以有效地减轻臭气和蚊蝇滋生，还可以减少垃圾装卸时间并便于回收利用，垃圾的袋装化在我国一些城市已经逐步推广实行。有些居民小区还规定了垃圾投放时间，以减少对环境卫生的影响。

对于工业固体废物来说，在某些情况下把固体废物混合收集，可使危害变小或更有利于处理或处置。然而，不知道固体废物的特性、成分就将其混合在一起，这样只能增加处理或处置的成本，而且危险废物的混合还会引起爆炸、释放有毒气体等危险，不仅造成环境污染，而且会使固体废物的处理与处置变得更加困难。因此，工业固体废物分类收集一般有两种方式：产生废物较多的工厂自行收集；零星、分散废物由废旧物资系统收集。

固体废物产生地点较分散、产生量大、组分复杂的因素，给收集工作带来了较多的困难，根据收集方式可把固体废物的收集方法分为混合收集和分类收集两种形式；根据收集的时间，又可分为定期收集和随时收集。

5.2.1.1 混合收集

统一收集未经任何处理的原生废物的方式，这种收集方式历史悠久，应用也较广泛，其主要优点是收集费用低，简便易行；缺点是各种废物相互混杂，降低了废物中有用物质的纯度和再生利用的价值，同时也增加了各类废物处理的难度，造成资源化处理费用的增加。从当前的趋势来看，这种方式正在逐渐被淘汰。

5.2.1.2 分类收集

根据垃圾的种类和组成分别进行收集的方式，其主要优点是可以提高垃圾中有用物质的纯度，有利于垃圾的资源化综合利用，还可以减少后续处理处置的垃圾量，从而降低整个垃圾管理费用和处理处置成本。

5.2.1.3 定期收集

在限定条件下按固定的周期收集规定期间产生的废物，其优点是通过固定的周期可将不合理的暂存危险降到最小，能有效地利用资源。同时运输者可有计划地使用车辆，处理与处置者有时间更改管理计划。定期收集适宜产生废物量较大的大中型厂矿企业。

5.2.1.4 随时收集

根据废物产生者的要求随时收集废物。废物产生量无规律的中小型企业适于采用随时收集的方法。

5.2.2 固体废物的收集运输系统

工矿业产生的大量固体垃圾和废渣可以采取火车及皮带运输机进行输送；含水较多的污泥可以采取管道或渠道输送；河网密布的城镇可以采用水运，比如上海市许多环卫站、所设有专门的垃圾运输队伍和车辆，河岸设有倒粪站并配备有专用船只，靠近水体的污水厂还设置有专门的倒泥码头和运泥船，局部地区设置有垃圾中转站。相应地完成各种垃圾的收集、储存和运输。

5.2.2.1 生活垃圾的收集系统

生活垃圾的收集系统一般包括固定容器系统（图 2.4）和拖曳容器系统（图 2.5）。城市生活垃圾则一般采用专门的车辆运送。

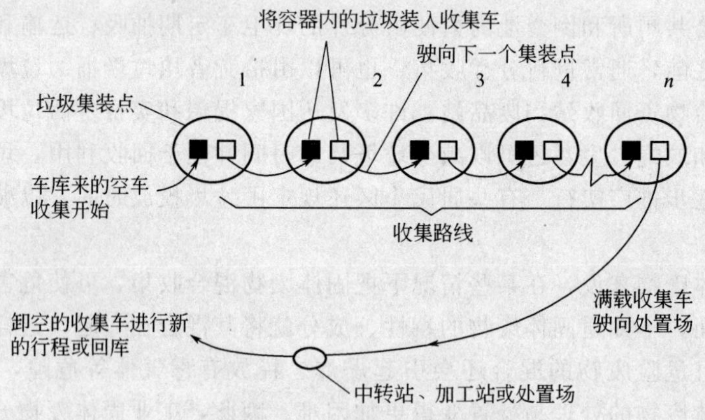

图 2.4 固定容器收集法的操作过程

（1）固定容器系统 垃圾容器放在固定的收集点，垃圾车从调度站出来将垃圾容器中垃圾出空，垃圾容器放回原处，车子开到第二个收集点重复操作，直至垃圾车装满或工作日结束，将车子开到处置场出空垃圾车，垃圾车开回调度站。

（2）拖曳容器收集法 将某集装点装满的垃圾连同容器一起运往中转站或处理处置场，卸空后再将主容器送回原处，然后，收集车再到下一个容器存放点重复上述操作过程（图

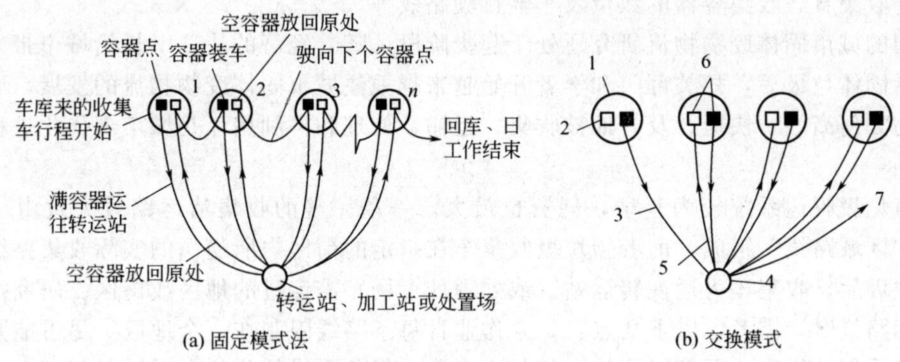

图2.5　拖曳容器收集法的操作过程

2.5)。当然，也可将卸空的容器送到下一个集装点，而不是送回原处，同时把该集装点装满垃圾的容器运走，这种收集法也称改进移动容器收集法。

5.2.2.2　收集系统所需时间

不论是固定容器系统还是拖曳容器系统，收集系统所需的时间可分解为垃圾装运、运输、处置场处置和其他非生产性过程四部分。

(1) 垃圾装运时间　与收集类型有关。在拖曳系统简便模式中，垃圾装运需花费的时间包括三部分，牵引车从放置点开车到下一个放置点所需的时间，提起装满垃圾的垃圾容器的时间和放下空垃圾容器的时间。在拖曳系统的交换模式中垃圾装运时间包括提起装满垃圾的垃圾容器的时间和在另一个放置点放下空垃圾容器的时间；在固定容器系统中，垃圾装运时间是从收集线路上将所有装了垃圾的容器出空到垃圾车上所花费的时间。

(2) 运输时间　与收集系统的类型有关。拖曳容器系统的运输时间是指牵引车将装满垃圾的垃圾容器从放置点拖到处置场和将空垃圾容器从处置场拖到垃圾容器放置点所需要的时间。在固定容器系统中，运输时间是指垃圾车装满后或从收集线路的最后一个放置点开车到处置场，以及出空垃圾后再从处置场开车到下一个收集线路的第一个放置点所需的时间。运输时间不包括在处置场的时间。

(3) 处置场处置时间　包括在处置场等待卸车的时间和出空垃圾所花费的时间。

(4) 非生产性时间　相对收集操作过程而言，花费在非生产过程中的时间包括必需的和非必需的两部分。必需的非生产性时间是指每日早晨的报到、登记、分配工作等花费的时间；每日结束的检查工作和统计应扣除的工时等所用的时间；每日早晨从调度站开车去第一个放置点和每日结束从处置场开车回调度站所需的时间；由于交通拥挤不可避免的时间损失；花费在设备修理和维护上的时间。非必需的非生产性时间包括用餐所花的时间和未经许可的工间休息以及与朋友闲谈等。非生产性活动时间所花费时间不论是必需还是非必需都要一起考虑在整个收集过程中，并以整个收集过程所花时间的百分数表示。

5.2.3　固体废物收运系统的方案设计

国外对城市固体废物的收运路线极其关注，因为路线的选择可以极大地影响收集效率，运输路线的优化可以节约相当数量的费用。美国早在1968年将经济优化应用于固体废物物流管理，城市固体废物物流管理与决策信息化已经纳入了国家发展计划，其技术已经相当成熟，应用也非常广泛。德国城市固体废物收运系统比较完备，各环卫局都有固体废物车收运路线图和道路清扫图，把全市分为若干收集区，明确规定扫路机的清扫路线以及这个地区的固体废物收集日、收集容器的数量及车辆行驶路线等。

我国的城市固体废物物流研究还处于起步阶段，随着经济的快速增长给城市带来越来越多的生活固体垃圾后，相关部门和学者开始越来越关注城市固体废物物流的发展，城市生活固体废物如何高效、快捷、及时地被收集、运输、处理和再利用，是城市现代化进程中的一大难题。

城市垃圾收运系统较为复杂，耗资也最大，一条完整的收集清运路线大致由“实际路线”和“区域路线”组成，前者指垃圾收集车在指定的街区内所遵循的实际收集路线，后者指装满垃圾后，收集车为运往转运站（或处理处置场）需走过的地区或街区。研究探索较合理的实际路线时，需考虑以下几点：每个作业日每条路线限制在一个地区，尽可能紧凑，没有断续或重复的线路；平衡工作量，使每个作业、每条路线的收集和运输时间都合理地大致相等；收集路线的出发点从车库开始，要考虑交通繁忙和单行街道的因素；在交通拥挤时间，避免在繁忙的街道上收集垃圾。

设计收集路线的一般步骤包括：准备适当比例的地域地形图，图上标明垃圾清运区域边界、道口、车库和通往各个垃圾集装点的位置、容器数、收集次数等，如果使用固定容器收集法，应标注各集装点垃圾量；将资料数据概要列为表格，进行资料分析；初步收集路线设计；通过反复比较和试算进一步均衡收集路线，使每周各个工作日收集的垃圾量、行驶路程、收集时间等大致相等，最后将确定的收集路线画在收集区域图上。

以下为贵州大学蔡家关校区的垃圾收运系统的设计案例参考。

一、蔡家关校区设计资料

1. 概述

（1）地区概述

贵州大学蔡家关校区位于贵阳市云岩区阿哈湖畔，是贵州大学主校区之一。校区以本科、研究生教学为主，有在校生14000余人，其中本科生13000余人，研究生1000余人，教职工1800余人。现有资源与环境工程学院等八个学院、喀斯特环境与地质灾害防治等一批科研和研究中心、三个本科教学楼及一个研究生教学楼、十栋学生公寓及相关配套设施，占地面积598754.31m^2。

（2）垃圾成分现状概述

蔡家关校区的垃圾来源有三个方面：一是居住人口产生的生活垃圾，这是主要源；二是附近农民进行生产活动产生的农业垃圾；三就是校区绿化产生的绿化垃圾。根据蔡家关校区地形图，环卫部门提供的资料及对该城市生活垃圾成分的调查分析，其垃圾成分有如下特点：垃圾成分以果皮、纸屑、树木、厨余为主；纸屑、玻璃、塑料、金属、废电池等可回收物质的比例相对较大；校区周围部分居民以烧煤为主，垃圾中煤灰比例相对不高。

按照以上垃圾成分特点，经以其他同类城市的垃圾成分进行类比分析，设计该校区垃圾成分为玻璃、塑料、纸屑、废电池等废品占30%，煤渣土砂石等无机物为35%，厨余垃圾等有机物为35%左右。本设计暂以上述资料为基础进行技术分析。

2. 垃圾收集服务人口及面积

该校区现状占地598754.31m^2，有在校生14000余人。本工程根据目前该校区人口及面积设计。

3. 垃圾产率

根据中国环境科学研究院对我国五百多个城市生活垃圾产生量的统计分析，目前我国人均垃圾产生量一般在 0.9～1.2kg/(人·d) 左右，垃圾密度一般为 0.4～0.6t/m³。按照以上数据分析计算，该校区共产生垃圾大约 10t/d。

4. 垃圾收运系统

(1) 垃圾收运主要包括三个阶段，第一阶段是搬运和储运，是由产生垃圾住户或单位将垃圾送至储存处的运输过程；第二阶段是收集和清运，主要是垃圾的近距离运输，用清运车辆沿一定路线收集清运容器或其他储存设施中的垃圾并运至垃圾中转站；第三阶段是转运，在城市垃圾中转站将垃圾转运至大容量运输车上，运往垃圾处理场。在规模较小的城镇可以不设中转站，可即收即运，直接用垃圾收集车或压缩式垃圾收运车运往垃圾处理场。

(2) 垃圾收运系统规划总体原则　首先，应坚持生活垃圾处置"减量化、资源化、无害化"的原则，并满足环境卫生要求，其次，应考虑达到各项卫生目标时，费用最低，并有助于降低后续处理阶段的费用。因此，科学地制定合理的收运计划，以此来提高收运效率是非常必要和关键的。

(3) 蔡家关校区垃圾收运系统简图

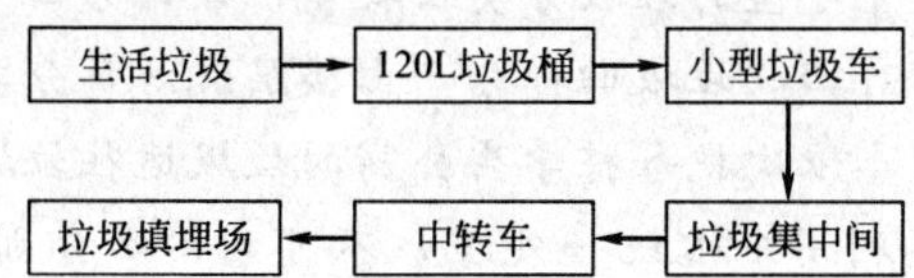

5. 储存容器

储存容器大小适当，需满足各种卫生条件要求，并要求使用操作方便美观，价格便宜，便于机械化装车。

(1) 容器类型

国内目前各城市使用的容器规格不一。对于居民家庭，通常有家庭资本随意性容器；对于街道储存，常见的有供行人丢弃废纸、果壳、烟蒂等物的固定式垃圾桶等；本设计采用耐腐和不易燃材料制造的分类收集垃圾桶。

(2) 存放地点

住宅区储存家庭垃圾的垃圾集中间设置在固定位置，该垃圾集中间靠近住宅区，方便居民，又要靠近马路，便于分类收集和机械化装车。

(3) 设置容器数量

容器设置数量对费用影响很大，应根据事先规划和估算合理设置容器数量。本设计对这个问题考虑不太周全，共设计了多少个垃圾桶。

二、蔡家关校区生活垃圾集中收集点的设置

垃圾集中收集点一般尽可能位于垃圾产生量多、靠近公路干线及交通方便、环境危害少、便于废物回收利用，且建设作业最经济的地方。根据蔡家关校区各地方生活垃圾产生情况，结合收集时的交通和环境因素，在贵工路口、雅河东路、蔡家关校区共设成型垃圾收集点 11 个，其中 5 个为垃圾间，一个全封闭垃圾池，其余为无封闭型垃圾池，具体参数见下表：

编号	地点	类型	垃圾成分
1	贵工路口	无封闭垃圾池	生活垃圾
2	雅河东村	无封闭垃圾池	生活垃圾
3	建行教师专区旁	无封闭垃圾池	生活垃圾
4	02 青教公寓前	无封闭垃圾池	生活垃圾

续表

编号	地点	类型	垃圾成分
5	龙潭路下方 20m	垃圾间	生活垃圾
6	蔡家关农贸市场旁	垃圾间	农业垃圾
7	贵大附中旁	无封闭垃圾池	生活垃圾
8	三号教学楼旁	垃圾间	生活垃圾
9	栖风路星宇网吧前	垃圾间	生活垃圾
10	锅炉房前	垃圾间	生活垃圾和煤渣
11	上寨校医院门前	全封闭型垃圾池	生活垃圾

三、蔡家关校区生活垃圾收集运输路线的设置

由于校园垃圾成分相对社区要单一得多，可回收利用部分较多，同时分类相对容易。所以，本设计在每层楼放置一个小型的垃圾分类回收箱，该箱分四个部分，分别为废塑料、废纸、其他可回收垃圾以及不可回收垃圾四部分，由楼层保洁员分类收集，然后每天晚上九点运到楼下，由小型三轮运输车依次把每栋学生公寓的垃圾运往垃圾中转站。其中可回收利用部分运往中转站旁的资源再利用中心统一处理，不可利用部分则运到中转站进一步压实处理，最后运往垃圾处置场进处置。具体收集线路如附图“蔡家关校区垃圾收集线路图”所示。具体收集路线详见“蔡家关校区垃圾收集路线图”。

四、垃圾中转站设置

1. 位置的选择

按照《城市垃圾转运站设计规范》（CJJ 47—91）的选址要求，在考虑蔡家关校区的总体、交通、教学生活区分布等因素，使中转站的运营不影响正常的教学和生活，规划本课程设计中将中转站设置在校园的北面，即长坡路上段。此处交通方便，且不易对附近地区产生较大的污染。

2. 设计规模

根据《城市垃圾转运站设计规范》（CJJ 47—91）所推荐的垃圾转运量的计算公式

$$Q=\delta nq/1000$$

式中 Q——中转站的日转运量（t/d）；

n——服务区域的实际人数；

q——服务区域居民垃圾人均日产量［kg/(人·d)］，按当地实际资料采用；无当地资料时，垃圾人均日产量可采用 1.0～1.2kg/(人·d)；

δ——垃圾产量变化系数，按当地实际资料采用，如无资料时，δ 值可采用1.3～1.4。

本设计中 $n=20000$，$q=1.200$，$\delta=1.3$，带入公式计算得中转站的日转运量 $Q=31.2$t。其小于小型转运站的最大限值 150t/d。故整个蔡家关校区只需设置一个垃圾中转站即可满足要求。

中转站用地面积按相关标准执行，即转运量为 150t/d 时，用地面积为 2000～1500m^2，附属建筑面积 100m^2。本设计中由于日转运量远小于 150t，故占地面积可适当减小以节约用地和减少投资及维护费用，综合考虑后取其用地面积为 500m^2，附属建筑物面积为 50m^2。

3. 垃圾中转站的类型

国内外生活垃圾中转站形式多种多样，有直接转运式、推入装箱式和压实装箱式等。其

主要区别在于站内中专垃圾处理设备的工作原理和处理效果（减容压实程度）不同。经过对各类型中转站的原理、特点和蔡家关校区垃圾量等的综合分析，本设计的垃圾中转站选用直接转运式。即垃圾收集后由小型收集车运到中转站，直接将垃圾卸入容积为 60～80m^2 的大型垃圾运输车的拖斗。由牵引车拖带进行运输；运输途中，用篷布覆盖敞顶集装箱，避免垃圾飞扬。该形式中转站的主要特点是工艺流程简单，几乎没有专用中转垃圾处理设备，投资少，运营管理费低，但中转垃圾过程中，对垃圾未做减容、压缩处理，导致站内垃圾运输车（集装箱）容积很大，且未能实现完全封闭化中转作业。但是，这样可以减少因压实过程中产生的渗滤液等废水，从而减少处理成本和水污染，进而保护好雅河。

五、结语

通过对蔡家关校区垃圾桶以及垃圾收集路线的设计，加深了课堂上所学的知识，锻炼了CAD绘图能力，并独立的完成了此次课程设计，懂得了理论与实践相结合，得到事半功倍的效果。

附图一：蔡家关校区平面图

附图二：蔡家关校区垃圾箱分布图

附图三：蔡家关校区垃圾收集路线图

参考文献：

5.3 任务

某镇（学校、社区）生活垃圾收运系统的方案设计

以所在学校或周围小区为设计对象，根据生活垃圾收集路线设计要求的相关知识，进行垃圾收集系统方案的设计。设计方案包括设计原则、垃圾收运模式、垃圾收运方案、垃圾收运系统工程设计（如垃圾桶的型号、大小、数目、垃圾收集点位置）、卫生防护设计，收集路线必须以图的形式进行呈现，条件允许的情况下，可做收集路线运行成本分析，优化现有的收集路线。

5.4 知识拓展

固体废物的中转

垃圾的转运也称垃圾的中转（即中转运输），是指通过中转站把收集车收集来的垃圾转载到大型运输工具上，并运往最终处理处置场所的过程。基本操作过程是：收集车在各收集点收集好垃圾，先把垃圾运至中转站，垃圾在中转站通常经分拣、压缩等处理后，再转载到大载重量的运输工具上，并运往远处的处理处置场。运输距离的长短是决定是否设立垃圾中转站的主要依据，当垃圾的运输距离较近时，一般无需设置垃圾中转站，通常由收集车把收集来的垃圾直接运往垃圾处理处置场所，只有在垃圾运输距离较远时，才有设置中转站的必要。设置中转站的主要目的是为了节约垃圾的运输费用，因为长距离运输时，大吨位运输工具的运行费用比小吨位的要低；此外，垃圾在中转站经压缩等处理后，容积密度明显提高，从而将提高载运工具的装载效率，有利于降低垃圾运输的总费用。一般来说，当垃圾运输距离超过 20km 时，应设置大、中型转运站，运输距离越长，设立中转站越合算。因此，小城市一般不设置垃圾中转站，大、中城市设置垃圾中转站的比较多。

5.4.1 中转站的类型

依中转站的规模，可将中转站分为小型、中型和大型三种。转运量小于 150t/d 的为小型；转运量在 150～450t/d 的为中型；转运量大于 450t/d 的为大型。中转站规模的大小，应根据垃圾转运量确定。

5.4.2 中转站设计要求

对城市垃圾中转站建筑结构、周围环境和辅助设施设备的设计，我国有关的标准和规范作了如下规定：中转站的外形应美观、操作应封闭、设备力求先进；飘尘、臭气、噪声、排水等指标应符合环境监测标准；大、中型中转站内排水系统应采用分流制，应设置污水处理设施；大、中型中转站内应绿化，绿化面积应符合国家标准及当地政府的有关规定；中转站内建筑物、构筑物的建筑设计和外部装修应与周围居民住房、公共建筑物及环境相协调；中转站内建筑物、构筑物布置应符合防火、卫生规范及各种安全要求；中转站的总平面布置应结合当地情况，做到经济合理。大、中型中转站应按区域布置，作业区宜选在主导风向的下风向，站前布置应与城市干道周围环境相协调。

5.4.3 中转站设施

包括垃圾称量装置、杀虫灭害装置、除尘除臭装置、操作控制室、洗车台、检修车间、办公设施、生活设施和其他辅助设施。中转站一般应设置垃圾压实机械，垃圾经压缩后有利于提高运输工具的装载效率。转运车辆使用最多的是挤压式、拖挂式和半拖挂式车辆，对于远距离运送大量的垃圾来说，铁路运输是较为合理的。在用地条件允许时，大、中型中转站可在站内设置运输车的停车场和加油站等设施。中转站的供电应采用双供电进线制。中转站内应配置专用的通信、联络系统。

项目 6 固体废物的压实

6.1 案例

列车专用垃圾压缩打包机的应用

我国首次在列车上应用的生活垃圾收集压缩装置，是青藏线客运列车使用的具有独立自主知识产权的生活垃圾压缩减容和消毒的专用装置，DLH-200A 型列车专用垃圾压缩打包机，见图 2.6。减容压缩比达 10∶1，密封式箱体，采用双层瓶胆式设计有效抗振动冲击力；内置空气循环系统；具有紫外线和臭氧发生器的消毒杀菌功能；不仅改变了传统垃圾箱收集方式，还提高了客运列车内生活环境质量，减轻了列车员劳动强度，降低了垃圾总体管理成本。

国际上普遍采用的是用高压挤压分离工艺处理城市垃圾，将其固液态分离。分离后的固态垃圾，通过焚烧处理转化为电能，焚烧后体积能减少 80%～90%，重量减少 70%，可通过填埋处理或转化为建筑材料；液态垃圾通过堆肥处理转化为化学能。因此，经高压挤压分离处理的垃圾能最大限度地实现垃圾资源化。

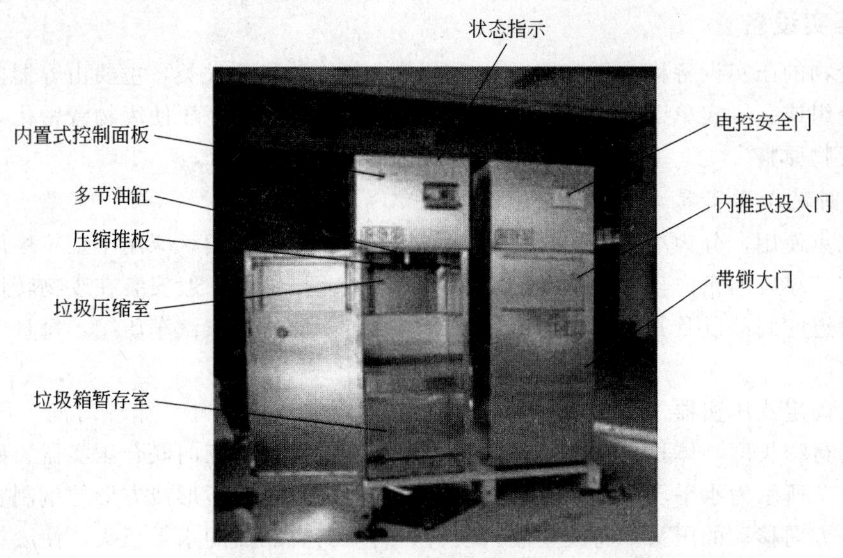

图 2.6　列车专用垃圾压缩打包机示意

6.2　案例分析

6.2.1　压实目的

对垃圾进行压实主要有两个方面作用：一是增大密度和减小体积，以便于装卸和运输、确保运输安全与卫生、降低运输成本和减少填埋占地；二是制取高密度惰性块料，便于储存、填埋或作其他用途。如在城市垃圾的收集运输过程中，许多纸张、塑料和包装物，具有很小的密度，占有很大的体积，必须经过压实，才能有效地增大运输量，减少运输费用。

垃圾经多次压缩后，其密度可达 1380kg/m^3，体积比压缩前可减少 1 倍以上，因而可大大提高运输车辆的装载效率。惰性固体废物，经压缩成块后，用作地基或填海运地的材料，上面只需覆盖很薄土层，即可恢复利用，而不必等待其多年沉降。目前，固体废物压实技术在我国已开始得到广泛应用，而在发达国家已普遍应用，日本有 12%的垃圾经过压实处理后，进行了填埋处置。

6.2.2　压实原理

固体废物运输和处理处置前通常采用一定的方法对其进行压实或压缩，以减小其体积和重量，便于装卸、运输、储存和处理处置。垃圾运输过程中，有些垃圾车本身同时具有垃圾压实功能，操作机械化程度也较高。

压实又称压缩，原理是利用机械的方法减少垃圾的空隙率，将空气挤压出来增加固体废物的聚集程度。经过压实处理后，固体废物体积减小的程度称压缩比（也称压实比，为废物压缩前的原始体积与废物压缩后的体积之比）一般为 3～5。压缩比取决于废物的种类和施加的压力，一般生活垃圾压实后，体积可减少 60%～70%；若同时采用破碎和压实两种技术，可使压缩比增加到 5～10。

压实适用对象是固体废物中压缩性能大、复原性能小的物质，对于污泥和油污等一般不宜进行压实处理。

6.2.3 压实设备

固体废物的压实设备称为压实器，分为固定式和移动式两大类，主要由容器单元和压实单元两部分组或。压实单元具有液压或气压操作的压头，利用高压使废物致密化，容器单元负责接受废物原料。

6.2.3.1 固定式压实器

只能定点使用，分为小型家用压实器和大型工业压缩机两类。家用小型垃圾压实器的压实机械装在垃圾压缩箱内，常用电动机驱动；大型工业压缩机一般安装在废物转运站、高层住宅垃圾滑道的底部以及其他需要压实废物的场合，能够将废旧汽车压缩，每日可以压缩数千吨垃圾。

常用的固定式压实器主要包括 5 个基本参数：装料截面尺寸，循环时间，压面上的压力，压面的行程长度，体积排率。一般常用的有水平压实器、三向联合压实器、回转式压实器等。图 2.7 所示为水平压实器结构。水平压实器一般是一个矩形或方形的钢制容器，有一个可沿水平方向移动的压头。将废物装入装料，启动具有压面的水平压头，使废物致密化和定型化，然后将坯块推出。推出过程中，坯块表面的杂乱废物受破碎杆作用而被破碎，不致妨碍坯块移出。水平压实器常作为转运站固定型压实操作使用。

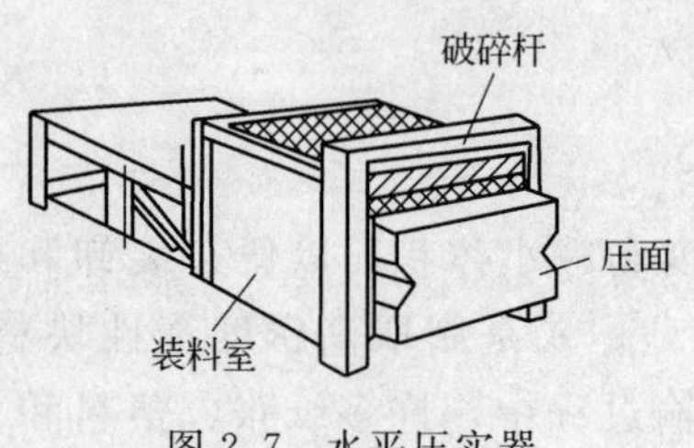

图 2.7 水平压实器

三向联合压实器适合于压实松散的金属废物和松散的生活垃圾，三向联合压实器（见图 2.8）具有三个互相垂直的压头，废物被置于容器单元后，依次启动压头 1、2、3 逐渐压缩废物体积，最终将废物压实成一致密的块体，块体尺寸一般在 200～1000mm 之间。

回转式压实器（见图 2.9）适用于压实体积小、重量轻的固体废物，它具有一个平板型压头，铰链在容器的一端，借助液压罐驱动。废物装入容器单元后，先按水平压头 1 的方向压缩废物，然后按箭头的运动方向驱动旋动压头 2，最后按水平压头 3 的运动方向将废物压至一定尺寸排出。

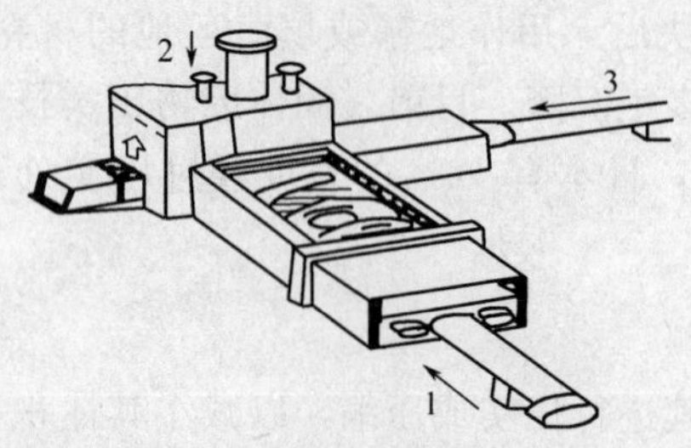

图 2.8 三向联合式压实器

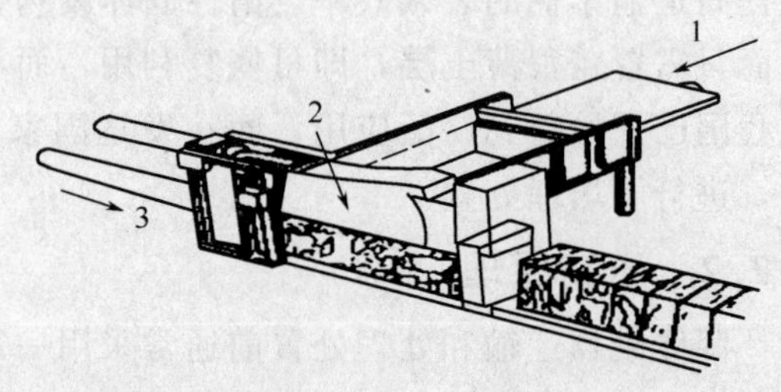

图 2.9 回转式压实器

6.2.3.2 移动式压实器

带有行驶轮或可在轨道上行驶的压实器称为移动式压实器，主要用于填埋场作业。轨道上行驶的压实器可安装在中转站和垃圾车上压实废物。压缩式垃圾车采用全密封垃圾箱体，并配合液压系统装填垃圾，能兼容任何垃圾收集设备，超出同级别其他垃圾车的运输吨位，箱底的污水收集箱，彻底地解决了垃圾在运输中的二次污染，但过高的制造成本和维护成本限制了这种车辆的应用。

垃圾填埋场经常采用最简单的办法是将废物布料平整后，用装载废物的运输车辆来回行驶将废物压实，压实固体废物达到的堆密度由废物性质、运拖车辆来回次数、车辆型号和载重量而定，平均可达到 500～600kg/m^3。如果用压实机压实填埋废物，可提高 10%～30%。随着我国城市现代化建设和乡镇城市化进程明显加快，城市生活垃圾日益增多，促进了垃圾收集处理技术和垃圾车市场的快速发展，国内一些大中城市逐渐淘汰了落后的自卸式垃圾车，更倾向于采购能够在垃圾周转过程中克服二次污染且运输效率明显提升的压缩式垃圾车和车厢可卸式垃圾车。

6.3 任务

利用固体废物的压实原理，完成表格

压实的原理是什么？ 除减少空隙外，压实会在分子之间产生晶格破坏使物质变性吗？（回答压实的适用性） 根据具体情况，压实过程中有哪些不同的应对措施？（回答如何选择压缩比和压力） 城市垃圾压缩过程中会压出水分、塑料热压时会黏附在压头上等情况，针对生活垃圾，如何选用压缩设备？ 压实与其他预处理过程的衔接有哪些？	

6.4 知识拓展

6.4.1　压实技术在垃圾中转站中的应用

随着科技的发展，用于垃圾收集、压实、转运的自动化程度高的新式环保型垃圾转运站的出现，满足了一般社区、学校、机关、军营及工矿企业的需求，应用实例如下。

随着城市建筑密度的增大，原先的很多垃圾中转站离居民楼越来越近，对附近群众生活的不利影响越来越明显。天气炎热，小区垃圾中转站散发出来的臭味较大、苍蝇集中，附近的居民夏天甚至不敢开窗子。而采用移动垃圾压缩车作业，可将固体挤压物运输离场，压出的污水顺着下水道口流走，仅需清洁员用清水冲洗即可，压缩式垃圾清运车可以减少异味、减少疾病的传染概率，不会牺牲部分城市居民的生活环境。

拥有物理除臭和封闭式操作系统的新型垃圾中转站，垃圾在压缩、装卸和转运等作业过程中，处于全封闭状态，不再出现垃圾洒漏现象；在转运过程中，空气喷雾除臭系统自动喷洒消毒剂，消除臭味；同时配备了垃圾站污水处理设备，转运的效率高、规模大，污水和臭气得到及时有效的处理，消除了异味及病菌，消除了垃圾的二次污染，极大地改善了周边的空气质量。

医院具有大量的病原体细菌，及临床诊断留下的特殊物质（医疗污水、医疗废物、一次性输液器具、注射器等），因此，针对医院的特殊性，这种新型的环保垃圾站，采用了特殊的消毒系统，对医疗垃圾进行彻底消毒，防止传染病的扩散和流行。

压缩式垃圾清运车与垃圾自卸车相比，运输效率更高；可以节省中转站的维修费、人头费、水电费等各项费用。

6.4.2　生活垃圾卫生填埋中的机械设备

填埋场机械设备包括铲运和挖掘设备、压实设备、装载和运输设备。科学、合理地配备垃圾填埋作业所需的机械设备，是保证填埋场正常运行的关键。

6.4.2.1　推土摊铺设备

垃圾及其覆盖土在填埋作业面倾倒后，为有利于下一步的压实作业，需进行推土摊铺作业。由于城市生活垃圾堆体成分复杂、密度不均匀以及含水率高等特点，选择推土摊铺设备必须具有接地压力适当、功率强劲，及能在相对较短的距离内将卸下的垃圾从一处推至另一处，又能在不平坦的表面甚至斜坡上移动等性能，常用的摊铺设备是湿式履带式推土机。

6.4.2.2 压实设备

按照《生活垃圾卫生填埋技术规范》（CJJ 17—2007）规定，垃圾压实密度应大于 $600kg/m^3$，为此垃圾填埋场需配置压实设备。压实设备包括滚动碾压式和夯实式，滚动碾压式又可分为钢轮式、羊脚碾式、充气轮式、自振动空心轮压式等。如一种垃圾填埋场专用压实机，配有专门设计的带齿压实钢轮，具有功率大、爬坡和作业能力强等特点。

6.4.2.3 取土设备

为了减小填埋场对周围环境的污染，填埋场每一单短作业完成后，应进行覆盖，因此填埋场需配备挖土、装土和运土设备和车辆，主要包括装载机和自卸汽车等，这些设备同时也兼做填埋场厂区道路的维护和填埋库区场地的平整的工作。生活垃圾填埋场常用的铲运和挖掘设备有推土机、铲运机、挖掘机和松土器等。

6.4.2.4 喷药和洒水设备

填埋场应有灭蝇、灭虫、灭鼠、防尘和除臭措施，为此垃圾填埋场需配备洒水、喷药两用车，定期对填埋场及其周边地区进行喷药和洒水，做好灭蝇、灭虫、灭鼠、防尘和除臭工作。

6.4.2.5 其他设备

为了防止填埋场垃圾中的纸张、塑料袋等轻质垃圾在填埋过程中随风飞扬，一般在垃圾填埋场周边设置防飞散网。

项目 7 固体废物的管道输送

7.1 案例

7.1.1 国外城市垃圾气力输送工程案例

1970 年瑞典斯德哥尔摩首先将气力垃圾收集输送装置用作垃圾收运，主要服务于高层居住区，由建筑物中的垃圾通道、垃圾吸送间和输送管道、吸送站、垃圾储存转运站等功能设备组成，通过垃圾通道倾倒的垃圾，在垃圾吸送阀门作用下，一日数次被气体抽吸机的气流动力所带动，通过输送管道集中于垃圾储存站之中，进一步转运处理。

利用气流系统管道输送垃圾的城市，可将垃圾从多层住宅楼运出 20km 之外，这种收集运输方法在负压下工作，卫生程度高，管道一般都埋在地下而不占地面空间，操作控制完全自动化，有可能取代住宅楼的普通垃圾管道。但其投资和操作费用昂贵，设施复杂，维护工作量大，目前还仅有少数发达国家如瑞典、日本和美国使用。生活垃圾气力输送系统的应用实例见表 2.3。

表 2.3　生活垃圾气力输送系统的应用实例

地区	内容	特点
葡萄牙 里斯本世博园	2004年建成，为近5万名用户提供服务，覆盖面积为340hm²，系统可收集居民区的公寓、办公楼、电影院、博物馆、购物中心、车站等不同建筑物产生的垃圾；可以处理2～3种可焚烧垃圾、包装物垃圾、不同功能建筑物所产生的垃圾	世界上最大的气力垃圾收集系统
荷兰 Almere	城市建造在海平面以下人工填海的土地上，所有可能产生垃圾的建筑和场所都被连接到系统上，有350个以上的垃圾竖井通向这些输送管道；系统内暂存区的垃圾平均每天清空10次	荷兰第一个采用地下垃圾收集系统的城市
瑞典 HammarbySjöstad	分类收集各分区产生的垃圾，包括可焚烧垃圾和有机垃圾	
西班牙 PalmadeMallorca	配有一组旋风式压实机和一个转向阀，用于收集两类不同的有机垃圾和其他垃圾	收集站距海面100m的地下
西班牙 Vitoria CascoHistórico	垃圾气力输送系统从一个非常陡峭街道的区域收集，而这些地方垃圾收运车很难行驶	
日本 东京湾和横滨	采用三菱的系统，能够将焚烧厂周边地区的垃圾直接输送到焚烧厂	
上海 东方航空公司	为了最大限度地减少运输空间和改进安全和卫生条件，垃圾会自动从收回的餐盘被清除，一次性餐具和食物垃圾利用气力运送到地下管道，然后被存放在储存罐，无需人触碰，就能从餐饮区运送出去	厨余垃圾收集系统，在机场建设了航空厨房
香港科学园	纸张垃圾单独收集以便再生、改善环境；项目靠近海边，因此竖井和运输管道都使用了不锈钢，以防止锈蚀	亚洲首次使用双竖井分类垃圾收运系统
香港 天水围110号	每栋楼内都设有垃圾竖井且在每个楼层安装垃圾投放口；系统设计每天可收集86m³，计17t垃圾	

7.1.2　粉煤灰气力输送的案例

电厂粉煤灰的输送根据工程需要，有密闭、大高度、长距离且输送过程不受气候条件影响、确保物料不受潮等特点。电厂长期运行的实践证明，粉煤灰输送设备采用低压气力输送方式，输粉机可代替多台仓泵，工作压力0.02～0.1MPa，输送效率高，管道磨损小，设备密封性好，运行可靠，无堵、漏现象，使用寿命长，环保卫生。

输送设备采用正压气力输送方式输送粉末状物料，适用于电厂粉煤灰、水泥、水泥生料、矿粉等输送，可根据具体地形布置输送管道，性能稳定，质量可靠，无粉尘污染，是理想的气力输送方式。

粉煤灰输送设备的主要技术参数见表2.4，粉煤灰输送原理示意见图2.10，粉煤灰输送工厂实景见图2.11。

表 2.4　粉煤灰输送设备的主要技术参数

输料管/mm	输送量/(t/h)	风量/(m³/min)	风压/kPa	功率/kW	输送长度/m
108	1～3	3～9	40～98	3～15	30～500
133	3～7	9～20	40～98	15～45	30～500
159	7～13	20～36	40～98	45～75	30～500
219	13～18	36～50	40～98	75～90	30～500
273	18～25	50～70	40～98	90～110	30～500
325	25～35	70～98	40～98	110～132	30～500
426	35～45	98～130	40～98	132～220	30～500

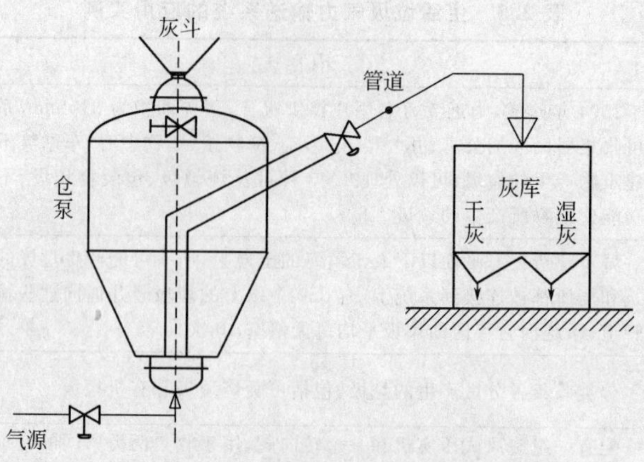

图 2.10 粉煤灰输送原理示意

图 2.11 粉煤灰输送工厂实景

7.2 案例分析

7.2.1 气力输送的工艺过程

垃圾气力输送系统组成主要有：垃圾投放口、垃圾管道及管道附属设施、吸气阀、排放阀，垃圾收集中心、电力和控制系统等。

垃圾被丢入投放口内（室内或室外），电脑程序控制清空过程，风机运行产生真空负压，垃圾以近 20m/s 的速度，在管道内传输，并被抽吸到收集中心，垃圾被导入相应类别集装箱内，由车辆运走。传送垃圾的气流经过过滤清洁，达到环保标准后排出。此外，这套系统还可以通过增设投放口，实现垃圾分类。

7.2.2　气力输送的工作原理

气力输送的工作原理是利用气流的能量，在密闭管道内沿气流方向输送颗粒状物料，是流态化技术的具体应用，气力输送系统功能表，见表 2.5。

表 2.5　气力输送系统功能

项 目	气源压力/MPa	输送距离/m	物料粒度/mm	输送量/(t/h)
正压系统	0.4～0.6	2000	<13	<100
负压系统	−0.04～0.08	300	<13	<60

根据颗粒在输送管道中的密集程度，气力输送分为以下几种类型。

7.2.2.1　稀相输送

固体含量低于 100kg/m^3 的输送过程，操作气速较高（18～30m/s），按管道内气体压力，分为吸引式和压送式。前者管道内压力低于大气压，自吸进料，须在负压下卸料，能够输送的距离较短；后者管道内压力高于大气压，卸料方便，能够输送距离较长，须用加料器将粉粒送入有压力的管道中。

水平管道中进行稀相输送时，气速较高，可使颗粒分散悬浮于气流中；气速减小到某一临界值时，颗粒将开始在管壁下部沉积，此临界气速称为沉积速度。这是稀相水平输送时气速的下限，操作气速低于此值时，管内出现沉积层，流道截面减少，在沉积层上方气流仍按沉积速度运行。

垂直管道中作向上气力输送，气速较高时颗粒分散悬浮于气流中，颗粒输送量恒定时，降低气速，管道中固体含量随之增高，当气速降低到某一临界值时，气流已不能使密集的颗粒均匀分散，颗粒汇合成柱塞状，出现腾涌现象，压力降急剧升高，此临界速度称噎塞速度。这是稀相垂直向上输送时气速的下限，对于粒径均匀的颗粒，沉积速度与噎塞速度大致相等，但对粒径有一定分布的物料，沉积速度将是噎塞速度的 2～6 倍。

7.2.2.2　密相输送

固体含量高于 100kg/m^3 的输送过程，操作气速较低，用较高的气压压送。间歇充气罐式密相输送是将颗粒分批加入压力罐，首先通气吹松，待罐内达一定压力后，打开放料阀，将颗粒物料吹入输送管中输送。脉冲式输送是将一股压缩空气通入下罐，将物料吹松，另一股频率为 20～40min^{-1}脉冲压缩空气流吹入输料管入口，在管道内形成交替排列的小段料柱和小段气柱，在空气压力推动前进。密相输送的输送能力大，可压送较长距离，物料破损和设备磨损较小，能耗也较省。

7.2.3　气力输送的技术难点

垃圾是性质比较特殊的混合物质，其组分复杂且处在不断变化中，又有固液气三相同时存在，因此，通过气力管道输送系统输送还存在一定的技术难点，具体表现在以下几点。

7.2.3.1　输送管道的管径

传统的气力输送系统，管径一般在 200mm 以内，输送物料的平均直径一般在 50mm 以内，而由于生活垃圾的平均直径一般都在 100～150mm，因此其管径要远大于传统管径，大约为 500mm，在 500mm 的管径中利用负压吸送 100～150mm 粒径的物料，动力系统正常运行保证是一大技术难题。

7.2.3.2　弯管磨损

在管道弯曲部分，垃圾将和管道侧壁发生碰撞并减速，一般情况下，管道曲率越大，碰撞越激烈，减速也越大，因此在弯管处会对管壁造成严重磨损，长期磨损一段时间后会引发管道漏气。

7.2.3.3　管道的堵塞

有两种情况容易引起管道堵塞，一是在弯管处，垃圾与管壁碰撞减速，容易引起垃圾聚集，造成堵塞；二是由于人为的因素，将一些非生活垃圾投入垃圾管道，使得输送管道内的比重增大，超出真空管道的输送能力，造成气力无法收集而形成堵塞。

7.2.3.4　输送距离

传统气力输送的距离一般为几百米，为提高真空管道垃圾输送系统的收集效率和节约建设成本，从国外的经验来看，真空管道输送垃圾的最长距离可达 2km，如此长的输送距离将给整个系统的正常运行带来困难。为了使系统运转正常，一般要通过控制气流速度、压力、垃圾排放量，选择正确的引风机，设置检查井和风速测试管等多方面手段来保障。

7.3 任务

查阅资料，分析对比管道输送方式的优劣，完成表格填写

管道输送分类	适用范围	优点	缺点

7.4 知识拓展

两相（多相）物料的密闭输送

物料在管道内的输送主要借助两种介质，一种是液体，如用水或其他液体作为载体，在压力驱使下将物料在管道中进行输送；另一种是使用空气作为载体将固体物料在管道中进行输送。由于每一种散装粉料和颗粒料性质各异，它们和气体相比差异就更大，因此采用管道气力输送手段来输送散装粉料和颗粒料属于两相流技术范畴；而目前国内外均没有完全量化的理论来对其进行精确的界定，只能用半定性半定量的方法来描述，因此借鉴以往的气力输送经验和数据来指导管道气力输送非常重要。

由于各行业用户对管道气力输送的要求不尽相同，有的物料在输送时要保证绝对的卫生并尽量不破碎，例如调味鸡精颗粒料、啤酒原料麦芽等；有的希望在输送过程中管道的磨损程度要尽可能低，例如输送干粉煤灰、石英砂等；有的甚至要求气力输送冻胶状物料，例如聚丙烯酰胺冻胶状颗粒料等；还有的需要采用惰性气体输送或者有防爆、防静电和称量要求等。根据不同的工艺特点，采用与之相适应的气力输送技术和设备来达到要求，尽可能地满足各种性能不同的散装粉料和颗粒料的管道气力输送要求。

国内外的研究人员对两相流进行了广泛的理论和实验研究，主要集中在管道内物料的流动状态、临界输送速度、管道的阻力损失及减阻措施等方面。两相流物料管道运输的理论发展速度还比较缓慢，水力搬运固体的机理、高浓度物料输送的运动理论还有待深化，浆体流动时固体颗粒与液体之间的滑移运动产生的机理以及固体颗粒相互之间的干涉作用机理的研究尚处于不全面的阶段，仍存在较大的经验局限性，设计偏于保守，使得浆料管道运输的经济效益未能充分发挥。随着黏稠物料管道输送的应用愈来愈广泛，使用要求愈来愈多样化，

物料的输送工艺性能和流变性能仍是研究问题的关键，液固两相物料之间的相对含量、相互作用、物化性能、工艺性能等因素决定了物料在管道中的流动状态。管道输送所涉及的参数较多，如管道特性（管径、管道内壁粗糙度）、颗粒特性（粒径、密度、形状、粒度）、物料特性（浓度、流速、黏度、温度）等因素；两相流又涉及流体力学、热力学、传热传质学、化学反应和流变学等许多相关的基础学科，迄今为止两相流物料管道输送的内在规律，仍远未被人们所了解。

项目 8　固体废物的破碎

8.1 案例

厨余垃圾的破碎处理

厨房垃圾（粉碎）处理机安装于家庭厨房洗菜盆的排水口处，可方便地将菜头菜尾、剩菜剩饭等食物性厨余垃圾粉碎后排入下水道。

处理机最早由美国人 John Hammes 发明，20 世纪 40 年代在西方国家得到规模化应用，随着 20 世纪 60 年代环保思潮的兴起，因会增加直接排放水体的污水浓度而被一些国家禁止使用，到 20 世纪 90 年代，各国家城市均建有污水处理厂，该机重新得到推广。

比利时、法国、德国、荷兰、卢森堡和葡萄牙，既不允许也不鼓励家庭安装使用厨房垃圾处理机；美国、丹麦、芬兰和挪威等国家要求新建住宅必须安装，美国作为厨房垃圾粉碎处理机的发明国，是应用最普遍的国家，1997 年已有上百万家庭安装使用，其中多数是住宅开发商和市民的自发行为。纽约市经过 21 个月的调查和评估后，推荐并立法要求安装厨房垃圾粉碎处理机；欧盟经过充分的论证，2003 年要求 15 个成员国根据污水处理普及情况推广处理机。

厨房垃圾粉碎处理机在国内的推广是从 20 世纪 90 年代开始的，有十余个品牌的产品，外观和结构大同小异，由于一直没有行政力量介入，加上市民接受新事物有一个过程，推广进程缓慢。20 世纪 90 年代末在上海和北京的一些商品楼盘中以打造“绿色小区”“环保小区”的卖点的方式推出，目前已有数十个小区统一安装了厨房垃圾粉碎处理机，数量近万台，但使用效果并不突出。

8.2 案例分析

8.2.1　厨余垃圾的特点和处理现状

8.2.1.1　厨余垃圾的特点

厨余垃圾的组成、性质和产生量因社会经济条件、地区差异、居民生活习惯、饮食结构、季节变化的不同而有所差别，有以下特点。

① 含有废弃动植物油脂：几乎所有的厨余垃圾都含有废弃动植物油脂，因厨余垃圾的来源不同，其废弃动植物油脂含量也不一样，其中火锅店泔水中废弃动植物油脂的含量比较高，是制备生物柴油的理想廉价原料。

② 含水率高：厨余垃圾的含水率一般在80%～90%，流动性大，非常容易渗漏，这给其收集、运输和处理都带来很大的难度。同样由于含水率大，厨余垃圾的热值在2100kJ/kg左右，不能满足垃圾焚烧发电热值要求。这种垃圾渗漏液可通过地表径流和渗透作用，污染地表水和地下水。

③ 营养丰富：除了有机物含量高之外，厨余垃圾还含有氮、磷、钙以及各种微量元素，具有营养元素齐全、再利用价值高的特点。

④ 易腐烂：厨余垃圾中有机物含量高，约占干物质质量的95%以上，在温度较高的条件下易腐烂发臭，其中可能含有大量病毒、病原微生物等，易造成疾病的传播，引发新的污染。

⑤ 产生量大：以我国为例，众多人口的饮食消费数量巨大，加上一些不良的饮食习惯，每年在餐桌上的浪费十分惊人。根据有关资料统计，2000年我国厨余垃圾产生量为4500万吨，占城市生活垃圾总量的30%以上。如果按年10%的速度递增，那么，年新增厨余垃圾产生量将达500万吨。

8.2.1.2 厨余垃圾处理现状

每餐吃剩的残渣食物、瓜皮、果屑等垃圾在堆放中会散发出各种异味，污染无处不在。餐饮商家出于自身利益，一般会将厨余垃圾卖给上门收购的个人，这些未经科学方法处理的厨余垃圾被直接加工成动物饲料，由于存放时间长，没有经过消毒、灭菌，容易产生大量致病菌，容易引起疫情和给人体健康带来危害；一些不法商贩利用简单的工艺将饭店宾馆、食品加工厂等产出的泔水等进行提炼加工，使含有大量的危险物质、对公众卫生安全危害极大的地沟油又回流到居民的餐桌上。

加拿大对餐饮垃圾喂养牲畜采用许可证制度；澳大利亚必须将餐饮垃圾处理至国家要求的标准，除非政府特批，否则不允许用餐饮垃圾喂养牲畜；日本加强了政府机关、企业和农民之间的合作，把城市中的食品加工厂、饭店、超市等与清洁公司和农户这些饲料及肥料使用者联系在一起，组成食品资源循环利用网和生态社区，并取得了可观的效益，不仅促进了资源的有效利用，也为越来越多的日本企业提供了新的商机。

我国天津市为从源头上控制地沟油小作坊、垃圾猪饲养场的原料来源，2008年颁布施行《天津市生活废弃物管理规定》，规定应通过招投标等方式确定餐饮废弃物的专业收运、处置单位，并实行特许经营，对行政辖区内的餐饮废弃物进行集中收运，并采用先进的生物发酵技术对餐饮废弃物进行无害化、资源化、减量化处理。

8.2.2 厨房垃圾的破碎工艺与资源化

8.2.2.1 厨余垃圾粉碎的工艺特点

不管采取哪种处理方式，都需要对厨余垃圾进行破碎预处理，将垃圾中粗大物体（如骨头等）进行破碎，使其有利于后续处理顺利进行，目的是使原料粒径比较均匀、有一定的空隙率、便于调节。厨房垃圾粉碎处理机通过小型直流或交流电机驱动刀盘，利用离心力将粉碎腔内的食物垃圾粉碎后排入下水道，粉碎腔具有过滤作用，自动拦截食物固体颗粒，刀盘设有两个或者四个可360°回转的冲击头，没有利刃，刀盘转速（满负载，工作状态）直流电机2600～5500r/min，交流电机1450～1750r/min，粉碎后的颗粒直径小于4mm，不会堵塞排水管和下水道。

厨房垃圾粉碎处理机的缺点：居民会因此增加若干水、电支出，据测算，家庭每处理

0.5kg 的厨余垃圾，需耗电 0.04kW·h，耗水 10L；同时污水管网的清理会有所增加，由于粉碎后的食物颗粒粒径小于 4mm，少量食物颗粒有可能沉积于城市下水道的管道系统中，虽然可在日常清理维护作业中清除出，但长期和大量使用厨房垃圾（粉碎）处理机是否会对楼宇和小区管网造成堵塞，还需时间验证；使用厨房垃圾（粉碎）处理机也会增加污水中易腐性有机物的含量，需逐步调整污水处理厂的处理工艺。

8.2.2.2　厨余垃圾的资源化前景

厨余垃圾中惰性废物（如废塑料）含量较少，有机物含量高，营养元素全面，C/N 比较低，是微生物的良好营养物质，非常适于用作堆肥原料。比如通过生物转化技术，进行厌氧发酵处理，得到沼气的同时，利用沼渣堆肥生产有机肥和生物肥料“蚯蚓粪”，直接回用于绿化和土壤改良。再比如采用生化技术，将废油脂再生为工业油脂及深加工产品，为国内众多餐饮企业的泔水油找到了一个好的归宿，节约了资源，减少了城市污染总量。

8.2.3　固体废物的破碎目的

固体废物的破碎就是把废物转变成适合于进一步加工或能再分选、处理、处置的形状和大小，有时也将破碎后的废物直接填埋或进行利用。固体废物的破碎和磨碎处理目的如下：

① 减小固体废物的体积，以便运输和储存；

② 为固体废物的分选提供所要求的粒度，以便能够有效地回收其中的有用成分；

③ 防止粗大、锋利的固体废物损坏分选、焚烧和热解等设备或炉膛；

④ 增加固体废物的比表面积，提高焚烧、热分解、熔融等作业的效率；

⑤ 为下一步加工做准备，以便进行后续工艺，如利用煤矸石制砖、制水泥时，需要把煤矸石破碎到合适的粒度；

⑥ 生活垃圾进行填埋处理时，破碎后压实容易使生活垃圾的密度高而均匀，可以有效提高填埋场的使用容积，以便加快覆土还原。

8.2.4　固体废物的破碎原理

固体废物的破碎是指通过外力的作用，使大块固体废物分裂成小块的过程；使小块固体废物颗粒分裂成细粉的过程称为磨碎。破碎工艺一般可分为：单纯破碎工艺、带预先筛分的破碎工艺、先破碎后筛分工艺、带预先筛分和检查筛分的破碎工艺。根据固体废物破碎消耗能量的形式破碎方法可分为机械能破碎和非机械能破碎，前者包括压碎、劈裂、折断、磨剥、冲击和剪切破碎等；非机械能破碎是利用电能、热能等对固体废物进行破碎的新方法，如低温破碎、热力破碎、减压破碎及超声波破碎等；也可根据破碎中废物的含水量的不同，将破碎方法分为干式、湿式和半湿式破碎三种，干式破碎为通常所指的破碎，湿式破碎和半湿式破碎通常在破碎的同时兼有分级分选的功能。

实际操作时需要根据固体废物的机械强度，特别是废物的硬度加以确定。一般说来，对于脆硬性废物如废矿石等，宜采用挤压、劈裂、弯曲、冲击和磨碎等方法；对于柔硬性废物，如废钢铁、废塑料等，多用剪切和冲击破碎；对于含有大量废纸的生活垃圾，湿式和半湿式破碎具有较好的效果；对于粗大的固体废物，一般先剪切或者压缩成型后，再利用破碎机进行破碎。

8.2.4.1　破碎比

破碎过程中，原废物粒度与破碎产物粒度的比值称为破碎比，破碎比表示废物被破碎的程度。破碎机的能量消耗和处理能力都与破碎比有关，实际应用过程中，破碎比常采用废物破碎前的最大粒度与破碎后的最大粒度之比来计算，也称极限破碎比，破碎机给料口宽度常根据最大物料直径来选择；科研和理论研究中，破碎比常采用废物破碎前的平均粒度与破碎后的平均粒度之比来计算，这一破碎比称为真实破碎比，一般破碎机的平均破碎比在 3～30 之间，磨碎机破碎比可达 40～400 以上。

8.2.4.2　破碎段

固体废物按经过一次破碎机或磨碎机称为一个破碎段。若要求的破碎比不大，一段破碎即可；有些固体废物的分选工艺要求入料的粒度很细，破碎比很大，可根据实际需要将几台破碎机或磨碎机依次串联起来组成破碎流程；对固体废物进行多次（段）破碎，总破碎比等于各段破碎比的乘积；破碎段数主要决定于破碎废物的原始粒度和最终粒度，破碎段数越多，破碎流程就越复杂，工程投资相应增加，若条件允许，破碎段数应尽量减少。

8.2.5　破碎设备

8.2.5.1　基本要求

设备的处理规模必须根据设计处理量和现有处理能力综合考虑，破碎机的机型和种类，以及正常处理能力与物料的类型、进料尺寸大小、密度及出料尺寸等要求相关。

使用破碎机械的同时应该设置环境保护措施。对于常温干式破碎机，应该使用除尘装置来防止粉尘污染大气；采取充分的措施消除振动；采取适当的隔声装置来减少噪声。当被破碎物料中含有易燃易爆物时，应该采取适当的安全措施，如装设喷水龙头等加以防护。

8.2.5.2　常见破碎设备

颚式破碎机是一种比较古老的破碎设备，但由于构造简单、工作可靠、制造容易、维修方便，至今仍获得广泛的应用。颚式破碎机通常按照可动颚板（动颚）的运动特性来进行分类的，工业中应用最广的有两种类型，即简单摆动颚式破碎机和复杂摆动颚式破碎机。

冲击式破碎机大多是旋转式，利用冲击作用进行破碎。其工作原理如下：进入破碎机空间的物料块被绕中心轴高速旋转的转子猛烈冲击后，受到第一次破碎，然后从转子获得能量高速飞向坚硬的机壁，受到第二次破碎；在冲击过程中弹回的物料再次被转子击碎，难于破碎的物料被转子和固定板夹持而剪断；破碎产品由下部排出。

辊式破碎机分为光辊破碎机和齿辊破碎机。光辊破碎机可用于硬度较大的固体废物的中碎与细碎。齿辊破碎机可用于脆性或黏性较大的废物，也可用于堆肥物料的破碎，按齿辊数目的多少，可将齿辊破碎机分为单齿辊和双齿辊两种。

锤式破碎机（图 2.12）是利用冲击摩擦和剪切作用将固体废物破碎的设备。主要部件有电动机驱动的大转子、铰接在转子上的重锤和内侧破碎板，重锤以铰链为轴转动同时随大转子一起转动。废物一经进入破碎机即受到高速旋转的转子的猛烈撞击被第一次破碎，同时从转子上获得能量后飞向坚硬的破碎板进行再次破碎，再加上颗粒间的摩擦作用和锤头引起的剪切作用最后将废物破碎。锤式破碎机主要用于破碎中等硬度且腐蚀性弱的固体废物，如矿业废物、硬质塑料、干燥木质废物以及废弃的金属家用器物等。锤式破碎机适用于大体积、硬质废物的破碎，破碎颗粒较均匀，缺点是噪声大，安装需采取防振、

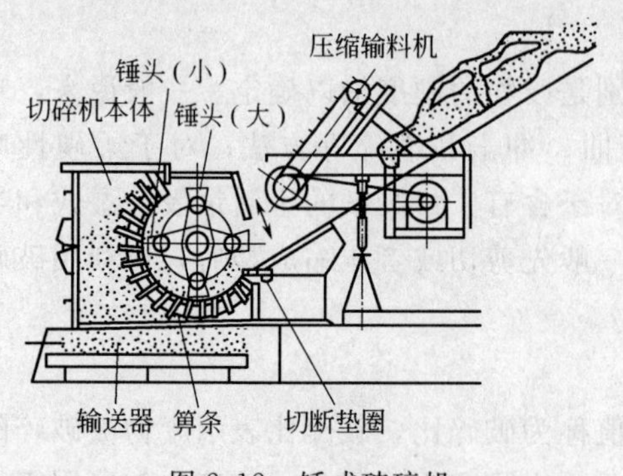

图 2.12　锤式破碎机

隔声措施。

剪切破碎机是通过固定刀刃与活动刀刃（往复刀和回转刀）之间的啮合作用将固体废物剪切成适宜的形状和尺寸。根据刀刃的运动方式，可分为往复式与回转式。图 2.13 所示为旋转式剪切机示意。

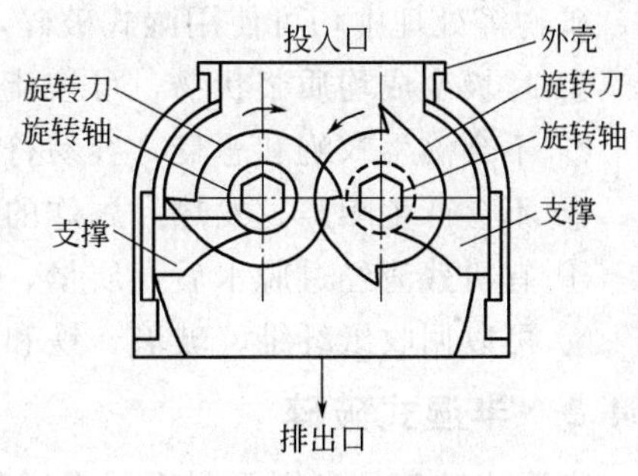

图 2.13　旋转式剪切机

球磨机主要由圆柱筒体、端盖、中空轴颈、轴承和传动大齿圈等部件组成。筒体内装有直径为 25～150mm 钢球，其装入量是整个筒体有效容积的 25%～50%。筒体内壁设有衬板，除防止筒体磨损外，兼有提升钢球的作用。当废物在球磨机内产生离心运转时，将失去细磨作用，生产中通常以最外层细磨介质开始“离心运转”时的筒体转速，称为球磨机的“临界转速”。目前国内生产的球磨机工作转速一般是临界转速的 80%～85%。图 2.14 所示为球磨式破碎机示意。

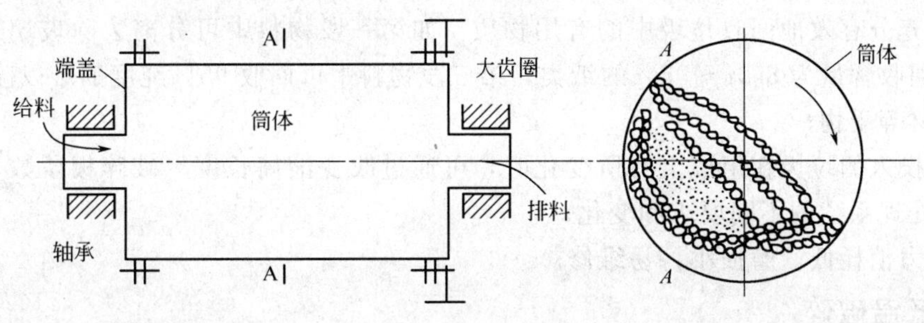

图 2.14　球磨式破碎机

8.3　任务

针对小区拆迁建筑垃圾，进行破碎处理方案设计，完成表格填写

破碎的目的和意义是什么？ 建筑垃圾的特点是什么？ 怎样根据固体废物的性质选择破碎方法？ 选择破碎机时应考虑哪些方面？ 破碎效果如何评价？	

8.4　知识拓展

8.4.1　湿式破碎

湿式破碎是基于回收城市垃圾中的大量纸类为目的而发展起来的一种破碎方法，通过剪切破碎和水力机械搅拌作用，在水中将纸类废物破碎为浆液。工作过程描述为，以纸类为主的垃圾用传送带送入湿式破碎机，破碎辊的旋转使投入的纸类垃圾和水一起发生激烈回旋和搅拌作用，废纸被破碎成浆，废纸浆通过筛孔流入筛下由底部排出，难以破碎的物质（如金属等）成为筛上物，并从破碎机侧口排出，再用斗式提升机输送至装有磁选器的皮带运输机，分离出铁和非铁金属等物质。湿式破碎目前主要用于废纸的再生与利用前处理，在城市生活垃圾处理中的应用还有一定困难，主要是污水的处理难度较大。但在化学物质、纸和纸浆、矿物等处理中均可使用湿式破碎，湿式破碎具有以下优点：

① 垃圾变成均质浆状物，可按流体处理法处理；

② 不会滋生蚊蝇和恶臭，容易符合卫生条件；

③ 不会产生噪声、发热和爆炸的危险；

④ 有机残渣经过脱水后，质量、粒度、水分等变化较小；

⑤ 可以回收纸纤维、玻璃、铁和有色金属，剩余泥土等可作堆肥。

8.4.2 半湿式破碎

半湿式破碎是利用不同物质强度和脆性（耐冲击性、耐压缩性、耐剪切力）的差异，在一定的湿度下，将其破碎成不同粒度的碎块，然后通过大小不同的筛网加以分离回收，该过程同时兼有选择性破碎和筛分两种功能，具有以下特点：

① 在同一设备不同工序中实现破碎与分选同时作业；

② 进料适应性好，易破碎物及时排出，不会出现过粉碎现象；

③ 能充分有效地回收垃圾中的有用物质。如第一段物料中可分离去除玻璃等，第二段物料中可回收含量为85%～95%的纸类，第三段物料中可回收95%纯度的难以破碎的金属、橡胶、木材等废物；

④ 当投入的垃圾在组成上有所变化时，可通过改变滚筒长度、破碎板段数、筛网孔径等来适应处理系统的不同要求和变化；

⑤ 动力消耗低，磨损小，易维修。

8.4.3 低温破碎

低温破碎技术是利用固体废物中所具有的各种材质在低温下的脆性温差，控制适宜温度，使不同材质变脆，然后进行破碎；也可利用不同废物脆化温度的差异在低温下进行选择性破碎，最后进行分选。例如：聚氯乙烯（PVC）脆化点为－5～－20℃，聚乙烯（PE）的脆化点为－95～－135℃，聚丙烯（PP）的脆化点为0～－20℃，对于这三种材料的混合物进行分选和回收，只需控制适宜温度，就可以将其破碎并进行分选。

常温破碎装置噪声大、振动强、产生粉尘多，过量消耗能量；低温破碎所需动力为常温破碎的1/4，噪声约降低7dB，振动减轻1/4～1/5。但是为了获取低温，低温破碎所消耗的液氮量较大，以破碎塑料加橡胶复合制品为例，每吨原料需300kg液氮；由于需要耗用大量能源从空气中分离液氮，因此从经济上考虑，低温破碎处理只有在针对常温下难于破碎的合成材料（橡胶、塑料）时才选用，比如对于极难破碎并且塑性极高的氟塑料废物，采用液氮低温破碎，能够获得高分散度的粉末。低温破碎的优点如下：

① 破碎后的同一种物料均匀，尺寸大体一致，形状好，便于分离利用；

② 复合材料经过低温破碎后，分离性能好，资源的回收率和回收材质的纯度较高，并且容易分离出混在其中的非塑料物质；

③ 使用的制冷剂一般采用无毒、无味、无爆炸性的液氮，这种原料容易得到。

8.4.4 高温破碎

高温钢渣的破碎一般使用煮沸破碎法，其做法是向高温钢渣中泼水进行冷却降温。由于钢渣的热导率小，当大量冷水喷入热渣后钢渣表层受激冷，温度急剧下降，而其内层由于未受到喷水继续保持高温，于是在钢渣表层产生巨大的拉应力导致其背面开裂。随着喷水的进行，钢渣的开裂由外而内逐渐深入，最后导致整块钢渣破碎。另外，由于钢渣中存在大量的氧化钙和硅酸二钙等物质，在煮沸过程中发生化学反应导致体积急剧膨胀使得钢渣内部产生应力，加速了钢渣的破碎。

项目 9　固体废物的分选

9.1 案例

9.1.1　国外城市生活垃圾分选的模式

固体废物分选是将废物中可回收利用的或不利于后续处理工艺要求的物料分离出来，城市生活垃圾在处理处置与回用之前必须进行分选，一般来说是根据物料的物理或化学性质，如粒度、密度、重力、磁性、电性、弹性等，分别采用筛分、重力分选、磁选、电选、光电分选、摩擦与弹性分选、浮选以及最简单有效的人工分选等方法。

9.1.1.1　日本

20 世纪 80 年代中期日本开始推行垃圾分选，2008 年推出了新的循环社会基本计划，依地域特性和可循环资源的性质创建地域循环圈。环保城内的垃圾处理厂多达 170 座，处理垃圾约 220 万吨，经处理后约 91%的垃圾加工成原材料或转化为可再次利用的能源。名古屋把垃圾管理的重心从末端处理改为前段控制，尤其注重包装物的减少、垃圾分类和循环再利用，仅仅用了两年时间，垃圾总量减少了 25.6%，分类收集物增加了两倍。垃圾焚烧率由 1998 年的 79%降到 2004 年的 56%，而且焚烧的大部分垃圾都是分选之后的生物质废物，如厨余垃圾、纸和木料废物等，塑料很少，尽量降低产生二噁英的概率。

日本每年人均垃圾生产量只有 410kg，为世界最低，是世界上垃圾分类回收做得最好的国家。日本将垃圾分为四类：一般垃圾，包括厨余类、纸屑类、草木类、包装袋类、皮革制品类、容器类、玻璃类、餐具类、非资源性瓶类、橡胶类、塑料类、棉质白色衬衫以外的衣服毛线类；可燃性资源垃圾，包括报纸（含传单、广告纸）、纸箱、纸盒、杂志（含书本、小册子）、旧布料（含毛毯、棉质白色衬衫、棉质床单）、装牛奶饮料的纸盒子；不燃性资源垃圾，包括饮料瓶（铝罐、铁罐）、茶色瓶、无色透明瓶、可以直接再利用的瓶类；可破碎处理的大件垃圾，包括小家电类（电视机、空调机、冰箱/柜、洗衣机）、金属类、家具类、自行车、陶瓷器类、不规则形状的罐类、被褥、草席、长链状物（软管、绳索、铁丝、电线等）。

这一结果与政府的环保管制和宣传得力是分不开的，早期是“规矩多如牛毛，对居民近乎苛刻”，而现在已经成为民众的一种自觉行为，即使没人监督也会严格执行。

9.1.1.2　巴西

巴西居民的垃圾分类意识不高，但却有着一支庞大的农民工队伍，巴西政府采取了一种变通的方式，并不要求居民对生活垃圾进行细致分类，而是只要求居民把垃圾分成干和湿两种。居民倾倒湿垃圾需要按照重量向政府交费，并由政府部门负责进行堆肥或填埋等处理；而对于干垃圾则免费，并交给拾荒者合作社进行分类收集。垃圾由传送带运进分拣车间，工人们分别在流水线旁进行人工分选，因为都是干垃圾，分拣起来十分困难，分选速度没有机械化分选快，但准确性很高。巴西的资源回收利用率已经接近发达国家的水平，纸板的回收率为79%，纸为33%，塑料为16.5%，PET为48%，均超过了同期我国的平均水平。

拾荒者合作社得到了政府、企业和NGO的扶持，由企业和NGO负责提供核心设备（分选流水线、打包机）和管理指导。目前巴西全国有435个合作社，共创造了50多万个就业机会，合作社成员平均月收入为270美元，达到巴西最低收入水平的两倍多，这种方式节省了大量投资，也解决了劳动力就业问题，拾荒者都被纳入社会保障体系，每个人都有社保和医疗保险，由于工作对身体等要求不高，甚至还解决了残疾人的就业问题。

9.1.1.3　美国

洛杉矶市的有机物收集量占废物回收总量49.3%，而芝加哥市占比达到46.7%，这两个城市都非常重视庭院垃圾收集，芝加哥的“蓝色袋子”收集活动所收集的物品包括纸张、玻璃瓶、塑料容器和饮料罐等。此外，专业环保技术人员还设计出了精密的混合废物加工设备，可自动分选有机物类的材料，然后将其制成高热值的有机物颗粒作为燃料使用。2007年麻省理工学院研制出一种能够依靠太阳能驱动的环保垃圾箱，不仅可将回收瓶罐废物进行自动分类，而且还可自动倾倒箱内废物，内装的废物拾取装置可逐个将废物自动放置在旋转盘上，接受三台传感器装置的检测，分别识别玻璃制品、塑料制品和铝制品，并分放进箱内三个相应的储存空间中，如废物经传感器检测后不属于上述三类制品中的任何一种，将被视为不可回收废物，放进箱内另外空间单独储存。

9.1.1.4　加拿大

加拿大渥太华市开展了“送回来!”垃圾回收计划，鼓励市内商家收集服务区、居民家庭生活垃圾中的可回收物，减少了垃圾箱及危险垃圾回收点的数量，促使可回收垃圾得到有效再利用或恰当处理。通过该计划，原本由市政府管理的家庭危险垃圾回收点所回收的废机油就可以送至参加计划的加油站、汽车修理厂或汽车代理处，得到了妥善的处理，既方便又环保。

9.1.1.5　欧盟

欧盟的垃圾填埋导则中规定了所有垃圾在进入填埋场前必须经过预处理，只有满足填埋场分类（有害废物、非有害废物、惰性废物）要求的垃圾才可以进入相应的填埋场；《导则》还提出了进一步限制进入填埋场垃圾有机物含量的规定。

9.1.2　我国垃圾分选的现状

9.1.2.1　北京

2010年北京在学校、饭店及社区共700多个试点放置废品处理机，尝试将废物进行有机堆肥处理；当时的管理部门承诺垃圾分类率达到50%，因此仅有50%的小区设有垃圾分类收集箱，居民们看到环卫工人把分类箱内的垃圾统统倒进一辆垃圾车运走时，便很自然地对垃圾分类失去了兴趣。目前北京市具备粗分选能力的垃圾转运站日处理能力在3000t左右，其余1.5万吨垃圾未加分选，直接进了填埋场。小武基的1.7亿元进口分选设备和配套设施日处理量仅1500t，垃圾混杂了大量厨余废物，含水率高，成分复杂，仅靠机器分拣很难分干净，如塑料占垃圾总量的10%，但经过这套系统分拣出来的塑料仅占垃圾总量的1%；虽然从德国进口了三套精分选系统，能够根据不同物料的光谱特性，可以把聚氯乙烯单独分拣出来，防止氯元素含量很高的塑料进入焚烧厂，减少二噁英的释放，这三套系统专门用于处理经过粗分的、不含厨余废料的小区分类垃圾，但由于环卫及管理部门垃圾分类进行地不彻底，运输能力也跟不上，现这三套系统已经停工。

2011年4月《北京市生活垃圾管理条例（草案）》明确了生活垃圾分类标准，按照餐厨垃圾、可回收物、其他垃圾进行分类管理；对建筑垃圾、园林垃圾、果蔬垃圾提出了分类处理要求；条例草案特别规定禁止将废弃食用油脂加工后作为食用油使用、销售；同时还禁止将未经无害化处理的餐厨垃圾作为饲料使用、销售；餐饮单位应当单独收集餐厨垃圾，并委托专业服务单位安装符合技术标准的设施进行处理。

9.1.2.2 广东省

2011年4月1日，《广州市城市生活垃圾分类管理暂行规定》正式施行，成为我国第一个实行垃圾分类的城市，当年广州的垃圾分类率达到了50%，2012年建立了更为完善的垃圾分类收集处理系统。中科院广州能源研究所联合成都生物研究所完成了博罗县生活垃圾的“城市生活垃圾资源化、能源化综合集成技术工程示范”，采取分选、有机垃圾发酵、肥料加工、可燃物热解-焚烧、气化发电、无机垃圾填埋等工艺相结合的系统集成技术处理城市生活垃圾，取得了一定的成效。

9.1.2.3 四川省

成都市在近50个小区实施了生活垃圾分类收集处置试点，14个区市县的200个村也推行了试点。2012年日处理能力达200t的中心城区首个餐厨垃圾无害化处理站在双流建成，同时配套建成一个专门针对餐厨垃圾的收运体系。2013年全市试推了垃圾分类处置，专门制定了“个人积分卡”制度，给每户业主都设计了一张积分卡，业主参加垃圾分类的活动就能得分，每月都公布得分靠前的业主，业主还能凭借积分在物管处兑换一些环保礼品。

9.2 案例分析

9.2.1 城市生活垃圾分选的意义

固体废物的分选就是将固体废物中的各种可回收利用的废物或不利于后续处理工艺要求的废物组分，采用适当技术分离出来的过程。由于城市生活垃圾成分性质不一及回收操作方法的多样性，在垃圾的资源化、综合利用等方面，分选是重要的操作之一。分选的效果则由资源化物质价值和是否可以进入市场及其市场销路等重要因素决定。城市生活垃圾的组分复杂而不稳定，根据其粒度、密度、磁性、电性、光电性、摩擦性、弹性等物理、化学性质的不同，可分别选用筛选、重力分选、磁力分选、电力分选、光电分选、摩擦及弹性分选等分选技术进行分选。大体上说，适用于城市垃圾的分选技术是以粒度、密度差等物理性质差别分选的技术为主，而以磁力、电力等性质差异的分选技术为辅。

我国大多数城镇目前采用垃圾混合收集的方法，由于各地区经济发展、技术水平、区域自然条件和社会环境不同造成了垃圾成分各有不同，发达沿海地区有机物含量高、含水率高；中部发达城市有机物含量高、可回收物多、含水率低；偏远、西部落后地区、经济不发达地区无机物多、灰分含量大。

对于垃圾焚烧，如果灰土没有被分离直接进入焚烧系统，灰土在焚烧时起不到助燃作用，相反会阻碍燃烧进程，带走大量的热量，浪费大量的能源而增加烧煤量，产生相对较多的含硫烟气，降低脱硫除尘装置使用寿命；此外还会产生较多的飞灰，给飞灰的处置带来困难。

对于垃圾堆肥，前分选处理设备可分选出生活垃圾中各种不适于堆肥的物质如塑料及其薄膜、金属、玻璃、纸、橡胶、灰土等，分选是大规模垃圾处理厂获得高质量堆肥的关键工艺。首先选出玻璃、砖瓦、灰土，以免降低堆肥肥效；将金属分选出堆肥系统，重金属含量超标，农作物施用后，会进入人类的食物链，从而危害人类的健康；大量的塑料薄膜会影响堆肥发酵过程中的透气率，进而影响堆肥进程和产品质量。

对于垃圾填埋，现在仍是当今世界各国主要的垃圾处理方式。我国垃圾卫生填埋场绝大多数接收的是没经过预处理的原生混合垃圾，有机物含量极高，是“反应型”填埋场。有机物和含水率高致使生活垃圾产生大量的渗滤液和沼气，对环境造成很大影响。2008 年以来北京、上海、天津及海南等地已经开始对封场的垃圾填埋场进行开挖分选处理，因此限制进入填埋场的有机物含量、进行分选前处理必将成为今后我国垃圾处理的发展趋势。

9.2.2 分选前处理工艺

混合破碎的缺点：我国城市垃圾主要以居民生活垃圾为主，成分复杂，组成变化大，混合袋装收集，不同于国外的分类袋装收集；如果参照国外垃圾处理工艺，在高速冲击、剪切作用下，砖瓦、玻璃等无机脆性物被过度破碎；垃圾中混合了含水率较高的有机垃圾，无法有效分离，直接影响后续可腐有机物的堆肥质量，特别是废电池等富含重金属的垃圾被破碎后，不但难以有效分选，而且会析出渗滤液，造成二次污染，此外，由于混合垃圾中还存在软、带状物质缠绕现象时有发生，卸料困难。

针对我国垃圾处理工艺的现状，迫切需要开发出适合我国国情的专用破袋破碎分选设备，对袋装垃圾进行破袋的同时，对垃圾中物料进行选择性破碎，并对垃圾物料进行分选，对缠绕设备的物料进行清除，再进行筛分和人工分选，使资源得到有效回收。典型的工艺如下：当袋装生活垃圾由进料口进入破袋破碎分选机内，经过低速破袋破碎辊筒的第一次破袋后，在袋内垃圾分散的同时进行选择性破碎，即对大块的有机物进行破碎，对大块、硬质无机物不进行破碎；高速破袋破碎辊筒将第一次破袋不充分的垃圾袋再次进行破袋，同时再次对垃圾进行选择性破碎，使大块有机物得到充分破碎，有利于后续分选；两级避让装置和破袋破碎刀片的自我保护功能能够使大块、硬质无机物不被破碎而直接通过。拨料辊筒中伸缩运动的拨料棒将破袋后的塑料袋、柔韧性物料和大块无机物挑走。垃圾中的有机物和无机物由不同的出料口排出。经过分选破碎，大块的金属、塑料、玻璃品、建筑材料等可以被有效地去除；剩余的金属可以利用磁选技术被选出；选择性破碎机将直径 $d>50$mm 和 $d<50$mm 的物质分开，对于纸、布、革、塑料及部分有机物等，采用较为合适的风选技术，筛下部分主要是无机物和剩下的有机物，碎玻璃等，可以通过滚筒筛将 $d<50$mm 被破碎的物质继续筛分成 $d>10$mm 和 $d<10$mm 两部分。

9.2.3 城市生活垃圾的分选设备

分选出垃圾中的金属、大块无机物和灰土，提高了垃圾热值，可以提高下一处理环节的效率和混合垃圾的资源利用率，因此需要应用均匀给料设备、物料输送设备、为人工拣选大件物料创造作业条件的分层式人工分拣室、筛分设备、磁选设备。

给料设备可以采用步进给料机或铲车、抓斗、板式输送机给料，大型垃圾处理厂因每日分选出的各种轻物料较多，需在前处理线上配备轻物料压缩打包设备以减小其占地空间。分选工艺配置的核心是通过二级筛分、二级磁选处理将金属（包括电池）和塑料、玻璃及其他大块杂质去除，通过滚筒筛分设备将垃圾中的灰土成分筛除，各个落料点极易产生灰尘，需设置集尘口，通过集尘管道收集后统一进行除尘处理，各种轻塑料的具体分类可依据投资方的经济条件采用人工分拣或光电分选。

9.3 任务

9.3.1 查阅分选的相关资料，完成表格填写

城市生活垃圾中的可回收的成分有哪些？	
利用何种方法回收城市生活垃圾中的有价值的成分？	
分选效果如何评价？	

分选方法名称	特点	适用范围

9.3.2 立式风选设备的设计计算

气流速度确定 立式风选几何参数的确定 估算气-固比 计算所需空气量 压降计算 旋风除尘器选择	

9.4 知识拓展

9.4.1 筛分分选

9.4.1.1 筛分原理

筛分是根据固体废物尺寸大小进行分选的一种方法，利用筛子将物料中小于筛孔的细粒物料透过筛面，而大于筛孔的粗粒物料留在筛面上，完成粗、细粒物料分离的过程，该分离过程可看成是由物料分层和细粒透筛两个阶段组成的，物料分层是完成分离的条件，细粒透筛是分离的目的。为了使粗细物料通过筛面而分离，必须使物料和筛面之间具有适当的相对运动，使筛面上的物料层处于松散状态，即按颗粒大小分层，形成粗粒位于上层、细粒处于下层的规则排列，细粒到达筛面并透过筛孔。同时，物料和筛面的相对运动还可使堵在筛孔上的颗粒脱离筛孔，以利于细粒透过筛孔。细粒透筛时，尽管粒度都小于筛孔，但它们透筛的难易程度却不同。粒度小于筛孔尺寸 3/4 的颗粒，很容易通过粗粒形成的间隙到达筛面而透筛，称为“易筛粒”；粒度大于筛孔尺寸 3/4 的颗粒，很难通过粗粒形成的间隙，而且粒度越接近筛孔尺寸就越难透筛，这种颗粒称为“难筛粒”。

9.4.1.2 筛分效率

实际筛分过程中受各种因素的影响：颗粒大小、形状，颗粒尺寸分布，整体密度，含水率、黏结或缠绕的可能；筛分器的构造材料，筛孔尺寸、形状，筛孔所占筛面比例，转筒筛的转速、平均直径、振动筛的振动频率、长与宽；筛分效率与总体效果要求；运行特征如能耗、日常维护、运行难易，可靠性，噪声，非正常振动与堵塞的可能等。总会有一些小于筛孔的细颗粒留在筛上随粗颗粒一起排出，成为筛上产品而影响分离效果。通常用筛分效率描述筛分过程的分离程度，筛分效率是指筛下物的质量与入筛原料中所含的小于筛孔尺寸颗粒物的质量之比，用百分数 E 表示，即：

$$E=\frac{Q_1}{Q_2}$$

式中　Q_1——筛下物的质量；

Q_2——入筛原料中所含的小于筛孔尺寸颗粒物的质量。

影响筛分效率的因素有以下几个。

物料的特性：当废物中含有少量水分时，细颗粒容易附着在粗粒上而不易透筛；当筛孔较大、废物含水率较高时，由于水分有促进细粒透筛作用，反而造成颗粒活动性的提高；当废物中含泥量高时，稍有水分也能引起细粒结团；废物颗粒形状对筛分效率也有影响，一般球形、立方形、多边形颗粒筛分效率较高，而颗粒呈扁平状或长方块，用方形或圆形筛孔的筛子筛分，其筛分效率较低，线状物料如废电线、管状物质等，必须以一端朝下的“穿针引线”方式缓慢透筛，而且物料越长，透筛越难，在圆盘筛中，这种线状物的筛分效率会高些，而平面状的物料如塑料膜、纸、纸板类等，会大片地覆在筛面上，形成“盲区”而堵塞大片的筛分面积。

筛分设备性能：常见的筛面有棒条筛面、钢板冲孔筛面及钢丝编织筛网三种，棒条筛面有效面积小，筛分效率低；编织筛网则相反，有效面积大，筛分效率高；冲孔筛面介于两者之间。筛面宽度主要影响筛子的处理能力，其长度则影响筛分效率，负荷相等时，过窄的筛面使废物层增厚而不利于细粒接近筛面；过宽的筛面则又使废物筛分时间太短，一般宽长比为1∶(2.5～3)；筛面倾角是为了便于筛上产品的排出，倾角过小起不到此作用；倾角过大时，废物排出速度过快，筛分时间短，筛分效率低。一般筛分倾角以15°～25°较适宜。

筛分操作条件：筛分操作中应注意连续均匀给料，使废物沿整个筛面宽度铺成一薄层，既充分利用筛面，又便于细粒透筛，可以提高筛子的处理能力和筛分效率；及时清理和维修筛面也是保证筛分效率的重要条件；振动筛的振动频率与振幅，筛分设备振动不足时，物料不易松散分层，使透筛困难，振动过于剧烈时，物料来不及透筛，便又一次被卷入振动中，使废物很快移动至筛面末端被排出，筛分效率不高。

9.4.1.3　筛分设备

(1) 固定筛　筛面由许多平行的筛条组成，可以水平安装或倾斜安装，由于构造简单、不耗用动力、设备费用低和维修方便，在固体废物处理中被广泛应用。固定筛又可分为格筛和棒条筛两种。

(2) 滚筒筛　也称转筒筛，是物料处理中重要的运行单元，滚筒筛为缓慢旋转（转速控制在10～15r/min）的圆柱形筛分面，以筛筒轴线倾角为3°～5°安装。筛面可用各种构造材料，制成编织筛网，筛分时，固体废物由稍高一端供入，随即跟着转筒在筛内不断翻滚，细颗粒最终穿过筛孔而透筛。滚筒筛倾斜角度决定了物料轴向运行速度，而垂直于筒轴的废物料行为则由转速决定。物料在筛子中的运动有三种状态：a. 沉落状态，此时筛子的转速很低，物料颗粒由于筛子的圆周运动而被带起，然后滚落到向上运动的颗粒层上面，物料混合很不充分，不易使中间的细料翻滚物移向边缘而触及筛孔。b. 抛落状态，当转速足够高但又低于临界速度时，颗粒克服重力作用沿筒壁上升，直至到达转筒最高点之前。这时重力超过了离心力，颗粒沿抛物线轨迹落回筛底，这种情况下，颗粒以可能的最大距离下落（如转筒直径），翻滚程度最为剧烈，很少有堆积现象发生，筛子的筛分效率最高，物料以螺旋状前进方式移出滚筒筛。c. 离心状态，若滚筒筛的转速进一步提高，达到其临界速度，物料由于离心作用附着在筒壁上而无下落、翻滚现象，这时的筛分效率很低。在操作运行中，应尽可能使物料处于最佳的抛落状态，根据经验，筛子的最佳速度约为临界速度的 45%。不同的负荷条件下的试验数据表明，筛分效率随倾角的增大而迅速降低，随着筛分器负荷增加，物料在筒内所占容积比例增加，这时要达到抛落状态的转速以及功率要求也随之增加。国产滚筒筛具体技术特征如表 2.6 所示。

表 2.6　国产滚筒筛技术特征

规格	3000×6000	规格	3000×6000
生产能力/(t/h)	80～120	筛孔尺寸/min	50
滚筒直径/m	4	提升板高度/min	300
长度/m	8	电动机型号	BJO_2-72-4
倾角/(°)	3	功率/kW	30
转数/(r/min)	12	转数/(r/min)	1460

(3) 振动筛　应用非常广泛的一种设备，振动筛由于筛面强烈振动，消除了堵塞筛孔的现象、有利于湿物料的筛分，可用于粗、中、细粒的筛分，还可以用于脱水振动和脱泥筛分，振动筛主要有惯性振动筛和共振筛两种，共振筛结构示意见图 2.15。

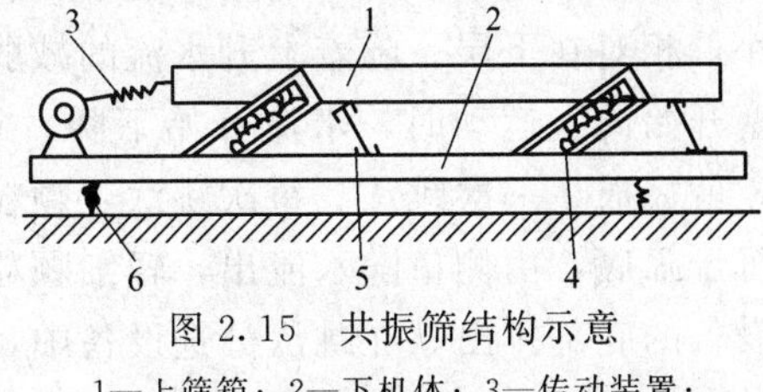

图 2.15　共振筛结构示意

1—上筛箱；2—下机体；3—传动装置；4—共振弹簧；5—板簧；6—支撑弹簧

9.4.2　重力分选

重力分选是根据固体废物中不同物质颗粒间的密度差异，在运动介质中利用重力、介质动力和机械力的作用，使颗粒群产生松散分层和迁移分离，从而得到不同密度产品的分选过程。重力分选的介质有空气、水、重液（密度比水大的液体）、重悬浮液等，按介质不同重力分选分为风力分选、跳汰分选、重介质分选、摇床分选和惯性分选等。各种重力分选过程具有共同工艺条件：固体废物中颗粒间必须存在密度差异；分选过程都是在运动介质中进行；在重力、介质动力及机械力综合作用下，使颗粒群松散并按密度分层；分好层的物料在运动介质流推动下互相迁移，彼此分离。

影响重力分选的因素主要是物料颗粒的尺寸、颗粒与介质的密度差及介质的密度，不同密度矿物分选的难易度可大致按其等降比判断。悬浮于流体介质中的颗粒，其运动受自身重力、介质摩擦阻力和介质浮力三种力的作用；颗粒的运动符合 Stokes 方程，当存在密度差时，不同粒径的颗粒其运动速度不同，最终彼此分离，获得不同密度的最终产品。

9.4.2.1　重介质分选

适用于几种固体的密度差别较小及难以用跳汰法等分离的场合，通常将密度大于水的介质称为重介质，包括重液和重悬浮液两种流体，重介质密度介于大密度和小密度颗粒之间，当颗粒密度大于重介质密度，发生下沉；反之颗粒将悬浮，从而实现了物料的分选。

重介质分选精度很高，入选物料颗粒粒度范围也可以很宽，适合于多种固体废物的分选。工业上应用的分选机一般分为鼓形重介质分选机和深槽式、浅槽式、振动式、离心式分选机。目前，常用鼓形重介质分选机，见图 2.16。实际分离前应筛去细粒部分，大密度物料颗粒粒度下限为 2～3mm，小密度物料颗粒粒度下限为 3～6mm，采用重悬浮液时，粒度下限可降至 0.5mm。重介质分选不适于包含可溶性物质和成分复杂的城市垃圾的分选，主要应用于矿业废物分选过程。

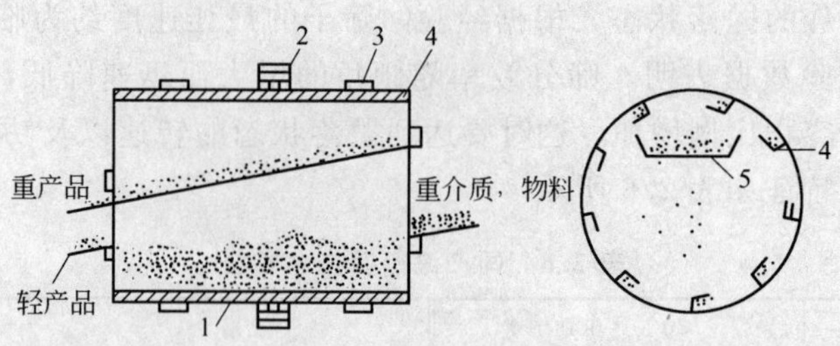

图 2.16　鼓形重介质分选机

1—圆筒形；2—大齿轮；3—辊轮；4—扬板；5—溜槽

9.4.2.2　跳汰分选

一种重力分选技术，是在垂直变速介质中按密度分选固体物料的一种方法。跳汰分选常用水力跳汰，跳汰室下部装有筛网，固体废物由给料口加入，当活塞向下运动时跳汰室形成一向上水流，物料被向上托起，轻细颗粒受水力作用浮力大，率先浮至上层，粗重颗粒上浮力小，相对在下层。随着上升水流的减弱，粗重颗粒开始下沉，而轻细颗粒还可能上升。当活塞开始向上运动时，水流开始下降，超重颗粒沉降快，轻细颗粒沉降慢，下降水流结束后，就完成了一次跳汰。每次跳汰，颗粒都受到一定的分选作用。经过多次循环后，粗重物料沉于筛底，由侧口随水流出，轻细颗粒浮于表面，经溢流口排出。小而重的颗粒透过筛孔由设备的底部排出。在跳汰分选设备中，可以用隔膜或空气流的间歇运动来提供分选的脉冲型动力，图 2.17 所示为隔膜鼓动式跳汰机结构示意。

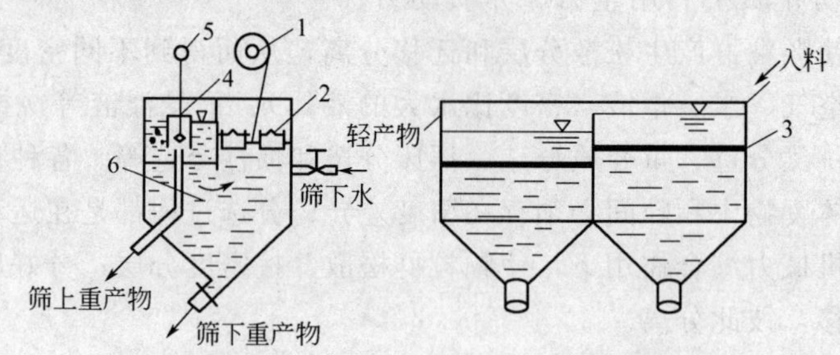

图 2.17　隔膜鼓动式跳汰机结构示意

1—偏心机构；2—隔膜；3—筛板；4—外套筒；5—锥形阀；6—内套筒

9.4.2.3　摇床分选

使固体废物颗粒群在倾斜床面的不对称往复运动和薄层斜面水流的综合作用下，按密度差异在床面上呈扇形分布而进行分选的一种方法。摇床分选过程中，颗粒群在重力、水流冲力、床层摇动产生的惯性力和摩擦力等的综合作用下，按密度差异产生松散分层，并且不同密度与粒度的颗粒以不同的速度沿床面做纵向和横向运动。它们的合速度偏离方向各异，使不同密度颗粒在床面上呈扇形分布，达到分离的目的。

摇床分选可以形象比喻为筛米的筛子，在一个倾斜的床面上借助床面不对称的往复运动和薄层斜面水流的综合作用使得细小的固体颗粒按照密度差异在床面上形成扇形分布的集中区而与其他组分分离，目前主要用于从煤矸石中获得硫铁矿。

9.4.2.4　风力分选

风选设备按气流在设备内吹入气流的方向，可分为两种类型：水平气流风选机（卧式风力分选机）和上升气流分选机（立式风力分选机）。以卧式风力分选机工作为例，空气流从侧面进入，当废物在机内下落时，被鼓风机鼓入的水平气流吹散，固体废物中各组分沿着不同运动轨迹分别落入重质组分、中重质组分和轻质组分收集槽中而得以分离。水平流分选机（卧式）和垂直流分选机（升流或立式），立式曲折型风力分选机结构示意如图 2.18 所示。

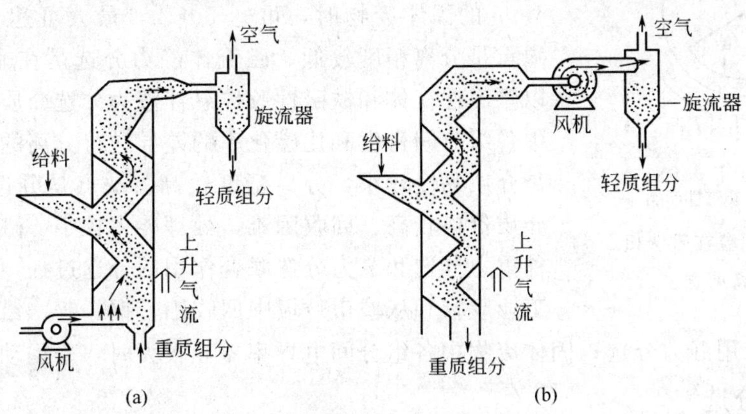

图 2.18　立式曲折型风力分选机结构示意

9.4.3　磁力分选

磁选是利用固体废物中各种物质的磁性差异在非均匀磁场中进行分选的一种处理方法。所有经过分选装置的颗粒，都受到磁场力、重力、流动阻力、摩擦力、静电力和惯性力等机械力的作用。有两种类型，一类是传统的磁选，主要应用于供料中磁性杂质的提纯、净化以及磁性物料的精选；另一类是磁流体分选法，可应用于城市垃圾焚烧厂焚烧灰以及堆肥厂产品中铝、铁、铜、锌等金属的提取与回收。

9.4.3.1　*传统磁选方法*

磁性颗粒受到的磁场力占优势，而非磁性颗粒所受到的机械力占优势，这样各组分就可按照磁性差异实现分选。磁力滚筒又称磁滑轮。这类磁选机主要由磁滚筒和输送带组成。磁力滚筒有永磁滚筒和电磁滚筒两种。应用较多的是永磁滚筒，CTB6018 永磁筒式磁选机主要技术参数见表 2.7。

表 2.7　CTB6018 永磁筒式磁选机技术参数

磁选机的规格型号	CTB6018	圆筒转速/(r/min)	<35
规格/(mm×mm)	ϕ600×1800	生产能力/(t/h)	15～30
槽体行式	半逆流	电机功率/kW	2.2
磁场强度/Oe	1450	给料粒度/mm	0～2

注：1Oe=79.5775A/m。

9.4.3.2　*磁流体分选*

磁流体分选是利用磁流体作为分选介质，在磁场或磁场和电场的联合作用下产生“加重”作用，按固体废物各组分的磁性和密度的差异或磁性、导电性和密度的差异，使不同组分分离的过程。磁流体是指某种能够在磁场或磁场和电场联合作用下磁化，呈现似加重现象，对颗粒产生磁浮力作用的稳定分散液。常用的磁流体有强电解质溶液、顺磁性溶液和铁磁性胶体悬溶液，图 2.19 所示为颗粒在磁选机中分离示意。

根据分离原理与介质的不同，可分为磁流体动力分选和磁流体静力分选。磁流体动力分选是在磁场与电场的联合作用下，以强电解质溶液为分选介质，按固体废物中各组分间密

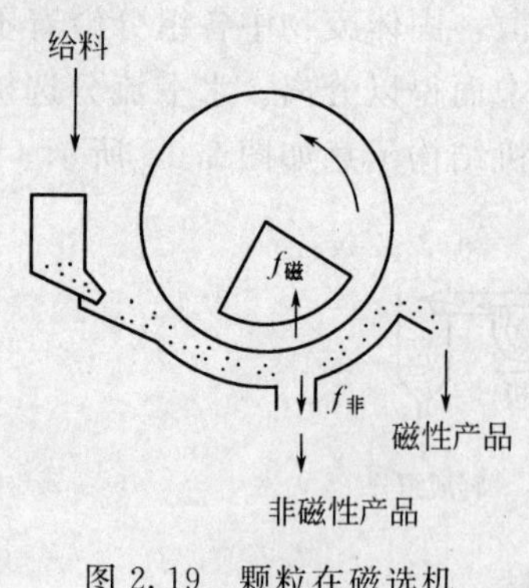

图 2.19　颗粒在磁选机中分离示意

度、比磁化率和电导率的差异使不同组分分离的过程。其优点是分选介质为导电的电解质溶液，来源广、价格便宜，黏度较低，分选设备简单，处理能力较大，处理粒度为0.5～6mm的固体废物时，可达50t/h，最大可达100～600t/h。缺点是分离精度较低。磁流体静力分选是在非均匀磁场中，以顺磁性液体和铁磁性胶体悬浮液为分选介质，按固体废物中各组分间密度和比磁化率的差异进行分离的过程。其优点是介质黏度较小，分离精度较高。缺点是分选设备较复杂，介质价格较高、回收困难，处理能力较小。磁流体分选是一种重力分选和磁力分选联合作用的分选过程，可以分离各种工业废物和从城市垃圾中回收铝、铜、锌、铅等金属。要求精度较高时，采用静力分选；固体废物中各组分间电导率差异较大时，采用动力分选。

9.4.4　电力分选

利用固体废物中各种组分在高压电场中导电性的差异而实现分选的一种方法。根据导电性，物质分为导体、半导体和非导体三种。电选实际是分离半导体和非导体固体废物的过程。按电场特征，电选机分为静电分选机和复合电场分选机。

9.4.4.1　静电分选

静电分选机中废物的带电方式为直接传导带电。废物直接与传导电极接触、导电性好的废物将获得和电极极性相同的电荷而被排斥，导电性差的废物或非导体与带电滚筒接触被极化，在靠近滚筒一端产生相反的束缚电荷被滚筒吸引，从而实现不同电性的废物分离。静电分选可用于各种塑料、橡胶、纤维纸、合成皮革和胶卷等物质的分选，使塑料类回收率达到99%以上，纸类基本可达100%。

9.4.4.2　复合电场分选

分选机电场为电晕-静电复合电场，这种复合电场在目前被大多数电选机所应用。电晕电场是不均匀电场，在电场中有两个电极：电晕电极（带负电）和滚筒电极（带正电）。当两电极间的电位差达到某一数值时，负极发出大量电子，并在电场中以很高的速度运动。当它们与空气中的分子碰撞时，便使空气中的分子电离。空气中的负离子飞向正极，形成体电荷。导电性不同的物质进入电场后，都获得负电荷，它们在电场中的表现行为不同。导电性好的物质将负电荷迅速传给正极而不受正极作用。导电性差的物质传递电荷速度很慢，而受到正极的吸引作用，完成电选分离过程。

9.4.5　光电分选

光电分选主要利用光敏元件，与待分选的物料之间产生相应的感应信号，再辅以其他的设备能够完成目标产物与混合物料之间的分离。一般光电分选由给料系统、光检系统和分离系统组成。给料系统是在固体废物入选前，进行预先筛分分级，使之成为窄粒级物料，并使物料颗粒呈单行排列，逐一通过光检区。光检系统包括光源、透镜、光敏元件及电子系统等，这是光电分选的关键所在。分离系统是指固体废物通过光检系统后，检测所得到的光电信号经过电子电路放大，驱动执行机构，将其中一种物质从物料流中分离出来，从而使物料中不同物质得以分离。光电分选可以从城市生活垃圾中回收橡胶、塑料盒、金属等物质。

9.4.6　手工分选

依靠人力的作用完成废物的分类和分离称为手工分选，是最早采用的分选方法，适用于废物产生源地、收集站、处理中心、转运站或处置场。手工分选虽然比机械分选法效率低，但有些分选效果是机械法难以替代的。如在进行含塑料废物分选回收时，人工分选容易将热塑性废旧制品和热固性塑料制品（如热固性的玻璃钢制品）分开，且较易将非塑料制品（如纸张、金属件、木制品、绳索、石块等杂物）挑出，较易识别和归类不同树脂品种的制品，如PS泡沫塑料制品与PU泡沫塑料制品，PVC膜与PE膜，PVC硬质与PP制品等。大规模工业废物分选中，人工分选由于其分选效率低、人工成本上升、耗时耗力等缺点，应用的场合越来越少，而机械分离已越来越重要。

项目10　固体废物的分离

10.1　案例

10.1.1　利乐包的回收利用

利乐包是一类牛奶饮料的包装盒（也称复合软包装），通常含有75%左右的纸，其余是塑料和铝膜。人们回收废纸时，经常把这种纸包装混在废纸中运进废纸处理厂，但普通纸厂没法完全处理，用传统的方法无法直接打成纯纸浆，还得再拣出来扔掉；因为没有更大价值的利用方法，过去国内没人愿意回收利乐包，这种含有大量的优质长纤维的包装物被送进了填埋场，或者被当成燃料烧掉了。我国的利乐包回收率一直在10%左右徘徊，是世界平均水平的一半，欧洲水平的1/3。

近年来，随着消费及环保意识的大幅度提升，作为这种包装的生产厂家利乐公司感到了压力，于是和某纸业有限公司进行了利乐包循环应用的合作，其技术的关键是水力碎浆机和铝塑分离设备，把提取纸浆后的铝塑筛渣进行再分离。建设初期，每条生产线每个月只能处理100t左右，消化不了全部的废物，而当时收集来的利乐包70%来自食品加工厂的废料，只有30%是社会上收集来的。利用废弃利乐包生产的纸浆质量较好，生产的牛皮纸几乎和原生产木浆没有区别，平均每吨能卖到4500元左右。另外，从包装盒中提取出来的塑料每吨能卖3000元，铝粉每吨也能卖8000元。为了更大量地消化在社会上收集的利乐包，企业投资兴建了一条处理能力、每年1万吨水平的生产线。有了利润保证，造纸厂便可以出高价收购利乐包装，用价格杠杆刺激回收，目前每吨利乐包的收购价格已经达到了900元左右，比普通纸板贵100元。

10.1.2　垃圾挤压分离装置

北京市董村综合处理厂使用我国运载火箭技术研究院研制的垃圾挤压分离装置，首次对餐厨垃圾进行了挤压分离操作，并取得圆满成功。作为垃圾挤压分离装置核心的高压挤压分离工艺，使垃圾在一个特制的表面布满孔的管道中被超过100MPa的液压力挤压，完成固态和液态的分离，具有自动化程度高、生产效率高的优点。

10.1.3　污泥的脱水

废水处理的过程中会产生大量的污泥，污泥有有机污泥和无机污泥之分，典型的有机污泥如城市污水厂的活性污泥、生物膜污泥和消化污泥，典型的无机污泥如电镀废水处理中的重金属污泥。对于城市生活污水，按照污泥产生的按来源可分为栅渣、沉砂池沉渣、初沉池污泥、二沉池剩余活性污泥和消化污泥等，产生的污泥总量约为所处理污水的0.5%左右，但处置费用却与污水处理费用相当。工业废水产生的污泥往往含有大量有毒有害的物质，如不妥善处置将对环境构成很大的威胁。

污泥中含有大量的水分，如城市污水厂剩余活性污泥含水率为99.5%左右，含水率是污泥重要指标，含水率太高导致污泥体积过大，不仅影响污泥的流动特征和输送，给后续的处理和装置造成困难，而且不利于污泥的稳定以及最终综合利用。

污泥脱水的方法主要有：浓缩、机械脱水和干化以及焚烧等。污泥的脱水方法、设备和效果见表2.8。浓缩主要脱除污泥中的颗粒的间隙水（一般占污泥总含水的70%左右），机械脱水主要脱除污泥的颗粒间隙水和毛细水，干化主要脱除污泥的毛细水和结合水。

表2.8　污泥的脱水方法、设备和效果

脱水方法		脱水设备	脱水后含水率/%	脱水后外观
浓缩法		重力、气浮和离心浓缩	95～97	近似糊状
自然干化法		自然干化场、晒砂场	70～80	泥饼状
机械脱水	真空吸滤法	真空转鼓、真空转盘	60～80	泥饼状
	压滤法	板框压滤机	45～80	泥饼状
	滚压带法	滚压带式压滤机	78～86	泥饼状
	离心法	离心机	80～85	泥饼状
干燥法		各种焚烧设备	10～40	粉状、粒状和灰状
焚烧法		各种焚烧设备	0～10	

10.2　案例分析

10.2.1　化学浸出分离

10.2.1.1　反应原理

浸出是溶剂选择性地溶解固体废物中某种目的组分，使该组分进入溶液中而达到与废物中其他组分相分离的工艺过程。浸出过程是个提取和分离目的组分的过程，浸出过程所用的药剂称为浸出剂，浸出后含目的组分的溶液称为浸出液，残渣称为浸出渣。浸出过程大多取决于溶剂向反应区的迁移和相界上的化学反应两个阶段，浸出反应的进行在很大程度上取决于化学反应动力学过程。

10.2.1.2　工艺过程

化学浸出法是选择合适的化学溶剂（如酸、碱、盐水溶液等浸出剂）与固体废物发生作用，使其中有用组分发生选择性溶解，然后进一步回收。该法可用于成分复杂、嵌布粒度微细且有价成分含量低的矿业固体废物、化工和冶金过程排出的废渣等，若要提取其中的有价成分或是除去其中的有害成分，采用传统分选技术成效甚微时，常常采用化学浸出技术。

浸出率是被浸出目的组分进入溶液的质量分数，浸出操作要保证有较高的浸出率。影响浸出过程的主要因素有：物料粒度及其特性、浸出温度、浸出压力、搅拌速度和溶剂浓度，在渗滤浸出中还有物料层的孔隙率等。为充分暴露废物中的目的组分，增大浸出效果，在浸出之前，一般必须对被浸废物进行破碎处理，破碎后废物可直接浸出，也可焙烧后浸出。

10.2.1.3　浸出设备

常用的浸出设备有渗滤浸出槽（池）、机械搅拌浸出槽、空气搅拌浸出槽、流态化逆流浸出槽和高压釜等五类。浸出时一般均由数个浸出槽（塔）组成系列，无论采用何种浸出流程和设备，均需考虑被浸料浆在浸出槽内的停留时间和料浆短路问题，在计算浸出槽（塔）的容积和数目时有一定的保险系数，以保证预期的浸出效果。

10.2.2　物理分离

10.2.2.1　重力浓缩

重力浓缩需要借助重力浓缩池，类似于污水处理的沉淀池（如图2.20所示），浓缩池大多为辐流式，其泥斗多为多斗式（浓缩后的体积仍然庞大）。重力浓缩池的附属设备有刮泥机或吸泥机、搅动栅。搅动栅的作用是浓缩时每个栅条后可形成微小的涡流，以促进细小的SS絮凝，并可形成空穴以促进间隙水释放和气泡的逸出，提高浓缩效果，缩短浓缩时间。

重力浓缩池的设计停留时间为9～12h，设计池表面水力负荷率为1.2～1.6$m^3/(m^2 \cdot h)$（初沉池污泥）、0.2～0.4$m^3/(m^2 \cdot h)$（二沉池污泥），设计表面固体负荷率为3.9～5.9kg/$(m^2 \cdot h)$（初沉池污泥）、0.5～1.5kg/$(m^2 \cdot h)$（二沉池污泥）。经过重力浓缩后，初沉池污泥的含水率降低到90%～95%，二沉池污泥含水率降低到97%～98%，消化池污泥含水率降低到88%～92%。

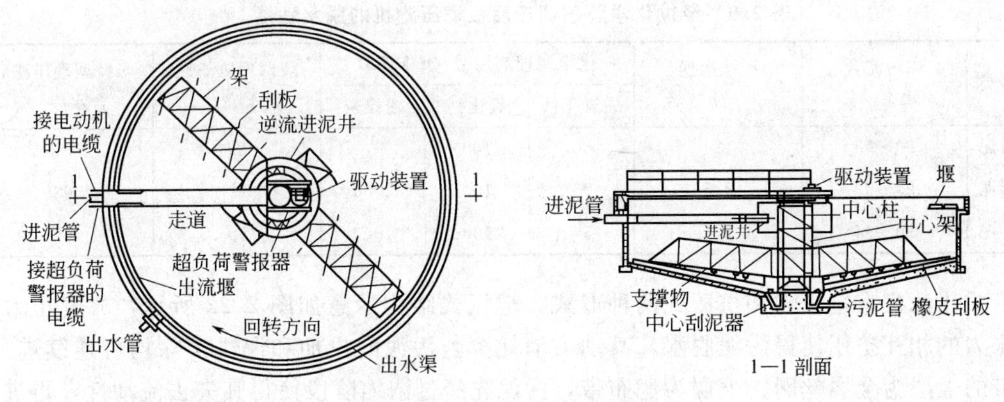

图2.20　重力浓缩池结构示意

10.2.2.2　压滤

压滤是在外加一定压力的条件下使含水固体废物过滤脱水的操作。由于在废物脱水过程外加压力，因此可以加快液态物质与固体成分的分离速度和程度。污泥的机械脱水是使用专门的脱水机械，在过滤介质（网、布、管、毡）两侧形成压差（正压或负压）造成脱水的推动力从而将污泥中的水分部分脱除。其中，形成正压差的称为压滤脱水，如板框压滤机、带式压滤机等；形成负压差的称为吸滤脱水，如真空过滤机。压滤常在压滤机中完成固液分离，根据其运行方式可分为间歇型与连续型两种。间歇型的典型压滤机为板框压滤机，连续型的为带式压滤机。

板框压滤的特点是过滤的推动力大，构造简单，如图2.21所示，但不能像真空和带式过滤机那样连续工作，脱水后的卸泥方式有人工卸泥和自动卸泥两种。板框压滤机的过滤压力为4～5kgf，对于活性污泥的处理能力为2～10kgSS/$(m^2 \cdot h)$，对于消化污泥的处理能力

图 2.21 板框压滤结构示意

为 2～4kgSS/(m² · h)，过滤周期为 1.5～4h。

在污泥的机械脱水之前，往往要对原污泥进行预调理以降低污泥的过滤比阻、改善污泥的内部结构，提高脱水机械的工作效率。常用的污泥调理方法有：投加化学混凝剂（主要是无机的铁盐和铝盐）、添加助滤剂（如木屑、石灰、粉煤灰等）和热处理以及冷冻处理。经过化学药剂调理后板框压滤机的脱水性能见表 2.9。

表 2.9 经过化学药剂调理后板框压滤机的脱水性能

污泥种类	原污泥含水率/%	压滤周期/h	化学调理剂用量/(g/kgSS)			经调理压滤后含水率/%	未经调理压滤后含水率/%
			三氯化铁	氧化钙	粉煤灰		
初沉污泥	90～95	2	50	100	0	55	61
活性污泥	95～99	2.5	75	150	2000	55	63
消化污泥	90～94	1.5	50	100	1000	50	62

带式压滤机有辊压式和挤压式两种形式。辊压式结构示意如图 2.22 所示，靠辊压力或滤布张力的相互挤压使得污泥脱水，其动力消耗少，污泥的投加和泥饼铲除均可连续进行。辊压带的上层为金属丝网、下层为滤布带，污泥先经过浓缩阶段使得其失去流动性，再进行挤压脱水，其泥饼含水率一般为 75%～80%。真空过滤机有折带式真空过滤机和盘式真空过滤机等形式，由真空过滤机、真空泵、空气压缩机（用于吹脱泥饼）等组成。真空过滤机的表面固体负荷率为：初沉污泥 30～50kg（干污泥）/(m² · h)；活性污泥为 10～15kg（干污泥）/(m² · h)，消化污泥为为 15～25kg（干污泥）/(m² · h)。脱水后的泥饼量较大时，要考虑皮带运输，滤液中含有的气体可用滤液罐排除。转鼓真空过滤机的工作过程包括三个阶段：滤饼形成阶段、吸干阶段、反吹阶段。

10.2.2.3 离心分离

离心分离是利用固体颗粒和水的密度差异，在高速旋转的离心机中，固体颗粒和水分分别受到大小不同的离心力而使其固液分离的过程。利用离心力取代重力或压力作为推动力对污泥进行沉降分离、过滤及脱水的设备称为离心脱水机。按分离时的离心力大小分为高速离心机（>3000r/min）、中速离心机（1000～3000r/min）和低速离心机（<1000r/min）；按转鼓的几何形状的不同，又可分为转鼓式、篮式、盘式和板式离心机。常用的离心脱水机为

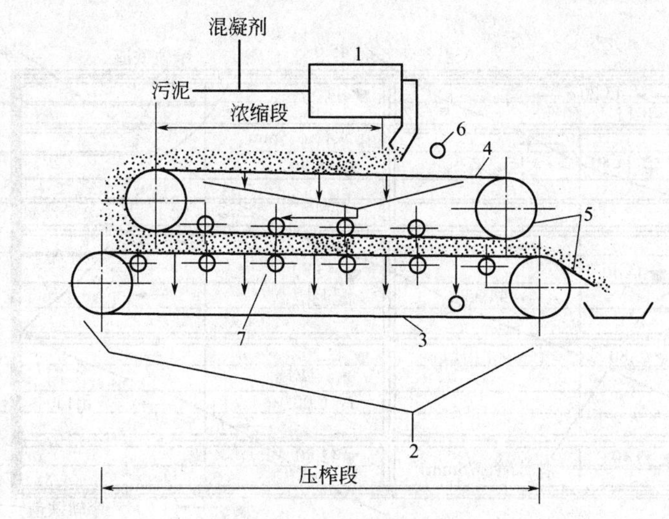

图 2.22　带式压滤结构示意

1—混合槽；2—滤液与冲洗水排出；3—涤纶滤布；4—金属丝网；
5—刮刀；6—洗涤水管；7—滚压轴

转鼓式，按其安装角度可分为立式和卧式两类。离心浓缩机占地面积小、造价低，但运行与机械维修费用较高。几种主要形式的离心机及其浓缩性能见表 2.10。

表 2.10　几种主要的离心机及其浓缩性能

污泥种类	离心机	处理量/(L/s)	浓缩前含水率/%	浓缩后含水率/%	固体回收率/%
剩余活性污泥	转盘式	9.5	99～99.3	94.5～95	90
剩余活性污泥	篮式	2.1～4.4	99.3	90～91	70～90
剩余活性污泥	转鼓式	0.63～0.76	98.5	87～91	90

10.2.2.4　干化脱水

污泥的干化脱水一般在干化场中进行，干化场按照其滤水层的构造来分有自然滤层干化场和人工滤层干化场两种。前者适宜于自然土质渗透性能良好、地下水位低、渗水不会污染地下水的地区，如我国的西北地区。其他地区则采用人工滤层干化场。

污泥干化场示意见图 2.23。

污泥干化场的脱水作用主要靠三个方面：重力过滤、日晒和风吹、撇除，其中过滤、渗透脱水一般在污泥进入干化场后的 2～3d 内完成，此时污泥含水率降低到 85%左右，然后主要靠蒸发作用进一步脱水。污泥干化场基本组成有：不透水底板、滤层、布泥系统、排水系统、泥饼的铲除与运输系统、围堤和隔墙。滤层由砂或矿渣和卵石组成，其砂层厚度一般为 20～30cm，在每次铲除泥饼时也会铲除一定的砂层，故要经常补充砂量；砂层之下为卵石层，起到承托作用，厚度为 20～30cm。当干化场渗水可能污染地下水时，应在砂床下面设 20～40cm 的夯实黏土层或 10～15cm 厚的素混凝土的不透水层，不透水底板应有 0.01～0.02 的坡度坡向排水管。在卵石层中间敷设 10cm 管径的排水管，其间距为 3m 左右，坡度采用 0.002～0.003，排水管的起点覆土厚度（管顶到砂层距离）不小于 1.2m。砂床常用土堤或板墙分隔成若干单元，以适于运行时的需要，顺序使用各分块，这样铲除泥饼较方便，干化场利用率高。泥饼的铲除与运输方式取决于泥饼量的多少和进一步处置的方式。对于小型污水厂，可采用人工铲除泥饼，板车运输。中大型污水厂，泥饼多用污泥提升机铲除并用

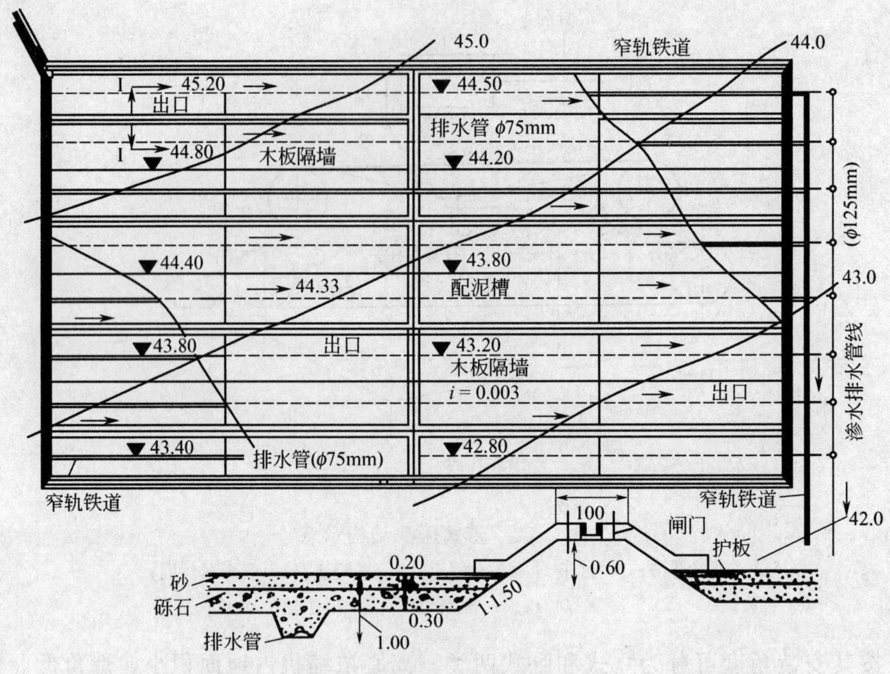

图 2.23　污泥干化场示意

带输送。

在多雨和严寒地区，干化场上方应建玻璃棚进行覆盖，以减少气候对污泥脱水的影响。干化场运行时，每次灌泥厚度为20～30cm，待污泥表面出现裂纹、含水率降低到75%左右时，即可予以铲除。干化场从灌泥、干化脱水到铲泥，完成一个工作周期。影响污泥干化场脱水的因素主要有：地区气候如降雨雪量、云层覆盖情况、气温、相对湿度和风速；污泥性质，对于比阻大、黏稠和含水率高的污泥，在排入干化场时其水分不易从稠密的污泥层中渗透下去，往往形成沉淀而分离出上清液，此时用撇水调节窗进行脱水。在雨水多的地区也可使用撇水窗撇除污泥面上的雨水。

城市污水处理厂的污泥干化场每年一般可工作6～10次、每次工作周期为35～60d左右，按此计算，1m^{2}的干化场每年可接受污泥1.2～2m^3（干化场的表面负荷率）。

10.2.2.5　烘干脱水

通过机械或干化场脱水后，污泥的含水率为45%～70%左右，其体积仍然很大。在经过烘干后含水率可进一步减到30%左右。常用的干燥设备有：回转圆筒干燥器、急骤干燥管、带式干燥器等，污泥干燥设备及其脱水性能见表2.11，干燥温度与污泥热分解的关系以及各种干燥器的比较见表2.12。

表 2.11　污泥干燥设备及其脱水性能

项目	回转圆筒干燥器	急骤干燥管	带式干燥器
热气体温度/℃	120～150	530	160～180
干燥后含水率/%	15～20	10	10～15
干燥时间/min	30～32	少于1	25～40
热效率	低	高	低

表 2.12　干燥温度与污泥热分解的关系以及各种干燥器的比较

干燥温度/℃	干燥时间/min	臭气发生情况	热分解程度
250～300	3～6	强烈的臭气	发生强烈热分解
200～250	5～10	较重的臭气	发生热分解
180～220	10～20	少许臭气	发生少量热分解
150～190	25～40	几乎没有臭气	不分解
140～170	长时间	没有臭气	有机物稳定
140 以下	长时间	没有臭气	有机物稳定

10.3　任务

查阅资料，搜集整理化学浸出法和物理分离法的应用案例

10.4　知识拓展

10.4.1　浮选分离

10.4.1.1　浮选原理

浮选是在固体废物与水调制的料浆中加入浮选药剂，并通入空气形成无数细小气泡，使待选物质颗粒黏附在气泡上，随气泡上浮到料浆表面成为泡沫层，然后刮出回收；不浮的颗粒仍留在料浆内，通过适当处理后废弃。浮选过程中，固体废物各组分对气泡黏附的选择性，是由固体颗粒、水、气泡组成的三相界面间的物理化学特性所决定的，其中比较重要的是物质表面的润湿性。固体废物中有些物质表面的疏水性较强，容易黏附在气泡上，而另一些物质表面亲水，不易黏附在气泡上，物质表面的亲水，疏水性能，可以通过浮选药剂的作用而加强。

10.4.1.2 浮选工艺

浮选工艺中，正确选择、使用浮选药剂是调整物质可浮性的主要外因条件，浮选法的关键是使浮选的物料颗粒吸附于气泡。浮选过程中，颗粒附着于气泡上，发生分离，根据药剂在浮选过程中的作用不同，可分为捕收剂、起泡剂和调整剂三大类。

捕收剂能够选择性地吸附在待选的物质颗粒表面上，使其疏水性增强，提高可浮性，并牢固地黏附在气泡上而上浮。良好的捕收剂具备捕收作用强、足够的活性、较高的选择性、最好只对某一种物质颗粒具有捕收作用、易溶于水、无毒、无臭、成分稳定不易变质、价廉易得。常用的捕收剂有异极性捕收剂和非极性油类捕收剂两类。

起泡剂是一种表面活性物质，主要作用在水-气界面上使其界面张力降低，促使空气在料浆中弥散，防止气泡兼并且形成小气泡，增大分选界面，提高气泡与颗粒的黏附和上浮过程中的稳定性，以保证气泡上浮形成泡沫层。起泡剂应具备用量少、能形成量多分布均匀、大小适宜、韧性适当和黏度不大的气泡、有良好的流动性、适当的水溶性、无毒、无腐蚀性、无捕收作用、对料浆的 pH 值变化和料浆中的各种物质颗粒有较好的适应性。常用的起泡剂有松油、松醇油、脂肪醇等。

调整剂的作用主要是调整其他药剂（主要是捕收剂）与物质颗粒表面之间的作用，还可调整料浆的性质，提高浮选过程的选择性。调整剂的种类较多，按其作用可分为介质的调整剂、活化剂、抑制剂、絮凝剂和分散剂。pH 值调整剂是通过调节矿浆酸碱度，控制矿物表

面特性、矿浆化学组成以及各种药剂的作用条件，改善浮选效果。常用的有石灰、碳酸钠、氢氧化钠和硫酸等。活化剂能增强矿物同捕收剂的作用能力，使难浮矿物受到活化而被浮起。抑制剂可以提高矿物亲水性或阻止矿物同捕收剂作用，使其可浮性受到抑制。如用石灰抑制黄铁矿，用硫酸锌及氰化物抑制闪锌矿，用水玻璃抑制硅酸盐脉石等。利用淀粉、栲胶（单宁）等有机物作抑制剂，可使多种矿物浮选分离。絮凝剂可以使矿物细颗粒聚集成较大颗粒，以加快其在水中的沉降速度；利用选择性絮凝可进行絮凝-脱泥及絮凝-浮选。常用的絮凝剂有聚丙烯酰胺和淀粉等。分散剂可以阻止细矿粒聚集，使之处于单体分散状态，作用与絮凝剂相反，常用的有水玻璃、磷酸盐等。

浮选工艺包括调浆、调药、调泡三个程序。一般浮选法大多是将有用物质浮入泡沫产品，而无用或回收经济价值不大的物质仍留在料浆内，这种浮选法称为正浮选。但也有将无用物质浮入泡沫产物中，将有用物质留在料浆中的，这种浮选法称为反浮选。当固体废物中含有两种或两种以上的有用物质需要浮选时，通常可采用优先浮选或混合浮选方法，优先浮选是将固体废物中有用物质依次浮出，成为单一物质产品；混合浮选是将固体废物中有用物质共同浮出为混合物，然后再把混合物中有用物质依次分离。

10.4.1.3　浮选设备

浮选设备类型很多，可分为浮选机和浮选柱。目前，我国使用最多的是机械搅拌式浮选机，主要有叶轮式机械搅拌浮选机和棒型机械搅拌浮选机。

10.4.2　生物浸出分离

10.4.2.1　反应原理

生物浸出属于固体废物生物处理技术，是利用微生物的新陈代谢作用，使固体废物分解、矿化或氧化的过程。生物处理可将固体废物通过各种工艺转换成有用的物质和能源，如提取各种有价金属、产生沼气、肥料、葡萄糖、微生物蛋白质等，这在当前各国都面临废物排放量大且普遍存在资源和能源短缺的情况下，尤其具有深远的意义。表 2.13 为浸出细菌种类及其主要分解原理。

表 2.13　浸出细菌种类及其主要分解原理

细菌	主要分解原理	最佳生存 pH 值
氧化铁硫杆菌	$Fe^{2+} \longrightarrow Fe^{3+}$，$S_2O_3^{2-} \longrightarrow SO_4^{2-}$	2.5～5.3
氧化铁杆菌	$Fe^{2+} \longrightarrow Fe^{3+}$	3.5
氧化硫铁杆菌	$S \longrightarrow SO_4^{2-}$，$Fe^{2+} \longrightarrow Fe^{3+}$	2.8
氧化硫杆菌	$S \longrightarrow SO_4^{2-}$，$S_2O_3^{2-} \longrightarrow SO_4^{2-}$	2.0～3.5
聚生硫杆菌	$S \longrightarrow SO_4^{2-}$，$H_2S \longrightarrow SO_4^{2-}$	2.0～4.0

工业上用于固体废物生物处理的主要有氧化亚铁硫杆菌、氧化硫杆菌、氧化亚铁钩端螺旋菌和嗜酸热硫杆菌等。其中重要的浸出细菌，除利用的能源有差异外，其他特性十分相似，均属化能自养菌，广泛分布于金属硫化矿及煤矿的矿坑酸性水中，嗜酸好气，习惯生活于酸性（pH 值为 1.6～3.0）及含多种金属离子的溶液中。这类自养微生物不需外加有机物作为能源，能氧化各种硫化矿，以铁、硫氧化时释放出来的化学能作为能源，以大气中的 CO_2 作为碳源，吸收 N、P 等无机营养物质合成自身的细胞。这些细菌在酸性介质中可迅速地将 Fe^{2+} 氧化为 Fe^{3+}，起着生物催化剂的作用，其氧化速度比自然氧化速度高 112～120 倍，可将低价元素硫及低价硫化物氧化为 SO_4^{2-}，产生硫酸和酸性硫酸铁 $Fe_2(SO_4)_3$ 这两种

具有很好浸矿作用的化合物。

目前发现有将硫酸盐还原为硫化物，将 H_2S 还原为元素硫的还原菌，也发现将氮氧化为硝酸根的氧化菌，因此许多沉积矿床可以认为是经过微生物作用而形成的。

10.4.2.2　浸出方法

浸出方法大体分为槽浸、堆浸和原位浸出。槽浸一般适用于高品位、贵金属的浸出，是将细菌酸性硫酸铁浸出剂与废物在反应槽中混合，机械搅拌通气或气体搅拌，然后从浸出液中回收金属；堆浸法是在倾斜的地面上用水泥、沥青砌成不渗漏的基础盘床，把含量低的矿业固体废物堆积在其上，从上部不断喷洒细菌酸性硫酸铁浸出剂，然后从流出的浸出液中回收金属；原位浸出法是利用自然或人工形成的矿区地面裂缝，将细菌酸性硫酸铁浸出剂注入矿床中，然后从矿床中抽出浸出液回收金属。三种方法都要注重温度、酸度、通气和营养物质对菌种的影响。

10.4.2.3　浸出工艺

细菌浸出的工艺流程主要包括浸出、金属回收和菌液再生三个过程。

① 浸出：废渣堆积可选择不渗透的山谷，利用自然坡度收集浸出液，也可选在微倾斜的平地，开出沟槽并铺上防渗漏材料，利用沟槽来收集浸出液。根据当地气候条件、堆高和表面积、操作周期、浸出物料组成和浸出要求等仔细考虑研究后选定布液方法，可以用喷洒法、灌溉法或垂直管法进行布液，在浸出过程中还应当注意浸出液应当分布均匀，且要严格控制反应的 pH 值。

② 金属回收：以铜为例，在含铜废渣细菌经过一定时间的循环浸出之后，废料中的铜含量降低，浸出液中铜含量增高，一般可达 1g/L，即可采用常规的铁屑置换法或萃取电积法回收铜；同时当镍、铅等在浸出液中有一定浓度时，也要加以综合回收利用。

③ 菌液再生：一般有两种方法使菌液再生。一是将贫液和回收金属之后的废液调节好 pH 值后直接送至矿堆，让它在渗滤过程中自行氧化再生；另一种方法是将这些溶液放在专门的菌液再生池中培养，调节 pH 值并且加入营养液，鼓入空气并控制 Fe^{3+} 的含量，培养好后再送去作浸出液。

模块 3

有机固体废物的资源化利用

项目 11　有机固体废物的焚烧

11.1 案例

11.1.1　垃圾焚烧的发展与争议

20 世纪 70 年代以来，受能源危机的冲击，加上各种环保法规的实施和不断强化，城市垃圾热处理成为国外主要采用的方法之一，之后 20 多年是垃圾焚烧发展最快的阶段，几乎所有发达国家和中等发达国家都建有不同规模和数量的垃圾焚烧设施，垃圾焚烧发电站也得到了迅速发展。到目前为止，德国已建成上百座电站，日本垃圾焚烧发电（供热）的比例高达 72.8%，约有 2000 台垃圾焚烧锅炉在运行。实践证明，采用焚烧发电方式在一定程度上解决了生活垃圾污染问题，部分实现能源再生。

由于传统填埋方式已不堪重负，焚烧方式作为西方社会已经成熟运行的主流处理模式。近十年以来，各地蜂拥而起的垃圾焚烧厂建设潮。反对声浪亦此起彼伏："垃圾焚烧所排放的二噁英对人体的不利影响不可逆转，且垃圾焚烧不适合中国垃圾分类严重不充分的现实"，"无论强调填埋还是焚烧，都是在将中国的垃圾处理引向更深的歧路"，北京六里屯、上海江桥、南京天井洼、广州番禺、江苏吴江这一串地名维系的垃圾焚烧厂争议，正从单纯的环境问题转向城市治理新的公共危机。我国对持久性有机污染物的分布和浓度尚缺乏准确的把握，至今还没有统一的规范标准，且数据质量不稳定，不能很好地为政府决策提供数据基础。

11.1.2　二噁英的危害

目前虽然有很多技术来防止二噁英类物质的产生，但由于生活垃圾的组成复杂多变，还没有"完全不产生"二噁英的技术。此外，垃圾焚烧会产生有害粉尘，即使经过最先进的粉尘过滤技术，仍然有约 2‰（燃烧前质量）的粉尘进入大气，进而通过降尘和雨水进入土壤。

垃圾焚烧粉尘在英国被证明会导致新生儿死亡；20 世纪 70 年代，美国密苏里州为了控制道路粉尘，曾把混有的二噁英的淤泥废渣当作沥青铺洒路面，土壤中 TCDD 浓度高达 300μg/L，污染深度达 60cm，致使牲畜大批死亡，人们备受多种疾病折磨。在居民的强烈要求下，美国环保局同意全镇居民搬迁，并花 3300 万美元买下该城镇的全部地产，还赔偿了市民的一切损失。德国、荷兰、比利时、意大利等都已相继颁布了"焚化炉禁建令"或部分禁建令；欧洲、日本等使用焚化炉最多最早的地区和国家，目前都处于关闭垃圾焚烧发电的潮流之中。日本一年因垃圾焚烧而排放出的二噁英达 2500g，占其全国二噁英排放量的一半，其高峰期建设有 6000 多座垃圾焚烧设施，目前已经有 4720 座垃圾焚烧发电设施停止使用；1999 年 5 月 7 日的日本时报（Japan Times）报道，由于多年的垃圾焚烧，日本大气中的二噁英平均水平，已经是其他工业化国家的 10 倍以上。英国环境部长 Michael 表示，垃圾焚烧炉的排放是剧毒的，有些排放物是致癌的。美国《生态经济》的作者莱斯特·布朗提醒人们，焚烧最大的问题不是它可能产生的二噁英，相比其他处理方式，焚烧更容易掩盖整个物质流的过度耗费问题，给人以错误的信号，延缓了人们从根本上寻求与自然和谐相处的道路。

11.2　案例分析

11.2.1　焚烧的工艺原理

焚烧过程并不是简单的完全燃烧过程，其中包括分解、氧化、聚合等反应。废物的热值是指单位质量废物燃烧释放出来的热量（以 kJ/kg 表示），是焚烧过程中最重要的基础数据，热值的高低可作为热平衡和能量回收的主要依据。同时实现废物减量、彻底焚毁废物中毒性物质、回收利用焚烧产生的废热是废物焚烧厂追求的最终目的。

11.2.1.1　废物焚烧的工艺流程

工艺流程包括废物的预处理工艺、焚烧炉、烟气后处理系统及废热回收系统等。废物组成不同，燃烧方式不一样，燃烧产物也有一定差异，废气中除完全燃烧所产生的气体外，还含有悬浮的未燃或部分燃烧的产物。

11.2.1.2　影响焚烧的主要因素

① 温度：燃烧温度低会造成燃烧不完全，温度越高燃烧时间越短，同时废物分解得越完全，其中不可燃废物产生微量毒性的机会也就越少。但另一方面，温度过高会引发炉体耐火材料、锅炉管道的耐热问题，因此当燃烧室温度过高时，要对其进行控制。

② 停留时间：燃料在焚烧炉中燃烧完毕所需的停留时间包括燃烧室加热至起燃和物料燃尽时间，与物料进入燃烧室时的粒径和密度相关。停留时间越长，分解越彻底，同时，不可燃废物生成微量毒性有机物的机会也就越少。

③ 氧浓度：氧的供应量是废物分解完全与否和微量有机物生成量多少的决定性因素，为了达到废物的快速充分燃烧，须向燃烧室内鼓入过量空气，焚烧炉的实际供氧量超过理论值大约一倍时，方可保证整个燃烧过程的氧化反应顺利进行。空气量过剩太多则会吸收过多的热量从而降低燃烧室的温度。

④ 湍流度：焚烧炉内温度处于均匀条件时废物与空气中的氧相互结合的速度。当湍流度大或者混合程度均匀时，进入的空气顺畅，废物的燃烧分解就会比较完全。

⑤ 固体的粒度：一般来讲，加热时间近似与固体的粒度的平方成正比，所以燃烧时间也与固体粒度的 1～2 次方成正比，在进行垃圾的焚烧处理时，需要将其破碎至一定粒度，从而加快焚烧速度，提高焚烧效率。

⑥ 炉型：由于垃圾组分的适应性差，再加上设计上存在缺陷、操作人员素质低等问题的困扰，得到普及应用和在商业上成功的炉型也很少，随着垃圾组成进一步发生变化，促进了城市生活垃圾焚烧设备的应用及新炉型的开发。垃圾焚烧技术，如垃圾的投料、出渣等由人工操作开始向机械化操作方向发展，垃圾焚烧炉多采用间歇式和数组并列式，即焚烧时产

生的废热可供其他组预热干燥、焚烧垃圾。炉型已从单一炉型向多样化方向发展，炉型种类繁多，如机械炉、流化床式焚烧炉、回转窑式焚烧炉、热解炉等。规模已从小型炉向大型炉发展，最大炉的处理能力为4300t/d。对焚烧炉的技术性能要求有烟气出口温度、烟气停留时间、焚烧炉渣热灼减率、出口烟气中氧含量四个方面。

11.2.1.3　评价焚烧处理效果的指标

① 减量比：用于衡量焚烧处理废物减量化效果的指标，定义为可燃废物经焚烧处理后减少的质量占所投加废物总质量的百分比。

② 热灼减率：根据焚烧炉渣中有机可燃物的量来评价焚烧效果的方法，是指焚烧炉渣中的可燃物在高温、空气过量的条件下被充分氧化后，单位质量焚烧炉渣的减少量。

③ 燃烧效率：以一氧化碳法为例，可作为评估是否可以达到预期处理要求的指标。

④ HCl 排放量：应符合从焚烧炉烟囱排出的 HCl 量在进入洗涤设备之前小于1.8kg/h，若达不到这个要求，则通过洗涤设备除去，HCl 的最小洗涤率应为 99.0%。

⑤ 二噁英排放量：应符合斯德哥尔摩公约关于 BAT/BEP 导则的要求。

11.2.2　二噁英的产生与防治

二噁英（dioxins）是多氯二苯并二噁英（PCDD）和多氯二苯并呋喃（PCDF）的统称，共有 210 种同族体，其中前者 75 种，后者 135 种。美国环境保护署（EPA）1994 年报告，二噁英是迄今为止人类所发现的毒性最强的物质，其中毒性最强的是 2,3,7,8-四氯二苯并二噁英（2,3,7,8-TCDD)，其毒性相当于氰化钾（KCN）的 1000 倍。二噁英类物质具有致癌性、生殖毒性、免疫毒性和致畸形性等危害，二噁英类不易分解，长期残留在环境中通过生物富集扩大污染范围，已成为全球性的一大公害。

11.2.2.1　二噁英的产生途径

氯乙烯等含氯塑料的焚烧过程中，焚烧温度低于 800℃，含氯垃圾不完全燃烧，燃烧后形成氯苯，成为二噁英合成的前体，极易生成二噁英；

其他含氯、含碳物质如纸张、木制品、食物残渣等经过铜、钴等金属离子的催化作用可以不经氯苯直接生成二噁英；

在制造包括农药在内的化学物质，尤其是氯系化学物质，像杀虫剂、除草剂、木材防腐剂、落叶剂（美军用于越战）、多氯联苯等产品的过程中派生；

自然产生的，如森林火灾。

11.2.2.2　二噁英的产生条件

粒子状物质：垃圾焚烧炉的排放气体中，垃圾中的无机物以飞灰、煤烟等粒子状物质存在，这些粒子状物质是二噁英生成的重要条件，粒状物质中的金属、碳对二噁英生成反应起着非常重要的作用，生成的二噁英在排放气体中吸附粒子状物质，凝缩成为微小粒子。

催化剂：飞灰中的金属或金属氧化物是作为催化剂参与二噁英的生成反应。如铜的氯化物（$CuCl_2$，CuCl 等）起非常重要的作用；如从氯化氢和氧生成氯的催化剂，有机化合物氯化时的催化剂；从前驱物质生成二噁英的催化剂，碳氧化后生成二噁英结构时催化剂。

氯：无机氯和聚氯乙烯一样同样是二噁英生成所需的氯的供给源，垃圾中的氯大量存在，是否生成二噁英，取决于焚烧物中垃圾的燃烧状态。

碳：垃圾焚烧生成的煤烟等是二噁英第一条生成途径的起点物质，煤烟的结构是多种环状结构物质的集合体，与二噁英的结构非常相近，极易变为二噁英结构。

温度：垃圾焚烧炉中的温度直接影响二噁英的生成量，现有的研究表明250～700℃时易生成。

11.2.2.3　二噁英的控制措施

发达国家为解决垃圾焚烧处理中产生的二噁英问题开发了熔融气化焚烧技术，垃圾于450～600℃温度下的热解气化，而炭灰渣在1300℃以上融熔燃烧；垃圾先在还原性气氛下热分解制备可燃气体，其中的有价金属不会被氧化，有利于金属回收；其次垃圾中的Cu、Fe等金属也不易生成促进二噁英生成的催化剂；燃烧时空气系数较低，能降低排烟量，提高能量利用率，降低NO_x的排放量，减少烟气处理设备的投资及运行费用。

焚烧垃圾前分类处理：针对二噁英的产生条件，垃圾焚烧前应进行分类处理，可回收利用的尽量回收利用，日本、美国、欧盟国家都重视垃圾综合处理，分类收集，资源回收利用。

二噁英生成抑制：首先是抑制二噁英前驱物质的生成，措施有提高燃烧温度、延长焚烧时间、充分均匀供给氧气等。如焚烧炉形状的变更和二次加氧改善炉内氧气状态，燃烧良好可抑制二噁英的生成；大型焚烧炉为连续投料，炉内状态均匀，产生二噁英少，但小型焚烧炉间隙投料，易造成炉内状态不均匀，炉内温度易下降，氧气供给不足，易生成二噁英；对小型焚烧炉应进行改造，采用电脑控制可使炉内温度趋于稳定，氧气供给充足，可抑制二噁英生成；可在短时间内降低气体温度（采取喷水急速冷却），防止二噁英生成。

日本对大气、水质和土壤中的二噁英类分别制定环境标准为：大气中二噁英类质量浓度≤0.6pg/m^3（pg为10^{-12}g）、水体中二噁英类质量浓度≤1pg/L、土壤中二噁英类质量分数≤250pg/g。德国共有垃圾焚烧厂73座（主要采用马丁炉），对于废气德国有极为严格的排放标准，以尾气中的含氮、硫的排放为例，除在线监测外，每年还要接受专门机构的采样检测分析，严格确保不产生二次污染，焚烧后产生的飞灰须作为有害垃圾进行成本极高的特别处置。

我国由于受到研究条件的限制，针对二噁英相关研究开展很少，只是在个别地区开展过环境介质中二噁英含量的检测以及对二噁英的形成机理和生物积累有过少量研究；在二噁英减排技术的研发方面存在空白，尤其对公约BAT/BEP导则中二噁英减排技术的适用性研究尚未开展；尽管我国对生活垃圾、危险废物和医疗废物焚烧提出了关于控制二噁英问题的技术要求，但是与公约要求尚存差距；监测技术方面，POPs硬件条件不足、监测标准体系有待建立和完善、实验室的规范管理有待加强。另一方面，我国垃圾大部分成分是餐厨垃圾，水分高、燃值低，达不到发电要求，为追求更大的发电能力和从国家电价补贴中获取更大利益，运营商在运行中大量掺烧燃煤，远远超过国家关于垃圾焚烧发电项目中掺烧燃煤比例的限制性规定，这种垃圾焚烧发电厂与环保产业概念完全不相关。

11.2.3　其他污染物的形成与控制

11.2.3.1　烟尘

焚烧过程不可避免地会产生烟尘，包括黑烟和飞灰两部分。黑烟主要是可燃但未燃烧或未燃尽的物质，炭粒是黑烟生成的主要原因；飞灰则主要是废物中所含的不可燃物质微粒，是灰分的一部分，所产生的粒状物粒径一般大于10μm。

11.2.3.2　一氧化碳

CO是燃烧不完全过程中的主要代表性产物。当焚烧有机氯化物时，由于有机氯化物的化学性质大多很稳定，在燃烧反应进行时，常夹杂CO与中间性燃烧产物，而中间性燃烧产物（包括二噁英等）的废气分析较为困难，因此常以 CO 的含量来判断燃烧反应完全与否。烟气中的一氧化碳含量越高，垃圾的焚烧效果越差；反之，焚烧反应进行得越彻底。

11.2.3.3　酸性气体

酸性气体主要包括 SO_x、HCl 与 HF 等，这些污染物直接由废物中的 S、Cl、F 等元素经过焚烧反应而形成，如含 Cl 的厨余中的氯化钠、PVC 塑料及其他含氯塑料会形成 HCl，含 F 的塑料会形成 HF，而含 S 的煤焦油会产生 SO_2，这些酸性气体不仅污染环境，而且对焚烧设备及预热回收系统有很强的腐蚀作用。影响 SO_3 生成量的主要因素有：空气过量系数越大，SO_3 的生成量就越多；火焰中心温度越高，生成的 SO_3 越多；烟气停留时间越长，SO_3 越多；燃料中的含硫量越多，SO_2 和 SO_3 越多。

对于酸性气体的处理，目前一般采用半干法除酸＋活性炭喷射＋滤袋除尘器的处理净化工艺，雾状的 $Ca(OH)_2$ 与烟气中的酸性气体如 SO_2、HCl、HF 等经过充分接触，发生酸碱中和反应，除去绝大部分酸性气体。酸性气体净化处理系统由石灰浆制备系统、雾化喷入系统、半干式洗涤塔、袋式除尘器等组成，按照烟气中酸性气体浓度的大小连续提供合适浓度（烟气在线监测仪监测各酸性气体的浓度）的石灰浆，将石灰浆雾化后在洗涤塔喉部喷入，烟气与石灰浆雾滴充分混合、接触反应，并且一起向下流动，使石灰浆雾与酸性气体充分反应，达到极高的去除效率，其中较大的颗粒从洗涤塔底部排出，较细小的颗粒随着烟气横向随烟气通过后续的滤袋除尘器时被捕集。

11.2.3.4　氮氧化物

主要来源包括两个方面：一是高温下 N_2 与 O_2 反应形成热力型氮氧化物，二是废物中的氮组分转化成的燃料型 NO_x（燃烧时主要生成 NO，NO_2 仅占总氮氧化物的很小部分），NO 与 NO_2 被合称为 NO_x。降低 NO_x 生成的燃烧的技术有：低氧燃烧法；两段燃烧法；烟气循环燃烧法；新型燃烧器。

11.3　任务

11.3.1　综述二噁英的产生机理和预防手段，阐述现阶段城市生活垃圾的处理处置对策

11.3.2　以学校（或社区及其他）生活垃圾为例，进行焚烧热值的计算

11.3.3　到垃圾焚烧厂参观实习

参观地点	学校所在城市的垃圾焚烧厂
参观准备	学生准备参观记录本，并事先写出自己感兴趣的问题，以便在现场进行提问 教师对学生进行安全动员工作，将可能在参观过程涉及的安全问题进行讲解，并提出学生在参观现场时的衣着、行为及其他要求。同时，对此次参观要达到的目的和参观实习报告的撰写等内容向学生告知
撰写报告	学生完成参观后，应及时要求撰写参观实习报告

11.4　知识拓展

11.4.1　我国城市生活垃圾焚烧的状况

11.4.1.1　相关规划的情况

我国许多地区人口密度高，特别是东部沿海地区的许多城市，土地资源非常宝贵，焚烧

处理会逐步发展成为这类地区生活垃圾处理的重要手段。《"十二五"全国城镇生活垃圾无害化处理设施建设规划》对全国各省、地区的垃圾焚烧发电市场的发展做出了明确要求，在此背景下，地方性政策法规相继出台，明确垃圾焚烧发电因地制宜发展。如2012年8月22日云南省下发《"十二五"垃圾焚烧发电规划》，规定"十二五"期间，云南在已建成的4座垃圾焚烧发电厂的基础上，规划再新建12座垃圾焚烧发电厂；《广东省生活垃圾无害化处理设施建设"十二五"规划》提出，将重点发展焚烧发电，全省规划建设36个生活垃圾焚烧发电项目、处理能力约为4.31万吨/d。与此同时，垃圾焚烧发电市场化项目由沿海发达地区逐渐向内陆地区扩散，2012年11月以来，山东、河北、吉林、黑龙江、重庆等省市都加快上马垃圾焚烧项目。

11.4.1.2　现有项目的状况

垃圾焚烧企业的经济获益主要来自两个方面：上网电价和垃圾处理费。2012年3月发改委发布《关于完善垃圾焚烧发电价格政策的通知》规定了统一上网电价，在一定程度上为垃圾焚烧发电项目提供了收益保障；但具体到各地来看，生活垃圾处理费的征收有待进一步完善机制。

BOT、BOO依然是垃圾焚烧市场主流的项目操作模式，光大国际2012年度新签约8个垃圾焚烧发电BOT项目，遍布江苏、浙江、广东、山东和海南等省份，桑德环境公司在垃圾焚烧BOT市场的6个项目分别位于黑龙江、重庆、河北、吉林、山东和湖南。杭州锦江集团延续BOO的商业模式，2012年获得6个BOO垃圾焚烧发电项目，处理能力达7900t/d。据不完全统计，截止到2011年底，全国建成垃圾焚烧厂数量已攀升到130多座，50多座在建，集中在上海、天津、广东等城市化程度较高的地区，部分垃圾焚烧厂分布如表3.1所示。

表3.1　我国垃圾焚烧厂分布

地区	名　　称
广西	天等垃圾焚烧厂、来宾垃圾焚烧发电厂
广东	深圳南山垃圾焚烧电厂
海南	文昌生活垃圾焚烧厂、海口生活垃圾焚烧发电厂、琼海垃圾焚烧发电厂
浙江	温州东庄垃圾发电厂、温州临江垃圾发电厂、温州永强垃圾发电厂、温州苍南垃圾发电厂、杭州绿能环保发电厂、杭州锦江垃圾焚烧发电厂、宁波枫林垃圾发电厂、宁波镇海垃圾发电厂、嘉兴垃圾焚烧发电厂、舟山垃圾焚烧发电、生活垃圾焚烧热电项目、宁德城市生活垃圾焚烧发电厂
江苏	泰州生活垃圾焚烧发电厂、淮安生活垃圾焚烧发电厂、无锡锡东生活垃圾焚烧发电厂、常熟垃圾发电厂、无锡垃圾焚烧发电厂、盐城盐都垃圾焚烧发电厂、张家港垃圾焚烧发电厂、昆山鹿城垃圾发电厂、苏州苏能垃圾发电厂、常州垃圾焚烧发电厂、江阴垃圾焚烧发电厂、徐州协鑫垃圾发电厂
上海	江桥生活垃圾焚、上海浦东御桥生活垃圾焚烧厂、上海闵行生活垃圾焚烧厂
北京	大兴南宫生活垃圾焚烧厂、昌平阿苏卫垃圾焚烧厂、高安屯垃圾焚烧厂
天津	滨海新区垃圾焚烧发电厂、双港垃圾焚烧发电厂、汉沽垃圾焚烧发电厂
东北	锦州生活垃圾焚烧发电厂、大连市城市中心区生活垃圾焚烧厂项目、大连垃圾焚烧发电厂、沈阳大辛垃圾发电厂、长春鑫祥垃圾发电厂。吉林生活垃圾焚烧发电厂、哈尔滨垃圾焚烧发电厂、鸡西北方垃圾焚烧电站工程
西南	成都青白江祥福镇垃圾焚烧发电厂、成都双流九江垃圾焚烧发电厂、成都洛带垃圾焚烧发电厂、重庆同兴垃圾发电厂、重庆第二垃圾焚烧发电厂、达州垃圾焚烧发电暨医疗废物集中处置中心项目、贵阳生活垃圾焚烧发电厂、昆明东郊垃圾焚烧发电厂、昆明西郊垃圾焚烧发电厂、昆明西山垃圾焚烧发电厂
福建	福建晋江垃圾焚烧发电厂、厦门垃圾焚烧厂、福州红庙岭垃圾发电厂、龙岩生活垃圾焚烧发电厂、漳州蒲姜岭生活垃圾焚烧发电厂

续表

地区	名　称
湖南	常德生活垃圾焚烧发电厂
河南	郑州荣锦垃圾发电厂、河南濮阳垃圾发电厂、河南陕县垃圾发电厂、许昌垃圾焚烧发电厂、开封垃圾焚烧发电厂
河北	石家庄其力生活垃圾发电厂、平山圣地垃圾焚烧热电站、秦皇岛东部垃圾焚烧发电厂、秦皇岛西部垃圾焚烧厂
安徽	芜湖垃圾焚烧发电厂、安庆城市生活垃圾焚烧发电厂、淮北垃圾焚烧发电厂、合肥垃圾焚烧发电厂
西北	银川生活垃圾焚烧发电厂、西安生活垃圾焚烧发电厂、太原城市垃圾焚烧厂、山西泰尔生活垃圾焚烧发电厂
山东	威海生活垃圾焚烧厂、菏泽垃圾发电厂、山东泰安垃圾焚烧发电厂

11.4.1.3　环保监测的情况

垃圾焚烧及发电项目属于城市基础设施和环境保护项目，作为主要负责的地方各级政府，应尽早编制环境卫生等专项规划，进行规划环评，从环境保护的角度对规划的合理性以及垃圾焚烧及发电项目布局进行详细论证并给出明确意见。垃圾焚烧及发电项目须进行二噁英现状或者背景值的监测，对烟气中二噁英类物质的采样监测频率不低于半年一次，在日常环境监测计划中必须明确垃圾焚烧发电厂周围的环境空气、土壤、水体等的二噁英类物质的跟踪监测计划，监测频率不得低于半年一次，以上监测结果报地方环保局并在公众媒体上进行公示。提出监测值高于背景值或者现状值情况下应立即采取的措施，要求已经运行的垃圾焚烧电厂分运营期不同阶段开展环境影响后评价，对垃圾焚烧及发电项目运行产生的环境影响进行全面的回顾性评价，找出问题和不足并明确以后的补救措施。

2001 年国家环保部对 7 个垃圾焚烧厂二噁英类污染物的监测结果表明，超标率为 57.1%，超标倍数达 0.3～99 倍［我国垃圾焚烧厂二噁英排放标准上限 1.0ng-TEQ/m^3（标准），欧盟上限为 0.1ng-TEQ/m^3（标准）］，各焚烧厂之间的二噁英产生因素差别很大，国产焚烧炉的排放控制水平要低于进口焚烧炉。2006 年国家环保部二噁英污染控制重点实验室和中科院环境科学中心共同调查了我国 4 座分别建于 2001 年，2002 年、2003 年、2004 年的垃圾焚烧炉，在运行了短短 2～5 年后，焚烧厂区内（半径 0.5km 以内）以及靠近焚烧厂附近（半径 0.5～2km）的土地二噁英含量均出现了大幅上升，4 座中的 3 座焚烧厂区内二噁英浓度均超过德国安全标准两倍以上，比以前的本地浓度上升了 20～30 倍，附近的二噁英浓度也有大幅上升。

2009 年中科院对我国 19 个市政生活垃圾焚烧炉的二噁英排放进行了检测和分析，见表 3.2。结果显示 16%的厂家达不到美国标准，70%的厂家达不到欧洲标准；19 个样本焚烧炉的二噁英/呋喃物质的排放量在 0.042～2.461ng-TEQ/m^3（标准）［平均 0.423ng-TEQ/m^3（标准）］，远高于欧盟标准。研究团队还对 14 个国产医疗垃圾焚烧炉的二噁英排放进行了检测分析，其中 9 座焚烧炉达到我国的医疗废物焚烧处理排放标准［低于 0.5ng-TEQ/m^3（标准）］，仅有 2 座达到或优于欧盟标准（0.1），其余 5 座既超出欧盟标准又超出我国标准，2 座的排放量在 10.0ng-TEQ/m^3（标准）以上，最高达 31.60ng-TEQ/m^3（标准）；14 个样本中，二噁英排放水平最低、技术控制最优的焚烧炉位于四川，排放值为 0.08ng-TEQ/m^3（标准）。

11.4.1.4　生活垃圾焚烧技术的局限性

垃圾焚烧厂投资巨大，国内城市垃圾焚烧厂大多采取 BOT 形式建设，即先由企业出资

表 3.2　国产医疗垃圾焚烧炉 14 个的二噁英排放检测分析结果 ng-TEQ/m³（标准）

1	辽宁 1#	0.32	8	辽宁 2#	0.19
2	河南	0.22	9	辽宁 3#	0.19
3	江苏	3.58	10	山东 4#	17.67
4	山东 1#	0.50	11	四川 1#	0.08
5	山东 2#	1.15	12	四川 2#	0.10
6	福建	2.81	13	黑龙江	31.6
7	广西	0.20	14	福建 2#	0.50

注：14 个医疗垃圾焚烧炉样本数据［单位 ng-TEQ/m³(标准)］；样本采集得到焚烧炉所在企业的配合，由研究人员分赴实地采集带回实验室，采用国际认可并通行的二噁英检测方法，为确保数据的准确，每个样本焚烧炉排放数值的结果，采样次数少则 3 次，多则 5～6 次，均为多次采样后的平均值。

建设，特许运营一定年限后由政府收回。以南京两座日处理能力 2000t 的垃圾焚烧厂为例，投资成本分别为 9 亿多元、10 亿元，就目前我国的经济、技术条件而言，以焚烧作为主要方式处理城市生活垃圾仅在少数城市可以考虑，在大部分中小城镇还有很大困难。垃圾焚烧设备是运用各种高科技手段建造的，例如，一座现代化的垃圾焚烧炉零部件已达上百万个，相当于一架喷气式飞机的零部件数量，处理不好，不仅质量保证的难度大，而且造成系统的可靠性降低。大部分焚烧炉在处理垃圾时出现燃烧不完全或有二次污染出现，一部分是由于设备的问题，大部分是由于操作人员的误操作和操作不规范造成的。

1kg 垃圾燃烧所产生的热值至少要达到 5024kJ 以上，焚烧才具有可行性，目前，我国部分中小城市垃圾的热值一般都小于 3500kJ/kg，垃圾自身燃烧困难，因此要添加燃料，这就提高了处理成本。并且由于垃圾中作为燃料的废物的质和量的不稳定，垃圾发热量的波动变化很大，导致垃圾余热发电产生的电力不稳定。

11.4.2　我国城市生活污泥的产生与处理

11.4.2.1　生活污泥的产生

污泥是由水和污水处理过程所产生的固体沉淀物质，污水处理后汇集到浓缩池、95%～99%含水率的污泥称为浓缩污泥。若含水率超过 90%，必须先进行脱水处理，即固液分离，降低其水分、减少体积，才便于后续处理、利用和运输，实现污泥卫生化和稳定化。我们目前面临的污泥问题，一般指的是各类污水处理厂浓缩污泥经预处理（加药、机械脱水）后，含水率在 75%～90%之间的污泥，当固体废物中水分由 99%降至 96%时，体积缩小至原来的 1/4。污泥是污水处理的必然产物，随着城市化进程的加快，城市污水处理率逐年提高，污泥量急剧增加，2010 年全国城市污水处理规模达到 $1\times10^8 m^3/d$，污泥量达到 $5\times10^4 t/d$。

11.4.2.2　污泥的特点

高含水率是污泥的最主要特点，由于大量水分的存在，使污泥比其他形式的固体废物更具有难处理性，以及所带来的危害性。污泥简单填埋或露天堆放极易造成二次污染，经风吹雨淋，会产生高温或其他化学反应，能杀灭土壤中的微生物，破坏土壤结构，使土壤丧失腐解能力；污泥中的有机物被微生物分解后会释放出有害气体、尘埃，加重大气污染；比污水中数量要高得多的大量的病原菌（主要有肠道细菌、蠕虫寄生虫及病毒三大类）都被结合浓缩在污泥颗粒物上；污泥中所含的重金属（铅、镉、汞等）超标，还会通过鱼、虾等食物链，重新回到“餐桌”上，极大地危害人民身体健康。

污泥中的水分按其存在形式可分为四种：内部水、表面吸附水、毛细管结合水、间隙水，污泥中水分的结合状态见图 3.1。

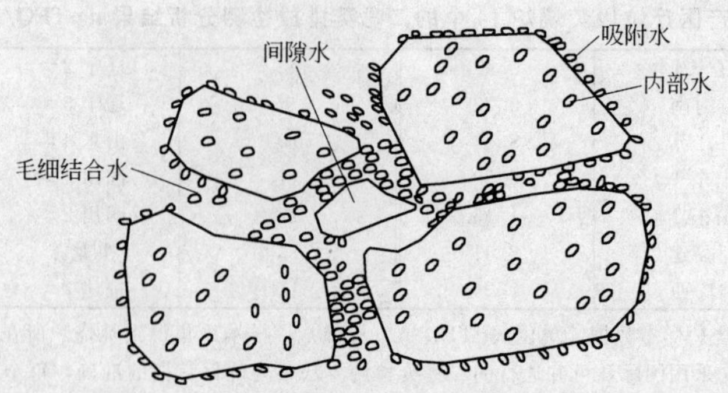

图 3.1　污泥中水分的结合状态

水分难以用机械方式脱去的原因主要由污泥颗粒表面特性和污泥团的结构决定，颗粒中水分与颗粒结合的强度由大到小的顺序为：内部水＞表面吸附水＞毛细管结合水＞间隙水，这也是污泥脱水（固液分离）的难易顺序。间隙水存在于颗粒间隙中的水，约占固体废物水分的70%，可用浓缩法去除；颗粒间形成一些小的毛细管，在毛细管中充满的水分称为毛细管结合水，约占水分的20%，可采用离心脱水、过滤脱水等方式去除；表面吸附水吸附在颗粒表面的水，约占水分的7%，可用加热法脱除；内部水是在颗粒内部或微生物细胞内的水，约占水分的3%，可采用生物法、高温加热法及冷冻法去除。

11.4.2.3　污泥脱水的原理和方法

絮凝：水或液体中悬浮微粒集聚变大，或形成絮团，从而加快粒子的聚沉，达到固-液分离的目的，这一现象或操作称作絮凝。在此过程中用到的助剂称为絮凝剂。絮凝剂有很多品种，共同特点是能够将溶液中的悬浮微粒聚集联结形成粗大的絮状团粒或团块。絮凝剂可分为无机絮凝剂和有机絮凝剂。无机絮凝剂有三氯化铁、三氯化铝、硫酸铝、聚合铝等，无机絮凝剂价格低廉，但会增加污泥量，而且污泥的pH值对调理效果影响较大。而有机絮凝剂代表性的有聚丙烯酰胺，近年来还研究出了生物絮凝剂，利用生物技术，从微生物体或其分泌物提取、纯化而获得的一种安全、高效，且能自然降解的新型水处理剂。絮凝设施的形式较多，一般分为水力搅拌式和机械搅拌式两大类。水力搅拌式是利用水流自身能量，通过流动过程中的阻力给水流输入能量，这个过程会产生一定的水头损失；机械搅拌式是利用电机或其他动力带动叶片进行搅动，使水流产生一定的速度梯度，这种形式的絮凝不消耗水流自身的能量，所需要的能量由外部提供。

过滤：过滤脱水是在外力（压力或真空）作用下，污泥中的水分透过滤布或滤网，固体被截留，从而达到脱水的目的，分离的污水被送回污水处理设施。过滤操作采用的多孔物质称为过滤介质，所处理的悬浮液称为滤浆或料浆，通过多孔通道的液体称为滤液，被截留的固体物质称为滤饼或滤渣。实现过滤操作的外力可以是重力、压强差或惯性离心力，工业上应用最多的是以压强差为推动力的过滤。根据过滤推动力产生的方法不同，过滤又可分为常压过滤、加压过滤、真空过滤和离心过滤四种。

11.4.2.4　常用的污泥处理方法

与污水处理技术相比，我国污泥处理技术还相当落后，很大程度上制约了废水处理设施的建设和环境污染状况的改善。随着城市污水处理普及率逐年提高，污泥量也以每年15%以上的速度增长。随着资源短缺危机的加剧，人们不得不寻找新的资源。污泥由于含有大量的有机物、营养元素（氮、磷等），受到了越来越多的关注。如何解决污泥对环境污染的问题，使其变废为宝，是摆在环境科学与工程界的一个重要课题。

常见的污泥机械脱水方法有真空吸滤法、压滤法、离心法等。不同的脱水方法其工艺原理、脱水设备及适宜的处理对象也有较大差异。表 3.3 为常见的几种污泥脱水设备的优缺点、适用范围及脱水泥饼的含水率。

表 3.3　污泥脱水设备的优缺点、适用范围及脱水泥饼含水率

脱水设备	优点	缺点	适用范围	含水率
真空过滤	连续操作，运行平稳，可自动控制，处理量较大，滤饼含水率较低	需预处理，附属设备多，工艺复杂，运行费高，滤布清洗不充分，易堵塞	初次沉淀污泥和消化污泥的脱水	60%～80%
板框式压滤	制造方便，适应性强，进料、卸料及滤饼均可自动操作，滤饼含水率低	间歇操作，处理量较低	各种污泥的脱水	45%～80%
滚压带式压滤	设备构造简单，动力消耗少，能连续操作，使用较广	处理量较低，滤饼含水率较高	不适于黏性较大的污泥脱水	78%～86%
离心脱水	能连续生产，可自动化控制，占地面积小，卫生条件好	预处理要求高，电耗大，机械部件易磨损，分离液不清，滤液含水率高	不适于含砂量高的污泥	80%～85%
造粒脱水	设备简单，电耗低，管理方便，处理量大	钢材消耗量大，混凝剂消耗量高，污泥泥丸紧密性较差	适于含油污泥的脱水	

2012 年住建部和国家发改委共同编制并下发的《城镇污水处理厂污泥处理处置技术指南(试行)》(建科［2011］34 号)，规定了污泥处理处置的基本原则，并列出了污泥干燥脱水技术、厌氧消化技术、好氧发酵技术几种典型的污泥处理处置方案。比如污泥稳定处理的好氧稳定和厌氧稳定两种方法，污泥好氧稳定虽然具备一些优点，但能耗很高，只有当污泥量较少时才采用；污泥厌氧稳定处理通常采用中温（35℃）厌氧消化方法，污泥经消化后，有机物含量减少，性能稳定，总体积减小，消化过程中可以产生的大量沼气（消化降解 1kgCOD 可产生 350L 沼气），但消化装置工艺复杂，一次性投资大，运行有难度。

① 海洋投弃：某些发达国家将污泥投弃在海洋中，这种海洋投弃已经导致了一些倾倒地区出现了生态体系的破坏。固定栖息的动物群体数量减少；来自污泥中过量的碳与营养物会导致海洋浮游生物大量繁殖、富营养化和缺氧，微生物群落的变化影响了以微生物群落为食的鱼类的数量减少；从污泥中释放出来的病原体、工业废物释放出的有毒物对海洋中的生物有致毒作用，这些有毒物再经生物积累可以转移到人体中，并最终影响人类健康。

② 填埋：将污泥进行卫生填埋。与其他处理处置方法相比，其造价也不会降低许多，国外对卫生填埋场还要有沼气安全收集系统，对分层覆盖的泥土和排水、绿化有专门的要求。鉴于地价上升和填埋场附近的气味难以接受，近几年来，无论欧盟国家或美国、日本，污泥卫生填埋的比例越来越小，美国已有的填埋场已经开始逐步关闭。

③ 堆肥：按我国目前的经济条件，对多数污水厂（特别是大量小型污水厂）来说，污泥经适当浓缩、脱水后运至市郊作为农肥，是许多污水厂采用的方法，也是比较可行和现实的方案。污泥中的氮、磷、钾和微量元素，对农作物有增产作用，污泥中的有机质、腐殖质是良好的土壤改良剂。但农田施肥有季节性，不需要泥肥时，污水厂会泥满为患，影响正常运行。一些工业污水厂支付费用，让农民把污泥拉走，而不问其去向，这会造成二次污染，存在病原菌扩散和重金属污染的危险。

④ 干化与焚烧：污泥干化和污泥焚烧相结合比单污泥焚烧一次性投资少，处理成本低，污泥干化往往是焚烧的前处理。干化装置分直接干化和间接干化，其能量消耗与污泥成分和

水分有关。间接干化（利用沼气通过热交换器）一般推荐用立式干化装置，并选用流化床工艺。干化与焚烧串联工艺中，干化的程度取决于污泥的热值和回收焚烧炉的热能，使干化的能量尽量平衡，不另外添加燃料。利用热电厂锅炉烟气余热，或者采用燃煤、燃气提供的独立热源，通过特殊的工艺流程和相配套的机械设备，使含水率80%左右的污泥有效干化至含水率30%以下，这种在低温条件下干化并形成直径在2～8mm的小团粒，保存了污泥95%以上的原始热值，可作为燃煤的辅助燃料；也可以烧制轻质节能砖和生产水泥压制品；可以作为建筑干粉砂浆的主要配料；还可以作为垃圾填埋场的覆盖土。

日处理1200t生活垃圾和1000t城市污泥的绍兴市污泥焚烧综合处理工程，见图3.2。2008年10月投运，已累计处理城市污泥25万吨，解决了多年严重困扰绍兴的环境问题，节约大量的土地，特别是绍兴作为水量多且地下水位高的江南水乡，污泥资源综合利用替代填埋后，丰富的水资源得到了有效保护。此项目采用自主研发的间接干化技术，以低温蒸汽作为加热介质，把脱水污泥从含水率75%～90%降到40%左右、转变为一种颗粒状的固体燃料。由于热值与生活垃圾相似，40%含水率的颗粒状污泥投入焚烧锅炉燃烧，燃烧产生的热量烘干污泥，完全实现能量自平衡；此工艺也可以与燃煤电厂合作，增加污泥干化生产线，干化污泥作为燃料进行供热供汽。特有的尾气处理装置使排放指标能够达到国家标准；而污泥燃烧所产生的固体最后的产物——灰渣，可作为建筑材料进行资源化利用。

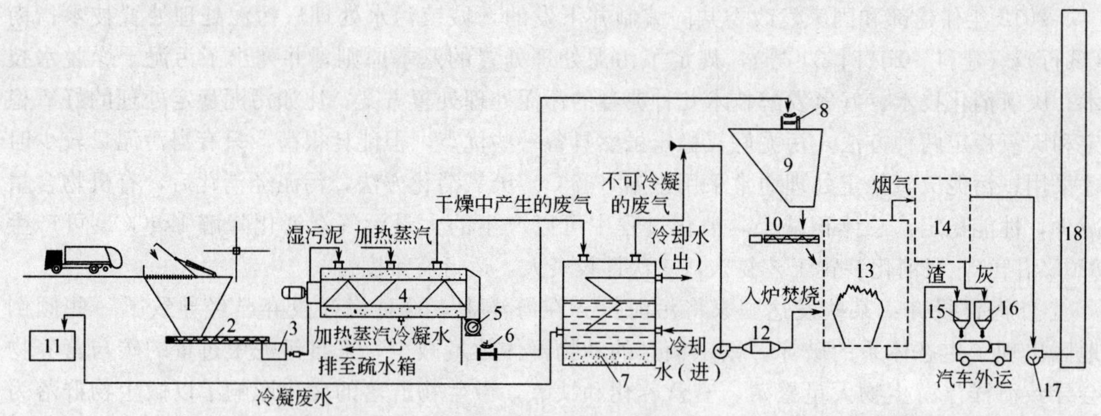

图3.2 污泥焚烧综合处理工程示意

1—污泥仓；2—污泥取料机；3—污泥给料机；4—污泥烘干机；5—污泥出料机；
6—皮带输送机；7—冷凝器；8—皮带输送机（干污泥）；9—污泥仓；
10—炉前给料机；11—凝结废水箱；12—锅炉送风机；13—污泥焚烧炉；
14—烟气处理系统；15—渣仓；16—灰仓；17—引风机；18—烟囱

项目12 有机固体废物的热解

12.1 案例

废旧轮胎的热解处理

热解应用于工业生产已有很长的历史，最早用于生产木炭、煤干馏、石油重整和炭黑制造等行业。美国 1927 年开始一些固体废物的热解研究，20 世纪 60 年代开始城市垃圾的资源化研究，发现在热解过程产生的各种气体可作为锅炉燃料。1970 年 Sanner 等实验证明城市垃圾热解不需要加辅助燃料，就能够满足热解过程中所需热量的要求。1973 年 Battle 使用垃圾热解过程所产生的能量超过固体废物含能量的 80%。德国于 1983 年在巴伐利亚建设了第一座废轮胎、废塑料、废电缆的热解厂，年处理能力为 600～800t 废物，而后又在巴伐利亚建立了热处理城市垃圾的热解厂，年处理能力为 35000t；捷高工程公司每年可以处理 160 万辆轿车、15 万辆卡车的废旧轮胎，轮胎物料预切成 50mm×50mm 的小块后进入核心部件橡胶磨系统，热解系统将磨细的胎料进行分解。

许多发达国家相继成立了废旧轮胎回收利用管理机构。如美国的“废胎管理委员会”、加拿大的“废胎回用管理协会”等。纽约市最早建立了采用纯氧高温热解法日处理能力达 3000t 的热解厂，美国废旧轮胎管理体系是全球橡胶行业公认的环境友好型管理体系成功范例。数据显示，1990 年，全美堆放废旧轮胎量超过 10 亿条，当年新产生的废旧轮胎中只有 11%得到了再利用。而现在堆放的废旧轮胎数量已经下降到 1 亿条以下，每年新产生的废旧轮胎中近 90%得到了再利用。美国 1 年产生的 3 亿条废旧轮胎中 52%被用作水泥、造纸、工业锅炉及其他公共事业企业的再生燃料，值得一提的是美国环保署规定，“只有在绝大部分钢丝被去除的情况下，废旧轮胎才可用于再生燃料生产”。

我国尚无废旧轮胎回收利用的管理部门，也未建立正规的回收利用系统，企业之间盲目、无序竞争，市场管理不规范，使产品质量好、技术先进的企业得不到应有的支持，还没有形成鼓励废旧轮胎资源再生和循环利用的制度体系、法律体系、政策体系和社会机制。管理、政策和立法的滞后已经严重阻碍了废旧轮胎回收利用产业的发展。以江苏为例，汽车保有量以每年 10%～20%左右的速度增长，全省机动车保有量将近 1500 万辆，随着汽车保有量不断增多，废旧轮胎数量也相应增加，而轮胎属于汽车上的易损件，一般更换周期是 3 到 4 万公里，即使车辆使用频率很低，一组轮胎用上几年也会老化，必须更新，江苏省每四年更换轮胎的总量约为 2000 万条，年均 500 万条，我国的废旧轮胎有近 3 亿条，全世界目前积存的汽车废旧轮胎已达 30 亿条，而且这个数字还在以每年 10 亿条的速度增长。

12.2 案例分析

12.2.1 热解原料的选择

废轮胎经剪切破碎机破碎至小于 5mm，轮缘及钢丝帘子布等绝大部分被分离出来，用磁选去除金属丝。以流化床热解炉为例，轮胎粒子经螺旋加料器等进入直径为 5cm、流化区为 8cm、底铺石英砂的电加热反应器中。流化床的气流速率为 50L/h，流化气体由氮及循环热解气组成。热解气流经除尘器与固体分离，再经静电沉积器除去炭灰，在深度冷却器和气液分离器中将热解所得油品冷凝下来，未冷凝的气体作为燃料气为热解提供热能或作流化气体使用。

废轮胎热解的产物非常复杂，其中气体占 22%（质量分数，下同）、液体占 27%、炭灰占 39%、钢丝占 12%。气体组成主要为甲烷（15.13%）、乙烷（2.95%）、乙烯（3.99%）、丙烯（2.5%）、一氧化碳（3.8%），水、CO_2，氢气和丁二烯也占一定的比例。液体组成主要是苯（4.75%）、甲苯（3.62%）和其他芳香族化合物（8.5%）。气体和液体中还有微量的硫化氢及噻吩。热解产品组成随热解温度不同略有变化，温度增加气体含量增加而油品减少，碳含量也增加。

除天然橡胶生产的废轮胎外，还有种类较多的合成胶，例如氯丁橡胶、丁腈橡胶，由于热解时会产生 HCl 和 HCN，故这类橡胶不宜热解。

12.2.2 热解原理

固体废物热解是利用有机物的热不稳定性，在无氧或缺氧条件下受热分解的过程。热解法与焚烧法相比是完全不同的两个过程，焚烧是放热的，热解是吸热的；焚烧的产物主要是二氧化碳和水，热解的产物主要是可燃的低分子化合物：气态的有氢、甲烷、一氧化碳，液态的有甲醇、丙酮、醋酸、乙醛等有机物及焦油、溶剂油等，固态的主要是焦炭或炭黑。焚烧产生的热能，量大的可用于发电，量小的只可供加热水或产生蒸汽，适于就近利用。而热解产物是燃料油及燃料气，适于储藏及远距离输送。

固体废物热解过程是一个复杂的化学反应过程。包含大分子的键断裂、异构化和小分子的聚合等反应，最后生成各种较小的分子。热解过程可以用通式表示如下：

$$\text{有机固体废物}\begin{cases} H_2+CH_4+CO+CO_2\text{ 等} & \text{(气)} \\ \text{有机酸+芳烃、焦油等} & \text{(液)} \\ \text{焦炭+炉渣} & \text{(固)} \end{cases}$$

12.2.3 热解工艺

热解过程包括链的断裂及挥发分的析出，即热解过程既有反应过程又涉及传递（扩散）过程。对于颗粒大和结构坚实的物料，当加热速率较低和床温较低时，传递过程占主要地位；对于颗粒尺寸较小和结构松软的物料，反应过程占主要地位。在粒子内部，气体扩散速率和传热速率决定于物料的结构和空隙率。焚烧工艺与热解工艺的比较见表 3.4。

表 3.4 焚烧工艺与热解工艺的比较

焚 烧	热 解
放热反应	吸热反应
有氧	无氧或者缺氧
直接利用燃烧释放的热能	将固体废物中蕴藏的热能以可燃气、液、固的形式驻留
热利用率较低	热利用率较高
废气难处理易造成二次污染	不产生大量废气，污染轻
适用范围较广，主要是对热值的要求	需考虑废物的组成、性质和数量等

低温-低速加热：有机物分子有足够的时间在其最薄弱的接点处断裂分解，重新结合成热稳定性的固体，而难以进一步分解。因此，低温-低速加热条件下会得到固体产率较多的产物。

高温-高速加热：有机物分子发生全面断裂（裂解），生成大范围的低分子有机物。因此，产物中气体的组分增加。

12.2.4 热解设备

由于供热方式、产品状态、热解炉结构等方面的不同，热解方式各异。按供热方式可分成内部加热和外部加热，外部加热是从外部供给热解所需要的能量，内部加热是供给适量空气使可燃物部分燃烧，提供热解所需要的热能。外部供热效率低，不及内部加热好，故采用内部加热的方式较多。按热分解与燃烧反应是否在同一设备中进行，热分解过程可分成单塔式和双塔式。按热解过程是否生成炉渣可分成造渣型和非造渣型。按热解产物的状态可分成气化方式、液化方式和碳化方式。还有的按热解炉的结构将热解分成固定层式、移动层式或回转式，由于选择方式的不同，构成了诸多不同的热解流程及热解产物。

立式炉热分解法：适合于处理废塑料、废轮胎。

双塔循环式流态化热分解法：以惰性粒子（石英砂）为热载体。供给空气有蒸汽以及助燃气两种形式。热分解的气体中不混入燃烧废气，热值提高 17000～18900kJ/m^3；烟气回收热能，减少固熔物与焦油状物质；外排废气量少；热分解塔上有特殊气体分布板，使气体旋转时形成薄层流态化；可去除垃圾中的无机杂质和残渣。

回转窑热分解法：破碎预处理，适应性强，设备结构简单，可回收铁和玻璃质。

高温熔融热分解法：无需预处理，惰性物质熔融作建筑骨料或碎石代用品，不需炉床，无炉床损伤问题。

12.2.5　热解的影响因素

热解的影响因素见表 3.5。

表 3.5　热解的影响因素

因素		
温度	较低温度：大分子→中小分子	油类含量较高
	较高温度：二次裂解	C_5 以下分子及 H_2 含量较高
加热速率	低温-低速：有机物分子在最薄弱的接点处分解，重新结合为热稳定性固体	难以再分解，固体含量增加
	高温-高速：全面裂解，低分子有机物及气体组成增加	
湿度	影响产气量及成分，热解内部的化学过程，系统能量平衡等	
反应时间	时间长：热解充分，处理量少	与物料性质（尺寸、结构、含水率等），温度，热解方式等因素有关
供气供氧	供给空气时产生的可燃气体热值较低	纯氧使成本增加

12.3　任务

12.3.1　比较焚烧工艺与热解工艺的异同

12.3.2　从工艺流程、优缺点、原料适用性等方面阐述热解设备的选用

12.4　知识拓展

12.4.1　废塑料的资源化

塑料一般指以天然或合成的高分子化合物为基本成分，可在一定条件下塑化成型，而产品最终形状能保持不变的固体材料。由于塑料具有质轻、价廉、强度高和容易加工等优良性能，问世一个多世纪以来，在生产和生活中得到了非常广泛的使用。

按塑料受热呈现的基本行为可将其分为两大类：热固性塑料和热塑性塑料。热固性塑料是指受热后能成为不熔性物质的塑料，只能塑制一次，如酚醛树脂、环氧树脂、氨基树脂等，热固性塑料约占塑料总量的10%。热塑性塑料是指在特定的温度范围内，能反复加热

软化和冷却硬化的塑料。热塑性塑料的消费量占全部塑料的90%以上，废弃量大。

废塑料造成的环境污染已成为一个全球性的问题，塑料垃圾质轻且体积庞大，被填埋后不腐烂，易造成土地板结，妨碍作物呼吸和吸收养分；残膜中的有毒添加剂和聚氯乙烯会富集于蔬菜和粮食以及动物体；在紫外线作用或燃烧时排放出CO、氯乙烯单体（VCM）、HCl、甲烷、NO_x、SO_2、烃类、芳烃、碱性及含油污泥、粉尘等污染水体和空气；含氯塑料焚烧会释放二噁英等有毒有害物质。

12.4.1.1　废塑料的分选

解决废塑料问题的主要途径是回收利用，包括“回收”和“再生循环”两大步骤。

“回收”是指废塑料的集中、运输、分类、洗涤、干燥等处理过程，只有先回收，才能再生或利用。

“再生循环”的工艺过程：制品→废物→回收→再生制品→再废物→回收→再生制品……反复多次“回收、再生利用”的过程。此外，推广使用可降解塑料也是一项有效的方法，降解塑料是在普通塑料中加入填充物质，增加其在自然环境中的降解能力，根据其降解方法不同，降解塑料主要有光降解塑料和生物降解塑料两种。但是降解塑料目前在某些性能方面不如普通塑料，因此可降解塑料的研究有待深入。此外，还有些降解塑料由于添加了其他物质而不利于塑料的再生利用。

对于混合废塑料，首先要收集到一起，才能有效地分别进行回收利用。根据不同类型塑料具有不同塑化温度（熔点、软化点）、燃料性能（火焰的颜色、难易度、气味）、外观（硬度、光泽、透明度）、密度、溶解性等特性，其分离方法很不相同。最简单的分离方法是根据厂家在制品上刻印的塑料代号或外观，进行人为识别和手工分拣，该法简单、易行、效率高，但准确度难以保证。

塑料混合物的分选技术如表3.6所示，大致可分为以水作为介质的湿法和干法两种。一般认为，湿法比干法分选精度更高，湿式重力筛选法主要是根据分选塑料密度不同，从而以在水中的沉降速度不同来进行分选。除聚氯乙烯（PVC）（密度1.4g/cm^3）以外，其他塑料的密度与水的密度值相近。

表3.6　塑料混合物的分选技术

干式选别	光选法	红外线选法
		X射线光选法
	静电和摩擦带电选 风力选别	锯齿形选别机 柱形选别机
湿式选别	流态化床分选 重选	风力摇床 浮沉选别 离心分离机 湿式旋流器
	浮选	
其他方法	液态碳氢化合物分选 热源识别分选 磁力分选	
	颜色分离法	

由于在重力场中塑料颗粒的沉降速度非常慢，要想获得高精度的分选是困难的，因此还

需使用离心分离机或者湿式旋流器进行分选。

另外，还有采用界面活性剂，使特定的塑料与气泡一起浮起的浮选法；根据热塑性塑料熔融温度不同的热源识别分选法、液态碳氢化合物分选法、磁力分选法、颜色分离法等。

12.4.1.2　废塑料的材料再生利用

废塑料再生利用技术是通过原形（如旧货商店的物品）或改制利用，以及通过粉碎、热熔加工、溶剂化等手法，使废塑料作为原料应用的技术，该技术对塑料的分类要求较严格。材料再生的基本手段有机械再生法、溶剂再生法和热熔加工再生法。利用废塑料生产建筑材料是废塑料再生利用的一个重要方面，目前已经开发了许多新型产品，如塑料油膏、改性耐低温油毡、涂料、胶黏剂、生产地板、木质塑料板材、塑料转、制造油漆等产品。

废塑料再生利用的工艺包括预处理→再生料的成型前处理→成型等步骤。再生所用的废料主要来源于使用和流通后从不同途径收集到的塑料废物，他们在造粒前必须经过分选、清洗、破碎和干燥等预处理工序。塑料机械破碎设备可根据对破碎物的作用基本分为三大类。每一类又根据作用原理不同，可分为不同的机型。具体情况见表 3.7。对于常温破碎困难的废塑料制品，可采用低温冷冻破碎技术。废塑料在低温下易脆化，从而使破碎变得容易。并且各种塑料的脆化温度不同，可以利用这点调整冷冻温度，实现选择性分选。

表 3.7　塑料机械破碎设备分类

分类		适用对象
压缩型粉碎机	双辊式粉碎机	适用于中等硬度的脆性塑料
	圆锥式破碎机	适用于较坚硬脆性塑料的中等粉碎
	颚式破碎机	体积较大的废塑料
冲击式破碎机	锤式破碎机	适于破碎大型的废物，不适于软和韧性塑料制品
	叶轮式破碎机	适于破碎大型的废物，不适于软和韧性塑料制品
剪切式破碎机	旋转式剪切破碎机	
	往复式剪切破碎机	适用范围较广

机械再生法是将简单分离的物料输入专用生产线，切碎，筛选和烘干，分离和清洗，制成粒料或粉料，作为再生原料出售或进一步利用。该技术适用于所有热塑性废塑料（如 PVC、PE、PET 等）和热固性废塑料（如聚氨酯 PU、酚醛树脂 PF、环氧树脂和不饱和树脂等）的再生利用。

溶剂再生法是将废塑料切片，水洗，加入溶剂使其溶解至最高浓度，加压过滤除去不溶解成分，加入非溶剂使残留在溶液中的聚合物沉淀，对沉淀的聚合物进行过滤、洗涤和干燥。该法的关键是要根据不同废塑料选择最佳溶剂和非溶剂，如：PP 的最佳溶剂是四氯乙烯、二甲苯，非溶剂是丙酮；PS 泡沫塑料的最佳溶剂是二甲苯，非溶剂是甲醇；PVC 的最佳溶剂是四氢呋喃或环己酮，非溶剂是乙醇。用过的溶剂和非溶剂可通过分馏处理加以分离，以便循环再用。由于溶剂法能获得最佳性能的塑料再生原料，所以被广泛用于 PS、PP、PVC 及尼龙等废塑料的再生。

热熔加工再生技术方法是热塑性废塑料经分离、清洗、粉碎、干燥，通过混合机、单螺杆挤出机或双螺杆挤出机进行熔融加工，挤出造粒，作为再生原料出售或直接成型制品。热固性废塑料的粉碎料可与热塑性塑料或胶黏剂混合，实现熔融加工。

12.4.1.3 废塑料的化学再生利用

化学再生利用技术是通过水解或裂解反应，使废塑料分解为初始单体或还原为类似石油的物质，再加以利用的技术。该技术不适合于聚氯乙烯等含氯塑料，其原因是它们在热分解过程中生成的 HCl 会腐蚀反应器，并阻碍分解反应的继续进行。化学再生的基本手段有油化还原法和解聚单体还原法。

油化还原法是指废塑料经热分解或催化-热分解还原为汽油、煤油、柴油等技术。例如，我国采用改性 Y 型沸石/高活性 $Al(OH)_3$ 复合催化剂，使液态聚烯烃废塑料直接催化降解成气态烃类油。

解聚单体还原法是指通过化学作用将聚合物还原成单体。例如在 600～800℃下，解聚 PE 可还原成乙烯、甲烷和苯等单体；解聚 PVC 可还原为氯化氢单体；解聚 PS 可还原为苯乙烯单体。

废塑料的裂解产物与塑料的种类、温度、催化剂、裂解设备等有关。对 PE、PP、PVC 三种塑料的直接热裂解研究发现，在 500℃左右可获得较高比率的液态烃或苯乙烯单体，而低于或高于此温度会发生分解不完全或液态烃产生率降低的情况，即均存在最佳裂解温度点或温度范围。

12.4.1.4 废塑料的热能利用

热能利用技术是对难以进行材料再生或化学再生的废塑料通过焚烧，利用其热能。对于没有分类收集和分选的混合塑料，进行焚烧回收热能是最为简单使用的方法之一，焚烧废塑料有两种方法。一种是直接燃烧利用其热能，燃烧废塑料时，发热量高达 33.6～42MJ/kg，比煤高、相当于重油，各种物质燃烧时产生的热量对比如表 3.8 所示。据估算，燃烧 12 万吨的废塑料相当于 240 万吨木材或 10 万吨煤油的发热量；燃烧过程中产生的硫只有煤炭的 1/20 和重油的 1/40，灰分也较少；燃烧过程中产生的氯是燃烧煤的 3 倍和重油的 19 倍，并有产生二噁英的危险，因此需要专门的焚烧装置，对于中小城市来说，收集足够的废塑料和设置高效焚烧设备均有困难（因高温腐蚀和排气处理不易解决），所以直接燃烧不被提倡。

表 3.8 各种物质燃烧时产生的热量

物质名称	发热量 /(MJ/kg)	物质名称	发热量 /(MJ/kg)	物质名称	发热量 /(MJ/kg)
城市垃圾	3.78～8.4	煤	21～29.4	PP	44.13
纸类	15.96	石油	44.1	PS	40.34
木材	18.9	硬质 PE	46.79	ABS	35.38
木炭	12.6～16.8	软质 PE	46.02	PA	30.96

另一种是制造垃圾固体燃料：将难以再生利用的废塑料粉碎，并与生石灰为主的添加剂混合、干燥、加压、固化成直径为 20～50mm 颗粒、进一步加工成为衍生燃料。固体燃料使废塑料体积减小、无臭、质量较稳定，运输和存放方便，其发热量相当于重油，燃烧效率高，NO_x、SO_x 的排放量较少。例如，对不便直接燃烧的含氯高分子材料废物（如 PVC），便可与各种可燃垃圾混配制成固体燃料，这样不仅能使氯得到稀释，而且可代替煤用作锅炉和工业窑炉的燃料。

总之，无论是哪种再生方法或循环技术，最终均归结到如何进行无污染处理和有效利用的问题上来。材料再生利用是有效利用资源、解决废弃材料归宿、缓解环境污染、降低新制品成本的最有效途径，而热能利用则往往是最终处理。

12.4.2　废橡胶的资源化

废橡胶具有稳定的化学网络结构，既不熔化也不溶解，积攒在大自然中会对环境造成污染，滋生蚊虫传播疾病的同时还易引起火灾；由于 70%以上的橡胶来源于石油，据估算生产 1kg 橡胶将消耗石油 3L，如果能对废橡胶实现再生利用，意味着每年将节约大量的石油，因此废旧橡胶作为一种潜在的可利用资源逐渐被人们所认识和证实。

12.4.2.1　整体利用

旧轮胎翻修是废橡胶整体利用的一种方式。目前翻修轮胎主要集中于卡车轮胎和客车轮胎，翻修方法通常是用打磨方法除去旧轮胎的胎面胶，然后经过清洗和干燥，贴上一层受压成型的胎面胶，最后硫化固定。棉帘线轮胎可翻新 1～2 次，尼龙帘线轮胎可翻新 2～3 次，钢丝帘线轮胎可翻新 3～6 次。每翻新一次后，平均行驶里程为 50000～70000km，是新胎使用寿命的 60%～90%，翻新所耗原料为新胎的 15%～30%，价格仅为新胎的 20%～50%。理论上是最好的处理方法，可以使旧轮胎又能像新轮胎那样重新使用。另外，旧轮胎作为整体利用还可用作漂浮指示物，如船坞防护物、船只漂浮信号灯、漂浮阻波物、游乐场工具等。

12.4.2.2　再生利用

再生胶是废橡胶再生利用的一种方式。再生胶是指废旧橡胶经过粉碎、加热、机械处理等物理化学过程，使其弹性状态变成具有塑性和黏性的，能够再硫化的橡胶。制造再生胶的原料除废橡胶以外，还需加入软化剂、增黏剂、活化剂、炭黑和填料等配合剂。再生胶实质为硫化胶在热、氧、机械力和化学再生剂的综合作用下发生降解反应，破坏了立体网状结构，从而使废旧橡胶的可塑性有一定的恢复，达到再生目的。

再生胶一般分为胎面再生胶和杂品再生胶，其制备方法有油法、水油法、快速脱硫法及连续挤出脱硫法等，均存在一些缺点。油法生产能耗大、效率低；水油法生产会产生大量的污水废油；快速脱硫法因速度快，工艺不易控制，产品质量不够稳定；连续挤出脱硫法产品质量较差。由于普通脱硫技术污染环境，所以只有废橡胶脱硫无污染技术开发成功，才是再生胶工业化生产的转折点。为此，人们一直在寻找更好的脱硫再生方法，并取得了进展。这些方法主要有微波再生法、干态化学再生法和超声波再生法。微波再生法清洁、效果好，但只适合于极性橡胶；干态化学再生法采用非溶剂型液态再生活化剂，在干态常温常压下实现废橡胶再生，该方法既可使天然橡胶和合成橡胶再生，又可制造活化胶粉；超声波再生法利用声空化作用将超声波的能量集中于分子键的局部位置，这种局部的能量集中会破坏硫化胶中的 C—S 和 S—S 键，使硫化胶再生；废橡胶超声波脱硫法，具有环保、高效的特点，其产品质量也比传统方法更高。

一般来说，性能要求不高的橡胶制品均可使用再生胶，如轮胎工业中，不仅垫带可以大量使用再生胶、油皮胶，甚至胎侧胶中也可掺用一定量的高级再生胶；胶鞋工业中，橡胶海绵几乎全用再生胶制造，鞋底也可掺用部分再生胶；工业制品中，消耗再生胶更多，有些低级橡胶制品大部分可采用再生胶。近年来，由于子午线轮胎的普及应用，对子午线轮胎高附加值再生利用的需求也逐渐增加，需要不断地更新和改进生产设备、增加资本和技术投入。

另外，废橡胶在常温或低温下粉碎成不同粒度的胶粉也具有广泛的用途，概括起来可分为两大领域：用于橡胶工业，直接成型或与新橡胶并用做成产品；用于非橡胶工业，如改性沥青路面、改性沥青生产防水卷材、建筑工业中用作涂覆层和保护层等。随着环保要求的提高，再生胶将逐渐减少，最后被胶粉替代，胶粉发展趋势将是总量快速增加，应用领域不断扩展和现已取得成果的大量复制性应用。胶粉生产也将经历从粗到细，从普通胶粉、精细胶粉、微细、超微细胶粉到改性胶粉的过程。胶粉按粒度大小的分类见表 3.9，显微镜下观察发现，普通胶粉表面呈立方体的颗粒状态；精细胶粉表面呈不规则毛刺状，表面布满微观裂纹，这种表面性质使精细胶粉具有三个主要性质：能悬浮于较高浓度的浆状液体中、能够较快速地溶入加热的沥青中、受热后易脱硫。

表 3.9 胶粉按粒度大小的分类

类别	粒度/目	制造设备
粗胶粉	12～39	粉碎机、回转破碎机
细胶粉	40～79	细碎机、回转破碎机
微细胶粉	80～200	冷冻破碎装置
超微细胶粉	200 以上	胶体研磨机

与生产再生胶相比，废橡胶制备成胶粉或精细胶粉有诸多优点，制备过程可省去脱硫、清洗、干燥、捏炼、滤胶、精炼等工序，大幅度节约设备、能源动力消耗，节约脱硫时所需的软化剂、活化剂；精细胶粉可掺于生胶中，并取代部分生胶，降低制品成本；胶粉生产时不污染环境；在掺入胶粉的制品中，精细胶粉比再生胶掺入量大且力学性能好。

12.4.2.3 再生能源

再生橡胶和胶粉在若干年后仍然成为废橡胶来源之一，废旧轮胎热解既可处理废物，又可回收炭黑、燃料油、煤气等油品和化学品，因而近年来成为发达国家研究和开发的热点。热解利用一般要经过粉碎、热分解、油回收、气体处理、二次公害的防止等工序。目前国外开发的废轮胎热解技术有常压惰性气体热解、真空热解、熔融盐热解、催化热解等。热解设备投资费、操作运行费昂贵且回收的炭黑质量与原炭黑不同，只能用于一般的橡胶制品，因此，热解利用尚难以大范围推广，若能提高回收品的质量或扩大其用途，将有利于废橡胶热解利用的发展。

燃烧废轮胎既可产生大量热能，又节省较多的处理工序，也是废物终结的解决办法。燃烧方法有三种：单纯废轮胎燃烧、废轮胎与其他杂品混合燃烧、与煤混合作水泥窑的燃料。以废轮胎与煤混合燃烧产生水泥的利用方式为例，由于轮胎由混炼胶、钢丝和有机织物组成，混炼胶中含有炭黑、硫黄等，当旧轮胎被投进旋转炉中，一切可燃物都变成了能量，钢丝以氧化铁粉形式保留在水泥中，成了水泥的组成材料；最头疼的硫黄也变成了石膏，成了水泥的组成材料，不会生成 SO_2 污染；而水泥厂由于利用旧轮胎，可节约 5%～10%的煤炭。除了水泥厂外，造纸厂、金属冶炼厂也正考虑接受高温分解焚烧旧轮胎的方法，这类利用方法能否得到广泛推广，取决于燃烧装置的建设费用能否降低和废橡胶价格是否便宜。

发达国家废橡胶回收利用方法的顺序是先发展废橡胶的再生利用，随后是翻修利用，最后是热能利用。随着时间的推移，再生利用比率和翻修量都会出现最大值，然后逐步下降，但前者下降幅度较大，而热能利用量则随时间呈递增趋势。

12.4.3 城市生活垃圾的热解

随着社会的发展，城市垃圾中可燃组分如纸张、塑料以及合成纤维等占比日趋增长，将生活垃圾进行热解，可以回收一定的燃料和燃气，其产物的组分与垃圾成分、热解温度以及热解装置有关，每吨生活垃圾（干基）最低可产生约 1500m^3 的燃气，垃圾热解后产生5%～8%体积的固体无机物，可作为生产建筑砌块。

垃圾热解是利用垃圾中有机物的热不稳定性，对其进行加热蒸馏，有机物产生裂解，经冷凝后形成各种新的气体、液体和固体，从中提取燃料油、可燃气。热解的垃圾不需要进行任何分类准备，1200℃左右的高温下让垃圾的有机成分气化、无机部分熔化，然后在1/3s内迅速降温至75℃，从而避免生成二噁英，这种技术克服了焚烧产生二噁英的缺点，使垃圾实现全部无害化处理和有效利用。垃圾热解类型有：移动床熔融热解炉方式、回转窑炉方式、管型瞬间热分解、流化床热解方式（单塔和双塔式两种）、多段炉方式、高温熔融热分解、Flash Pyrolysis 方式。

国外固体废物热解的另一发展是将城市垃圾和含可燃组分的工业垃圾与污泥进行联合热解，可以更有效地回收热能。固体废物中有用的无机物可以直接回收，有机物的热量被回收利用，尾气经过多级净化处理均能达到允许排放的标准，残渣中的微量元素可进行填埋处理。固体废物与污泥联合热解处理的方法改变了污泥热解处理的地位，大大提高了污泥作为能源的竞争力。

目前世界最先进焚烧设施的二噁英排放标准是 $0.1\times10^{-9}mg/m^3$，而热解气化技术的二噁英排放标准已经降到 $0.01\times10^{-9}mg/m^3$。国内制造的焚烧设备虽然很便宜，但其二噁英的排放标准只达到 $0.5\times10^{-9}mg/m^3$。全球垃圾焚烧厂最多的日本（有垃圾焚烧厂 1916 个，占世界总数的 70%以上）于 1997 年颁布了更加严格地控制二噁英的新标准，强制改造二噁英排放超标的垃圾焚烧厂，并且开始大规模引进热解气化处理技术。

项目 13　有机固体废物的可生化降解

13.1 案例

沼气的利用

提起微生物，人们会想起它能使食物腐烂变质、使人感染上各种疾病，因此对它们敬而远之。但是在微生物的家族中，种类不同其作用也不相同，有的会给人类带来灾难，有的会给人类带来幸福。微生物中的甲烷细菌和酵母菌可以生产出沼气和酒精，为人类作出贡献，1916 年俄国奥梅良斯基分离出了第一株甲烷菌，1980 年我国成功分离出甲烷八叠球菌，目前世界上已分离出近 20 株甲烷菌种。

沼气最早由意大利物理学家沃尔塔于 1776 年在沼泽地发现，隔绝空气，适宜的温度湿度下，经过甲烷菌的发酵作用会产生由各种有机物质混合的可燃烧气体，其主要成分是 CH_4 和 CO_2（CH_4 占 60%～70%，CO_2 占 30%～40%），还有少量 H_2、CO、H_2S、O_2 和 N_2 等。CH_4 是理想的气体燃料，无色无味，与适量空气混合后即可燃烧，1m^3 CH_4 的发热量为 34kJ，1m^3 沼气的发热量为 20.8～23.6kJ，能产生相当于 0.7kg 无烟煤提供的热量。

法国穆拉 1860 年将简易沉淀池改进，制造了世界上第一个沼气发生器（又称自动净化器)；1925 年德国、1926 年美国分别建造了备有加热设施及集气装置的消化池，是现代大中型沼气发生装置的原型；第二次世界大战后，沼气发酵技术曾在西欧一些国家得到发展，但由于廉价的石油大量涌入市场而受到影响，随着世界性能源危机的出现，沼气又重新引起人们重视，比如英国建立了利用微生物厌氧消化农场废物、生产甲烷的自动化工厂；美国一牧场兴建了一座主体是一个宽 30m、长 213m 的密封池组成的甲烷发酵结构的工厂，将牧场厩肥和其他有机废物转变成甲烷、二氧化碳和干燥肥料，日处理1650t 厩肥，为牧场提供 11.3 万立方米的甲烷，足够 1 万户家庭使用，目前美国已拥有 24 处利用微生物发酵的能量转化工程。

1920 年代初期罗国瑞在广东省潮梅地区建成了我国第一个沼气池，随之成立了中华国瑞瓦斯总行推广沼气技术；1955 年沼气发酵工艺流程——高速率厌氧消化工艺产生，突破了传统的工艺流程，使单位池容积产气量（即产气率）在中温下由每天 $1m^3$ 容积产生 0.7～$1.5m^3$ 沼气，提高到 4～$8m^3$ 沼气，滞留时间由 15d 或更长的时间缩短到几天甚至几个小时。

沼气作为农村的能源，具有许多优点。修建一个 1～$1.5m^3$ 的发酵池，就可以基本解决一个人一年四季的燃柴和照明问题；人、畜的粪便以及各种作物秸秆、杂草等，通过发酵，既产生了沼气，还可作为肥料，并且由于腐熟程度高使肥效更高，绝大部分寄生虫卵被杀死，可以改善农村卫生条件，减少疾病的传染。截止到 2010 年，我国农村沼气池总数已达到 1000 多万个，在四川、浙江、江苏、广东、上海等省市农村，除用沼气煮饭、点灯外，还建起了小型沼气发电站，利用沼气能源。

13.2 案例分析

13.2.1 沼气发酵的原理

沼气发酵微生物是一个统称，包括发酵性细菌、产氢产乙酸菌、耗氢产乙酸菌、食氢产甲烷菌、食乙酸产甲烷菌五大类群。这些微生物按照各自的营养需要分工合作和相互作用，起着不同的物质转化作用。从复杂有机物的降解，到甲烷的形成，五大类群细菌构成一条食物链。从各群细菌的生理代谢产物或它们的活动对发酵液 pH 值的影响来看，沼气发酵过程可分为水解、产酸和产甲烷阶段：第一阶段的水解把不溶解的有机化合物和聚合物，通过酶法转化为可溶解的有机物。第二阶段再将上一步转化成的产物如碳水化合物、蛋白质、脂肪类、醇等发酵为有机酸。第三阶段由有机酸发酵产生甲烷。

13.2.2 厌氧发酵的工艺及设备

沼气发酵又称为厌氧消化、厌氧发酵和甲烷发酵，是指有机物质（如人畜家禽粪便、秸秆、杂草等）在一定的水分、温度和厌氧条件下，通过种类繁多、数量巨大、且功能不同的各类微生物的分解代谢，最终形成甲烷和二氧化碳等混合性气体（沼气）的复杂的生物化学过程。

厌氧发酵设备：

立式圆形水压沼气池。特点为易密封，无死角；气压不稳，池温低，原料利用率低(10%～20%)，产气率低，大换料不方便等。

立式圆形浮罩式沼气池。特点为将发酵间与储气间分开，压力低，发酵好，产气多等。

立式圆形半埋式沼气发酵池组，长方形发酵池，联合沼气池等。

13.2.3　厌氧发酵的影响因素

厌氧发酵的影响因素见表3.10。

表3.10　厌氧发酵的影响因素

项目		数值	注意事项
含水率		80%左右	沼气池要密闭，不透气、不渗水
厌氧条件		严格的厌氧环境	
温度	高温发酵工艺	47～55℃	适于城市垃圾、粪便和有机污泥的处理
	中温发酵工艺	30～35℃	大、中型沼气工程的普遍形式
	常温发酵工艺	自然温度下进行	随外界温度而变化，受气候影响较大
pH值		弱碱性：6.8～7.5，可加石灰调节	pH值变化不大时，微生物可通过自身进行pH调节
原料配比		控制C/N、C/P、有机物含量等	以达到厌氧发酵时微生物对营养物质的需求
接种物		从外界人为添加微生物	增加菌种数量和种类，如活性污泥或发酵液
有毒物质		汞、铜、铬、镍等重金属，铵、钠、氰化物等无机盐，苯酚、甲苯、重油等有机溶剂	固体废物中某些成分或物质会对微生物有毒性，或对其生长活动起抑制作用

13.2.4　厌氧处理城市有机生活垃圾

生活垃圾中的有机物和植物养分，具有通过生物过程转化为能源和资源的潜力。而厌氧消化处理城市有机生活垃圾则是实现有机废物资源化和能源化的重要途径。近年来德国的LINDA公司、法国的VAUCHE S.A公司、伊朗SAVEH生物气厂、瑞士的BAAR生物处理厂、比利时的DRANCO公司以及爱尔兰和丹麦等国的企业都是采用厌氧消化技术处理生活垃圾，已成功实现了工程化市场运行。2008年英国英力士公司研发了垃圾变燃料的生产工艺，加热垃圾产生气体，使之与细菌反应生成乙醇，再经过净化使乙醇变成燃料，1000kg垃圾可以生产出400L乙醇。

生活垃圾厌氧消化过程中重金属和病原微生物的行为直接影响到厌氧消化效率、沼渣堆肥工艺和产品的安全性以及沼液资源化、集约化处理工艺的选择。生活垃圾厌氧消化获取沼气的同时，发酵余物（沼渣和沼液）处理与利用也带来新的挑战。厌氧发酵工艺和规模差异导致沼液产生量差别很大，由于世界上大多垃圾消化采用湿式消化，固含量（TS）在3%～10%之间，TS为10%的1t生活垃圾厌氧发酵时，可产生沼渣200～400kg，沼液600～800kg，而且沼液量COD浓度高5000～20000mg/mL。沼液一部分回流作为发酵原料的菌种，大部分要进入废水处理池进一步处理，加重了后续处理负荷。国外大多对沼渣焚烧（作燃料）或脱水填埋处理，而将发酵余物作为有机肥原料比较少，主要原因是发酵余物中仍含有大量病原微生物和重金属（涉及堆肥产品的肥效与安全问题），而且沼液量大（涉及沼液利用集约化和减少季节差异的问题）。有机肥是无公害农业和绿色食品生产中的主要肥料，而由畜禽粪便、污泥和城市垃圾等生产的有机肥中重金属（如Cr、Cu、Zn、Pd、Hg等）存在着被作物吸收而进入食物链和在农业环境中积累而污染农产品的风险，因而重金属和病原微生物的存在制约了发酵余物资源化的水平，即发酵余物成为厌氧消化处理城市垃圾的“瓶颈”。

随着都市规模的不断扩大，人口的高度集中，城市生活垃圾日益增多，我国年产垃圾已达1.5亿吨，有机生活垃圾在城市生活垃圾中占了相当大的比例，与发达国家的城市垃圾中有机成分含量高达70%相比，我国城市垃圾有机成分含量相对较低，大部分为厨余、果皮和草木类等。杭州市环境集团天子岭填埋场沼气发电项目，是国内第一家利用外资和技术进行填埋气体发电的项目，日处理垃圾2000t，垃圾填埋气体得到控制和利用，减轻了对大气的污染，有利于垃圾处理的资源化、能源化。

13.2.5 城市粪便的厌氧发酵处理（化粪池的设计计算）

13.2.5.1 化粪池的工艺原理

化粪池是在无城市污水处理厂的情况下，建筑物的附设局部污水处理设施，见图3.3。化粪池属最初级污水处理阶段，可去除50%的悬浮杂质（粪便、较大病原虫等），并使积泥在厌氧条件下分解为稳定状态，熟化后用作农业肥料。

其沉淀原理类似于平流式沉淀池，分为酸性发酵和碱性发酵两个阶段。第一阶段为酸性发酵阶段，产生H_2S、硫醇、吲哚、粪臭素等有害气体和腐臭味，粪便污水pH值为5.0～6.0。悬浮杂质吸附气泡浮于水面后，又因气体释放而沉入池底，循环的沉浮运动使悬浮杂质块逐渐变小，粪块中的寄生虫卵也随之剥离沉入池底。第二阶段是碱性发酵阶段，第一阶段产生的氨基酸在甲烷菌作用下分解为CO_2、CH_4、氨，池内粪液pH值为7.5左右。为减少污水与污泥的接触时间，也使酸性发酵、碱性发酵两个过程互不干扰，并便于清掏，化粪池一般设两格或三格。

从我国国情看，化粪池在目前及今后一段时期，还会普遍应用。但建造的方法和材料有了较大的改变，有条件的地方，逐渐由玻璃钢预制品取代了砖混结构。

13.2.5.2 运行中化粪池存在的问题

① 污水处理效果达不到设计要求，出水水质较差，未起到污水局部初级处理作用。据杭州市环卫部门统计，全市共有化粪池6000余座，其BOD_5去除率仅为20%。

② 根据化粪池实测结果跟踪对比数据，化粪池出水水质测算数据（去除率等）与实测数据有出入。

③ 存在化粪池严重渗漏的情况，污染环境，污染地下水。

④ 化粪池造价不理想，据某地环卫部门统计，化粪池每万元投资BOD_5去除率仅为0.82kg/d，污水处理，去除BOD_5成本为1.83元/kg。

⑤ 管理不善，定期清掏不容易实现。

13.2.5.3 化粪池设计计算中所需的资料和数据

（1）进、出水水质实测　化粪池出水水质、杂质去除率、处理效果的实测资料不如给水与排水处理设施的测试资料齐全。应在各地选择有代表性的类别建筑，在不同季节、同日不同时间对化粪池进、出水质、处理效果进行全面测试，且根据生活污水成分的变化进行定期测试，以丰富、完善设计资料，指导工程设计。

（2）标准图的采用　化粪池国标图纸的采用，简化了设计工作，加快了工程建设进度，也保证了设计质量，便于施工与预、决算。标准图需不断完善、补充，在国标图指导下，编制各省、各市的参考标准图，且应根据粪便污水是否与其他生活污水合流、建筑物类别（住宅、公共建筑、学校等）污水流量的不同，编制当地各类标准图，以提高适应性，确保处理效果。

（3）清掏周期　清掏周期与粪便污水温度、气温、建筑物性质及排水水质、水量有关。

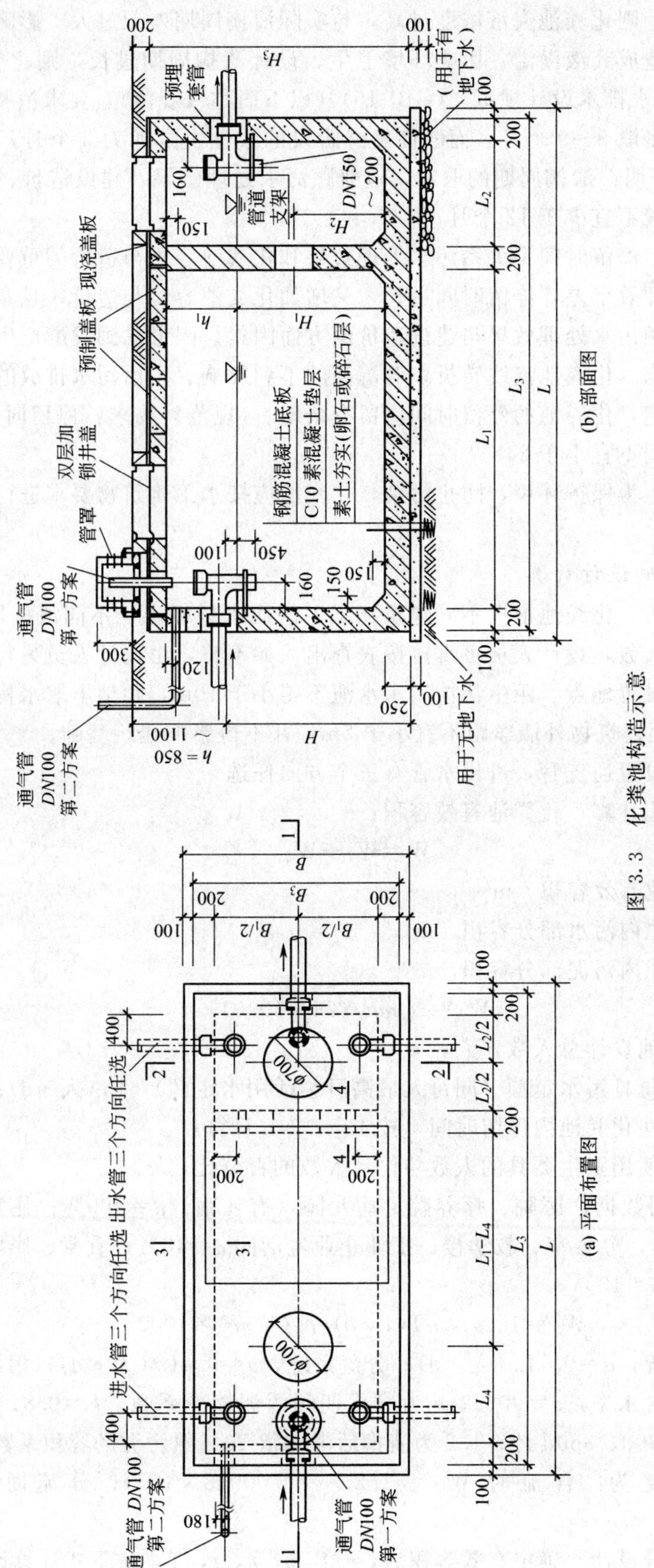
预埋套管
管道支架
预制盖板
现浇盖板
双层加锁井盖
管罩
通气管 DN100 第一方案
通气管 DN100 第二方案
钢筋混凝土底板
C10素混凝土垫层
素土夯实(卵石或碎石层)
(用于有地下水)
用于无地下水
(b) 部面图
进水管三个方向任选
出水管三个方向任选
(a) 平面布置图

图 3.3　化粪池构造示意

设计清掏周期过短，则化粪池粪液浓度过高，与实际清掏周期差距过大，影响正常发酵和污水处理效果，甚至造成粪液漫溢，影响环境卫生。设计清掏周期过长，则化粪池容积过大，增加造价。《建筑给水排水设计规范》(GBJ 15)（以下简称《规范》）要求清掏周期为3～12个月，实际设计中多取3～9个月，而酸性发酵阶段的酸性发酵期为3个月，酸性减退期为5个月左右。实践证明：清掏周期的取定，应兼顾污水处理效果、建设造价、管理三个方面因素，清掏周期一般不宜少于12个月。

(4) 停留时间　停留时间是关系污水处理效果和化粪池容积与造价的重要指标。停留时间过短，则污水处理效果差，停留时间过长，又增加化粪池容积与造价，且布置困难。停留时间的取定，应兼顾污水处理效果与建设造价两方面因素。因考虑到发酵产生气泡对沉淀要求的层流状态的影响、化粪池流线转折多对沉淀的不利影响、生活污水排放的瞬时变化大对进水流量均匀的影响，化粪池的停留时间应留有余地。《规范》要求：停留时间取12～24h。实践证明：停留时间不宜小于24h。

(5) 抗渗设计　为保护环境，防止污染，化粪池应按水工构筑物要求进行抗渗设计，抗渗标号不宜过低。

13.2.5.4　化粪池的设计计算

(1) 设计总人数　化粪池根据不同建筑物、不同用水量标准、不同清掏周期等情况下，计算化粪池设计总人数，设计人员可直接按表查出。如不符，由设计人员另行计算确定。

(2) 化粪池的设置地点　距生活饮用水水池不得小于10m，距地下取水构筑物不得小于30m，化粪池外壁距建筑物外墙净距不宜小于5m，并不得影响建筑基础。

(3) 化粪池均设置通气管，进出水管有三个方向任选。

(4) 化粪池容积计算　化粪池有效容积：

$$W=W_1+W_2$$

式中　W——化粪池有效容积，m^3；

W_1——化粪池内污水部分容积，m^3；

W_2——化粪池内污泥部分容积，m^3。

$$W_1=N_z\alpha qt/(24\times1000)$$

式中　N_z——化粪池设计总人数，人；

q——每人每日污水定额（同每人最高日生活用水定额），L/(人·d)；

t——污水在化粪池内停留时间，按12h，24h计算；

α——实际使用卫生器具的人数与设计人数的百分比，%。

α一般采用下列数据；医院、疗养院、幼儿园（有住宿）$\alpha=100\%$；住宅、集体宿舍、旅馆、宾馆$\alpha=70\%$；办公室、教学楼、工业企业生活间$\alpha=40\%$；食堂、影剧院、体育馆、其他类似公共场所$\alpha=10\%$。

$$W_2=1.2aN_z\alpha T(1-b)k/[(1-c)\times1000]$$

其中，合流系统，$a=0.7$L/(人·d)；分流系统，$a=0.4$L/(人·d)；污泥含水率，$b=95\%$；浓缩后污泥含水率，$c=90\%$；k为腐化期间污泥缩减系数，$k=0.8$；T为化粪池清掏周期，按90d、180d、360d计；1.2为清掏后考虑留20%熟污泥的容积系数。

带入上式简化为：合流时$W_2=1.2\times(0.00028N_z\alpha T)$；分流时$W_2=1.2\times(0.00016N_z\alpha T)$。

(5) 化粪池型号设计　确定有效容积后，选定q，α，t，T，按下式计算设计总人数。

合流：$N_z = W/[\alpha \times 10^{-5} \times (4.17qt + 33.6T)]$

分流：$N_z = W/[\alpha \times 10^{-5} \times (4.17qt + 19.2T)]$

经计算如果污泥容积超过有效容积的 70%（$W < 25m^3$），或 80%（$W > 30m^3$），按污泥容积相应等于有效容积的 70%或 80%，用污泥容积公式计算设计总人数。

13.3 任务

13.3.1　化粪池的设计计算

选取熟悉的小区或学校；查化粪池标准图及选用表，根据给出的数据，进行化粪池的设计计算。

如估算 $N_z = 1000$ 人，取 $q = 200L/(人 \cdot d)$，$t = 12h$，$\alpha = 70\%$；$W_1 = N_z\alpha qt/(24 \times 1000) = 1000 \times 70\% \times 200 \times 12/(24 \times 1000) = 70m^3$；取 $a = 0.7L/(人 \cdot d)$，$b = 95\%$，$c = 90\%$，$k = 0.8$，$T = 90d$。合流：$W_2 = 1.2\ (0.00028N_z\alpha T) = 1.2 \times 0.00028 \times 1000 \times 70\% \times 90 = 21.168m^3$。

$W = W_1 + W_2 = 91.168m^3$；查表得有效容积 $100m^3$；设计总人数为：$N_z = 100/[70\% \times 10^{-5}$ $(4.17 \times 200 \times 12 + 33.6 \times 90)] = 1096$（人）。

13.3.2　对比分析厌氧和好氧发酵处理工艺

13.3.3　收集校园生活垃圾，在实验室进行厌氧发酵实验

组织学生查阅资料了解更多生活垃圾厌氧发酵工程应用知识，收集校园生活垃圾进行实验室厌氧发酵，做好发酵现象的观察和记录（表 3.11），在有条件的情况下，定期测定甲烷气体的含量。

表 3.11　发酵过程记录

记录时间	记录人员	发酵时间/d	温度/℃	发酵现象记录	甲烷含量/(mg/m³)

13.4 知识拓展

13.4.1　好氧生物处理

好氧分解后的产物是通过适湿细菌的微妙活动而形成的，适湿细菌吞食有机残渣中的碳元素，在呼吸中消耗氧，产生二氧化碳，二氧化碳实际是一种细菌呼吸及摩擦后所产生的气体。这种反应过程无任何有害物质产生，经过正确处理的好氧发酵所产生的气味很小。好氧分解过程是指，在有氧和有水的情况下：有机物质＋好氧菌＋氧气＋水⟶二氧化碳＋水（蒸气状态）＋硝酸盐＋硫酸盐＋氧化物。

13.4.1.1　好氧发酵工艺流程

好氧发酵是环境所能接受的最好的垃圾处理方式，有两种形式，一种是封闭型舱式容器，另一种就是敞开式发酵。封闭舱式发酵又可细分为两种：静态与动态。在静态系统中，空气一般直接通入封闭容器（像船舱），空气可被吹入（正压）或吸进（负压）。相比之下动态翻滚式系统用得较多。

13.4.1.2　敞开式发酵工艺

敞开式发酵方式操作方便，安装成本低并且功效高，舱式发酵系统的安装成本是敞开式发酵系统安装成本的4～5倍，同时操作成本也是敞开式发酵系统的3倍。利用翻堆机处理生活垃圾系统就是一种敞开式发酵方式。

城市生活垃圾的敞开式发酵过程：垃圾被运入发酵直道，首先被倾倒在一个水平分选带上进行初次分选。然后翻堆机驶入成形的发酵直道，与此同时垃圾被喷洒菌种、通气、破碎、松散、混合和翻转，所有的垃圾都会被上下彻底地翻转。每一批垃圾都会被喷入适量的菌种，它们对提高好氧发酵率很重要。自然通风供氧，向堆肥内接入通风管（用在人工法堆肥工艺）；利用斗式装载机及各种专用翻堆机横翻通风；风机强制通风供氧。

发酵完毕，下一个工序是清理。直道上的发酵物将被运入筛选工段，筛去一些无机物，如：塑料、玻璃、各种金属和人造织物等。筛选后的有机物被放入制肥工段生产颗粒有机复合肥。城市垃圾的洁净程度与发酵的成本和效率有着直接联系，最初分拣是保证产品洁净的最经济的方法；操作成本就会降低，效率就会升高；最后的产品质量也会提高。

13.4.1.3　好氧发酵速度的影响因素

好氧发酵速度的影响因素见表3.12。

表3.12　好氧发酵速度的影响因素

温度	最佳条件60～65℃	细菌的密度和活跃程度与温度关系密切
湿度	最佳条件50%～70%	微生物为生命体，为获取营养和实现增殖，细菌需要水分
碳与氮的比率	在25∶1到35∶1之间 33∶1时可达到最快发酵速度 低于20∶1，发酵处于稳定阶段	氮在植物中就无法起到作用，因为好氧菌被强制地快速繁殖，在此期间所有氮都被用于制造细菌 多余的好氧菌才会死去，氮元素才被释放供给植物进行光合作用
供给的氧气量	翻堆机就是用翻转的方法来促进发酵，使氧与被发酵物充分地裹合，加快发酵速度	充足的氧气供应，再加上其他适宜的条件，微生物会迅速增殖
磷与钾	以氮作为相对的度量标准，磷含量应占20%左右，钾含量应占8%左右	磷是形成微生物细胞质的主要成分，而钾能调整细胞内的渗透关系
有害物质	锰、铜、锌、镍、铬和铅的含量过高，易造成好氧菌大量死亡，从而使发酵速度变慢	生活垃圾一般很难抑制重金属的比率

13.4.1.4　工程实例

南宫堆肥厂位于北京市大兴区赢海乡，总面积为6.6hm^2，距配套的马家楼垃圾转运站21km、安定垃圾卫生填埋场19km。该厂日处理可堆肥垃圾1000t，堆肥工艺采用近年来欧洲在垃圾堆肥领域所普遍采用的好氧式隧道堆肥技术，将生物过滤池风道中的热风引入刚填满仓的隧道中，并通过风阀控制风量的大小，从而控制好温度使分解达到最大速度；同时保持生物过滤池风道中的气体湿度，有利于好氧细菌的活动，增加有机物的分解。

13.4.2　秸秆等农林废物的生化处理

我国是农业大国，存在着大量农业固体废物的处置难题，秸秆、稻壳等焚烧严重污染空气质量，牛羊猪粪处置不当影响环境卫生。我国生物质废物的总量，约相当于我国煤炭年开采量的50%。在新修订的《中华人民共和国固体废物污染环境防治法》中首次提出了农业废物的污染防治问题，生物质能是唯一可以转换为清洁燃料的环保型可再生能源，生物质能的开发利用研究是我国可持续发展技术的重要内容之一，被列入我国21世纪发展议程。

13.4.2.1　秸秆的气化

把稻麦秸秆变成清洁能源，实现秸秆气化是有效途径之一。生物质气化发电系统是利用生物质循环流化床气化技术，把生物质废物包括木料、秸秆、稻草、稻壳、甘蔗渣等固体废物转换为可燃气体，经过除焦净化后，再送到气体内燃机进行发电，其关键技术包括生物质气化工艺，焦油处理及气体净化，焦油废水处理及其循环使用，燃气发电和系统控制技术等。江苏通州、黑龙江农垦总局、中科院广州能源所，是国内较大规模的生物质气化发电系统应用示范区，标志着生物质气化发电技术成功地实现初步产业化。

13.4.2.2　秸秆的堆肥

规模化畜禽养殖场和农村成千上万的散养畜禽的粪便如处置不当，对农村生态环境将构成严重的污染，在畜禽粪便中掺入50%的秸秆发酵，利用生物菌种进行连续发酵，高温灭菌，生物干燥和除臭处理后制成有机生物肥料，氮、磷、钾、和总养分丰富，有机物质含量达到70%左右，对蔬菜、果树、花卉、棉花等农作物具有显著的增产、改善品质、提早成熟、抗逆性作用。

13.4.2.3　固体废物堆肥化的意义

堆肥产物是一种人工腐殖质，土壤施用后，可增加土壤中稳定的腐殖质，形成土壤的团粒结构，改善土壤的物理、化学和生物性质，使土壤环境保持适于农作物生长的良好状态。腐殖质还具有增进肥效的作用：改善土壤的物理性能；保肥作用；螯合作用；缓冲作用；缓效作用；微生物对植物根部的作用。

对城市固体废物进行处理消纳，实现稳定化、无害化，可以避免或减轻垃圾大面积堆积，减轻影响市容及城市垃圾自然腐败、散发臭气、传播疾病，从而减轻对人体和环境造成危害；可以将固体废物中的适用组分尽快地纳入自然循环（如堆肥可回归农田生态系统中）系统，促进自然界物质循环与人类社会化物质循环的统一；可以将大量有机固体废物通过某种工艺转换成有用的物质和能源（如产生沼气、生产葡萄糖、微生物蛋白质等）。

13.4.3　污泥的生化处理

13.4.3.1　污泥消化的目的和方式

在有氧或无氧的条件下，利用微生物的作用，使污泥中的有机物转化为较稳定物质，以减少污泥的质量和体积，使其更易于保存和运输。污泥消化的方式有：好氧消化，厌氧消化。碱金属、碱土金属、重金属等盐类，氨、硫化氢、甲醇等有机物及阴离子表面活性剂等类物质有抑制厌氧消化的作用。

13.4.3.2　污泥的调理

常见的方法有化学调节法、淘洗调节法、加热加压调理法和冷冻调理法等。

化学调节法：在污泥中加入适量的助凝剂、混凝剂等化学药剂，使污泥颗粒絮凝，改善污泥的脱水性能。助凝剂一般不起混凝作用，其主要作用是调节污泥的pH值，改变污泥颗粒的结构，破坏胶体的稳定性，提高混凝剂的混凝效果。混凝剂的主要作用是通过中和污泥胶体颗粒的电荷和压缩双层厚度，减少粒子和水分的亲和力，使污泥解稳，改善其脱水性。

淘洗调节法：污泥淘洗是用河水或处理水洗涤污泥，降低污泥中的碱度和黏度，以节省混凝剂用量。污泥淘洗仅适用于消化污泥。由于污泥在消化过程中产生大量重碳酸钙，其碱度可达生污泥的30倍以上，若直接化学调理，将消耗大量混凝剂。但采用淘洗法又需增加淘洗池等构筑物，造价提高与节约的混凝剂费用接近，淘洗调节法目前已被淘汰，新设计的污泥处理厂不再采用该法。

加热加压调理法：将污泥加热，使污泥中的细胞物质破坏分解，细胞膜中内部水游离出来，亲水性有机胶体物质解体，从而提高污泥脱水性能的过程。按加热温度不同，可分为高温加压调理法和低温加压调理法两种。高温加压调理法是把污泥升温至 170～200℃，加压压力为 1.0～1.5MPa，反应时间为 40～120min，调理后的污泥含水率可降至 80%～87%。但实践证明，反应温度升至 175℃以上时，设备易产生结垢，热交换效率降低，分离液中溶解性物质增多，致使分离液处理困难。低温加压调理法的反应温度在 150℃以下，使有机物的水解受到控制，分离液 BOD_5 较高温加压调理法低 40%～50%。因此，低温加压调理法得到了发展。低温加压调理法的设备、运行管理和高温加压调理法基本相同。该法主要适用于初次沉淀污泥、消化污泥、活性污泥、腐殖污泥及它们的混合污泥。

冷冻调理法：将污泥交替进行冷冻与融化来改变污泥的物理结构，使胶体脱稳凝聚且细胞膜破裂，细胞内部水分得到游离，从而提高污泥的脱水性能。

13.4.3.3 蚯蚓生物法处理污泥

运送到基地的污泥在添加微生物后经过两三天发酵，去除泥里的有害菌，再堆成垄“养”蚯蚓。污泥中剩余的重金属、有机质等物质随着污泥被蚯蚓吃掉，蚯蚓消化道分泌的蛋白酶、脂肪酶、纤维素酶等，能使汞、铬、镍、铅、锌、铜等几种重金属完全改变存在形态后留在蚯蚓体内，同时分泌出对植物生长有益的有机肥料，蚯蚓粪为黄褐色的泥土状物质，其中含有大量微量元素和有机菌群，是上好的有机肥和饲料，对改善土壤板结非常有效。

项目 14　有机固体废物的复合成材

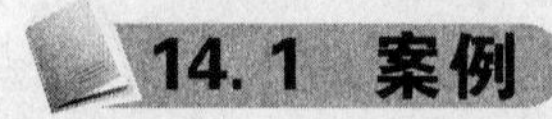

14.1 案例

废旧塑料复合材料的制备

塑料地膜覆盖技术是农业生产中一项先进技术，曾被称作白色革命并获得广泛推广。但由于废地膜使用之后，大量残留在土壤中，不溶解、不腐烂，阻碍土壤中水分的输送和植物根系的生长，对土壤造成严重的污染，造成作物大量减产，这种现象又转化为“白色危机”。如何有效地回收，处理废旧地膜已成为社会广泛关注的问题。固体废物资源化国家工程研究中心成功开发一种以废地膜等废塑料为基体、铸造水玻璃废砂为填料，按一定的工艺复合而成的热塑性复合材料，具有优良的力学性能，有良好的防锈耐腐蚀性能、绝缘性能和耐磨性能。

① 废塑料复合材料的制备方法

废塑料复合材料的制备方法如图 3.4 所示。

② 废塑料复合材料的应用

生产窨井盖圈、落水篦子等市政设施，不仅可以节约大量的铸铁资源，而且可以降低成本。从根本上杜绝窨井盖被偷盗的现象。

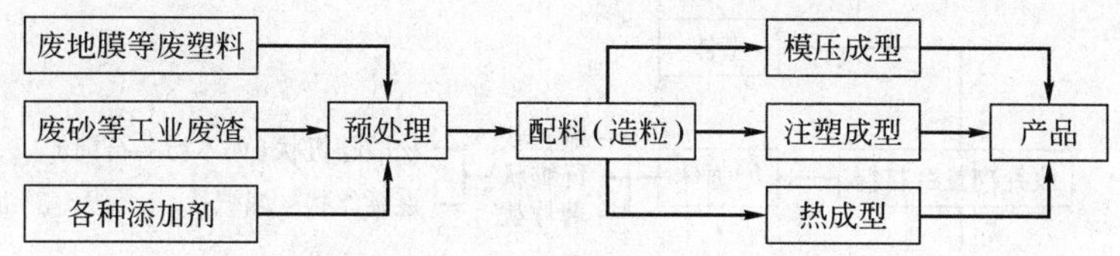

图 3.4　废砂增强废旧塑料复合材料的制备工艺

浇注混凝土用的建筑模板。复合材料模板的用钢量可减少将近一半，易脱模、耐腐蚀，不生锈，是木模板和钢模板所无法比拟的。

制作火车车厢与车轮轴连接面上的芯盘垫。不仅可满足载重和冲击要求，而且价格便宜，可节约大量天然资源。

制作钢丝绳摩擦传动衬垫。可节约大量的有色金属、橡胶及其他高分子聚合物材料等资源，造价较低。

14.2 案例分析

14.2.1　聚合物基复合材料的分类与特点

聚合物基复合材料（PMC）是以有机聚合物（主要为热固性树脂、热塑性树脂及橡胶）为基体，连续纤维为增强材料组合而成的。

聚合物基复合材料能实现最佳结构设计，一种以不同基体性质分为热固性树脂基复合材料和热塑性树脂基复合材料；另一种按增强剂类型及在复合材料中分布状态分类，如玻璃纤维增强热固性塑料（俗称玻璃钢）、短切玻璃纤维增强热塑性塑料、碳纤维增强塑料、芳香族聚酰胺纤维增强塑料、碳化硅纤维增强塑料、矿物纤维增强塑料、石墨纤维增强塑料、木质纤维增强塑料等。

聚合物基复合材料有突出的性能和工艺特点，比强度大、比模量大；耐疲劳性能好；减振性好；过载时安全性好；具有多种功能性。

14.2.2　聚合物基复合材料的增强机理

14.2.2.1　聚合物基复合的增强机理

聚合物基体材料的基体粘接性能好，能把纤维牢固地粘接起来，同时还能使载荷均匀分布，传递到纤维上去，并允许纤维承受压缩和剪切载荷。而纤维的高强度、高模量的特性使它成为理想的承载体。纤维和基体之间的良好的结合，各种材料在性能上互相取长补短，产生协同效应，材料的综合性能优于原组成材料而满足各种不同的要求，充分展示各自的优点。

14.2.2.2　废物复合材料的复合理论

废物复合材料的非基体部分是各种各样的增强体和填料，大多往往是粒状或纤维状的各种工业废渣或下脚料。废物复合材料中基体、增强体以及填料可能的形状如图 3.5 所示，它们的种类、性能、形状、堆砌形式等对废物复合材料的最终性能起决定性的影响。组成复合材料的两相中，一般总有一相以溶液或熔融流动状态与另一固相接触，然后进行固化反应使两相结合在一起，在这个过程中，两相间的作用和机理一直是人们关心的问题，已有的研究结果包括浸润吸附理论、化学键理论、扩散理论、电子静电理论、弱边界层理论、机械联结理论、变形层理论和优先吸附理论。填料和增强体的堆砌紧密度在很大程度上决定了各相材

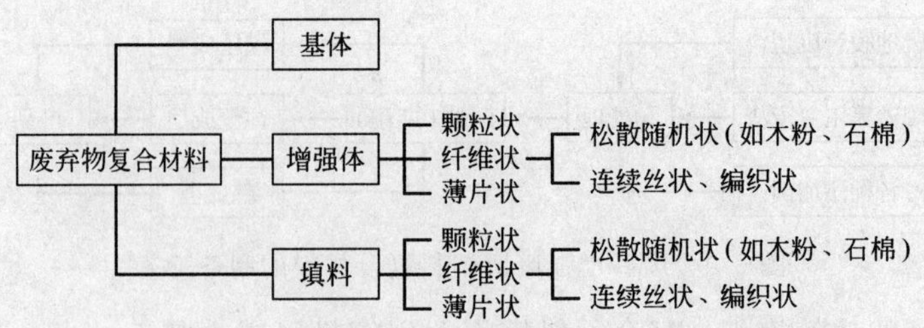

图 3.5　废物复合材料中基体、增强体以及填料可能的形状

料的用量、产品的价格以及复合材料的某些性能。

14.2.3　废物复合材料的技术难点

14.2.3.1　废物复合材料的界面

废物复合材料的界面产生于复合材料的制备过程，当不同化学成分的增强体和基体组成复合材料时，这些通过相互接触，元素相互扩散、溶解后往往生产新的相，称为界面相。废物复合材料承受载荷时，由于界面相所处的特殊力学和热学等环境，将对复合材料的性能产生重大影响，目前对复合材料界面理论和界面控制的研究尚不成熟，但是相关研究成果在指导废物复合材料的工艺和性能改善上仍起着十分明显的作用。

14.2.3.2　废物复合材料的技术复杂性

废物复合材料原料的复杂性决定了界面的复杂性。由于废物复合材料的原料部分或全部是废物，原料存在着种类复杂、易受污染，成分不纯、内部缺陷多、易老化等问题，废物复合材料界面的化学成分、相组成比传统复合材料更复杂、界面缺陷更多，影响界面形成、界面完整性和界面性能的因素也更多。

由于再生资源利用的技术匮乏和落后，优质原材料再生利用时一般会降级使用，生产初级或低档次产品。如废铜基、铅基、铝基合金基本上回炉重炼，浪费了大量的合金元素；每年有 20 万吨低合金屑由于分类不清和缺少合理的再生技术，只能生产生铁或铁铸件；每年从废钢中浪费掉的各种合金元素就有近万吨。

组分的性能下降和改性：以废弃热塑性塑料为基体制成的聚合物基废物复合材料，由于塑料本身存在老化问题，分子链不完整。因此，可能由于分子链的老化断裂使已经形成的连续界面出现界面断裂、分层等现象，从而导致界面的传递作用下降，进而影响复合材料的力学性能。

作为原料的废物一般都要进行预处理，使其形成性能稳定的界面。例如，以铸造废砂作为增强体制备聚合物基废物复合材料时，由于废砂表面存在惰性膜，不利于与聚合物基体结合，也不利于与偶联剂起反应，进而影响界面的形成。因此在使用之前要进行预处理去除其表面惰性膜，使表面活化。活化以后的废砂表面多孔、表面能比较高，有利于与偶联剂反应，进而形成比较好的界面。

组分的相容性和排斥性：在回收的聚乙烯塑料中，可能有的是 LDPE，有的是 HDPE 或 LLDPE，按其品种进行分拣既困难且耗费人力，而从不同品种 PE 之间可以实施共混，因此没有必要将 PE 回收品进行分拣。但如果回收的 PE 制品中混入 PVC 或 PP 回收料就必须把 PVC 或 PP 分拣出去。因为，PVC 与 PE 相容性差，会大幅度地降低复合制品的性能；若 PP 料混入，则因加热温度相差较大对实施共混和成型不利，所以在制备 PE 型再生料时，要根据回收料的不同分别处理。

14.3 任务

根据复合材料的组成、原理及优点，分析以废物取代其中组分的可能性

14.4 知识拓展

14.4.1 废玻璃纤维增强复合材料的制备

14.4.1.1 玻璃钢材料的发展

玻璃钢是一种轻质高强度的材料，至今已有 60 多年历史，从简单的手糊制作发展成为今天的计算机控制操作。产品性能各异，种类繁多，遍及人们生活的各个角落，广泛应用于各个行业。它以树脂为主料，以玻璃纤维为增强材料，具有耐腐蚀、不怕水、成型性好等特点。制作玻璃钢的树脂的种类较多，如环氧树脂、酚醛树脂、聚酯树脂、有机硅树脂、丙烯酸树脂等，其中环氧树脂和有机硅树脂价格偏高，不饱和聚酯树脂价格较低。

14.4.1.2 玻璃钢复合材料的定义

玻璃纤维是以废玻璃为原料，在高温熔融状态下拉丝而成，直径一般为 0.5～30μm，玻璃纤维随其直径变小其强度增高；废玻璃纤维表面经过偶联剂处理，提高了和树脂的黏结力，在玻璃钢中可作为增强材料：拉伸强度高、伸长率小（3%）、弹性系数高、刚性佳、弹性限度内伸长量大且拉伸强度高、吸收冲击能量大、吸水性小、尺度安定性和耐热性均佳、与树脂黏着性良好、价格便宜。

树脂是玻璃钢中的基体材料，其作用是在纤维间传递力载荷，它决定玻璃钢的耐热、耐腐蚀、耐老化性能。玻璃钢大多是由热固性树脂生产的，即固化后形成不溶、不熔物，温度过高则分解破坏，常用的有不饱和聚酯树脂、环氧树脂、酚醛树脂。不饱和聚酯树脂最大的优点是工艺性能优良，可以在室温下固化，常压下成型，适合大型和现场制造玻璃钢制品。品种多，适应广泛，价格较低。缺点是固化时收缩率较大，储存期限短，含苯乙烯，有刺激性气体，长期接触对身体健康不利。

14.4.1.3 成型的工艺流程

模具准备：准备工作包括清理、组装及涂脱模剂等。

树脂胶液配制：防止胶液中混入气泡；配胶量不能过多，每次配量要保证在树脂凝胶前用完。

糊制与固化：铺层糊制，分湿法和干法两种。干法铺层：用预浸布为原料，先将预选好的料（布）按样板裁剪成坯料，铺层时加热软化，然后再一层一层地紧贴在模具上，并注意排除层间气泡，使密实。此法多用于热压罐和袋压成型。湿法铺层：直接在模具上将增强材料浸胶，一层一层地紧贴在模具上，排除气泡，使之密实。一般手糊工艺多用此法铺层。湿法铺层又分为胶衣层糊制和结构层糊制。

工具：对保证产品质量影响很大。有羊毛辊、猪鬃辊、螺旋辊及电锯、电钻、打磨抛光机等。

固化时间：从数小时到 24h。常用玻璃纤维布增强，树脂中必须加入一定比例的固化剂与促进剂，可在室温条件下固化。

脱模：要保证制品不受损伤。有如下几种方法：在模具上预埋顶出装置，脱模时转动螺杆，将制品顶出；模具上留有压缩空气或水入口，脱模时将压缩空气或水（0.2MPa）压入

模具和制品之间，同时用木锤和橡胶锤敲打，使制品和模具分离。

修整：成型后的制品，按设计尺寸切去超出多余部分；还包括穿孔修补，气泡、裂缝修补，破孔补强等。

14.4.2 废纸的资源化利用

14.4.2.1 废纸的主要组分及特点

随着新闻出版、书刊印刷、文化信息、商品包装等行业的迅速发展，我国市场对纸品的消费需求在数量上以惊人的速度增长。随着纸产量及消耗量的快速增长，废纸作为造纸工业原料也显得日益重要。我国是一个造纸大国，然而森林资源匮乏，造纸所需的原料十分短缺。用废纸作为原料造纸每吨可节约 2～3m^3 木材，以及大量的水、煤和电力资源。表 3.13 列出了废纸的主要组分及特点。

表 3.13 废纸主要组分及特点

类型	比例	主要组分	特点
废黄板纸和杂废纸	60%	半化学草浆	纤维短，木质素和半纤维素含量高
书本杂志办公用纸	20%	化学草浆和化学木浆	长短纤维混杂
废旧报纸	10%	机械木浆和少量化学木浆	

14.4.2.2 废纸的再生技术

废纸的再生技术包括拆开废纸纤维的解离工序和除去废纸中油墨及其他异物的工序，具体可分为制浆、筛选、除渣、洗涤和浓缩、分散和搓揉浮选、漂白、脱墨等。一般分为机械处理法和化学处理法：机械法不用化学药品，废纸经破碎制浆后，通过除渣器除去杂物，用水量很少，水污染较轻，但由于没有脱墨，只能用来制造低档纸或纸板；化学法主要用于废纸脱墨，原料常用新闻纸、印刷纸和书写纸等。

筛选：为了将大于纤维的杂质除去，必须对废纸进行筛选，尽量减少合格浆料中的干扰物质，如黏胶物质、尘埃颗粒以及纤维束等；这是二次纤维生产过程的重要步骤。

除渣：去除杂质，一般由专门的除渣器进行，分为正向除渣器、逆向除渣器和通流式除渣器。

洗涤和浓缩：为了去除灰分、细小纤维及小的油墨颗粒，洗涤系统通常采用三段逆流洗涤，来自气浮澄清器的补充水通常只加在最后一段洗涤前供稀释纸浆用，二段洗涤出来的过滤水送碎浆机，一段洗涤出来的过滤水含油墨等杂质最多，可直接送澄清器进行处理。

分散与搓揉：用机械方法使油墨和废纸分离或分离后将油墨和其他杂质进一步碎解成肉眼看不见的微粒，并使其均匀地分布于废纸浆中，从而改善纸成品外观质量。

漂白：经上述工序处理后的纸浆色泽会发黄变暗，为了生产出合格的再生纸必须进行漂白，漂白主要分为氧化漂白和还原漂白，目前采用的多为氧化漂白法，如氧气漂白、臭氧漂白、高温过氧化氢漂白等。

脱墨：废纸回用的关键程序，其原理是使用脱墨药剂，降低废纸上印刷油墨的表面张力，产生润湿、渗透、乳化、分散等作用，使油墨从纸面上脱离下来，使废纸纤维恢复甚至超过原来的白度、净化度、原纤维的柔软性及其他特性，从而使纸浆具有好的抄纸性能，并能达到所要求的产品指标，保证产品品质。

废纸再生技术在技术设备、废纸利用等方面目前有了新的发展，在设备方面的进展是向着节约能源、降低成本、使废物充分资源化的方向进行的，其利用则在包装材料、土木建筑材料上作了革新：逐渐用纸铸品代替发泡苯乙烯作为捆包材料；纤维素纤维作为住宅用隔热材料；热压成型法利用废纸生产混凝土铸模；以旧杂志等低级废纸为主要原料制作板材，用作农业生产资料、固体燃料以及活性炭和脱臭材料。

14.4.3　固体废物复合材料的发展方向

14.4.3.1　固体废物再生和复合

单一的固体废物回收再生，并非是唯一的最佳途径，而把各种固体废物作为原料，通过不同的组合，制成和各种复合材料既保持各组分原有的主要性能，往往具有原组分中所没有的新特性，从而可在材料性能上扬长避短，得到使固体废物增值的最佳效益，这种新型的环境材料称之为废物复合材料，其复合技术已成为固体废物资源化领域的重要技术发展方向。

14.4.3.2　技术、装备的集成与整合

各种固体废物经过再生后，可以成为一种再生资源（二次资源），虽然再生资源在材料性能方面会不如天然资源（一次资源），但它们再生的成本要比一次资源通过采、选、冶炼加工的成本低得多。经过再生的固体废物不仅可以作为再生资源直接使用，而且还可以作为复合材料的原材料，使固体废物进一步增值。在保护环境和节约能源这两大世界性的发展趋势影响下，废物的资源再生已是必然的趋势。

形成废物资源化的产业化，发展与废物处理和回收利用相关的设备制造、废物产品生产、原料能源相互利用的产业群体，为企业提供高技术和设备，形成回收、加工和利用的一站式服务。

发展方向：设计制造适应规模生产的、处理量大的、生产率高的大型专用设备，通过整合使得能耗降低，设备的利用率提高；针对不宜长途运输、成分复杂的废物，建立小型的、综合多用的废物处理的技术装备，在各地推广应用；形成再生资源的静脉产业的示范。

模块 4
废金属的资源化利用

项目 15　废钢铁的资源化利用

15.1 案例

报废汽车拆解回收

① 报废汽车拆解作业程序

拆卸车厢内座椅、扶手、栏杆、内饰（报废）→拆卸全车电器、仪表及线路→回收油品及其他液体→拆卸回收全车有色金属→［外车厢铁板距顶棚 80cm 左右切割，使车厢上下分离（报废）→气割底盘大梁使之断开（报废）→发动机气割打孔（报废）］→由交管部门对括号内三项确认报废、拍照、存档→拆卸可回收利用零部件→拆卸五大总成（报废）→由上而下、由内而外对车辆拆卸解体（报废）→废铁、废钢分类→将车体气割成 2.5m 段→厚度 2～4cm 以下铁板送打包机打包或破碎机破碎→厚度 4cm 以上废钢送剪切机剪断→符合入炉标准废钢铁送钢厂。

② 汽车拆解工艺流程

图 4.1 所示为汽车拆解工艺流程示意。

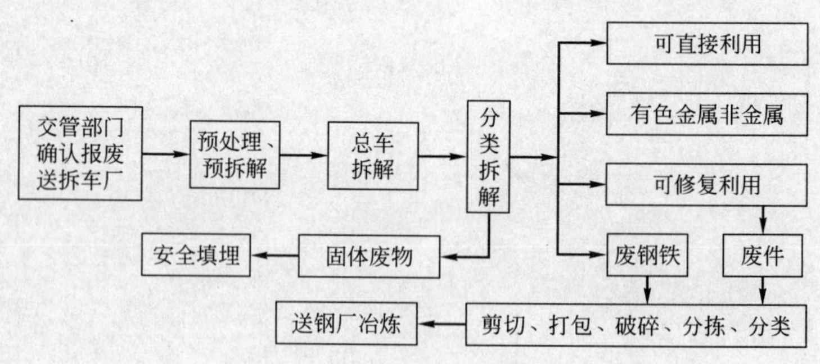

图 4.1　汽车拆解工艺流程

15.2 案例分析

15.2.1　报废汽车材料构成

报废汽车材料构成，见表 4.1。由表可以看出金属是制造汽车的重要材料，其中钢材部分超过了汽车重量的四分之三。汽车中轿车的钢材用量比例最高。

表 4.1 报废汽车材料构成

项目	轿车		卡车		大客车	
	含量/(kg/台)	/%	含量/(kg/台)	/%	含量/(kg/台)	/%
铸铁	35.7	3.2	50.8	3.3	191.1	3.9
钢材	871.2	77.7	1176.7	76.1	3791.1	76.6
有色金属	52.4	4.7	72.3	4.7	146.7	3.0
其他	161.8	14.4	246.1	15.9	817.8	16.5
合计	1121.1	100	1545.9	100	4946.7	100

15.2.2 拆解原则

拆解一般采用由表及里、由附件到主机，由整车拆成总成、由总成拆成部件、再由部件拆成零件的原则，汽车拆解后的各种材料一般进行如下处理：

废钢铁经过分类、分拣、剪切、打包、破碎，得到适宜钢厂冶炼的优质原材料；

抽取如汽油、柴油、机油、发动机油、润滑油、防冻液等液体和有毒成分的材料，进一步分类处理；

拆除易燃易爆等危险物品，交专业公司处理；

拆下适于再利用的零件，销售或二次使用；

拆解含贵金属的可回收部分，如电路板、接触器等。

15.2.3 拆解设备

拆解所用的设备和用途如下：

氧气切割枪，用于对报废汽车进行解体。

废金属打包机，包括液压式打包机和螺旋式压块机，主要用于对废旧薄钢板打包。

废金属剪切机，包括鳄鱼式、门式，主要用于厚度在3mm以上废钢铁剪断。

压块机、粉碎机，用于对轿车进行压扁和对拆解下来的厚度在4mm以下的钢板进行粉碎，供电炉炼钢。

15.3 任务

综述废钢铁资源化利用案例

查找相关资料，从利用的原理、工艺、效果、实例等方面整理废钢铁资源化的案例。

15.4 知识拓展

15.4.1 废钢铁的来源

废钢铁是指失去原有使用价值的钢铁材料及其制品。废钢铁作为钢铁生产所必需的资源，是唯一可以替代铁矿石用于钢铁产品制造的原料。虽然在特定条件下，废钢铁由于形态发生了变化，失去了原有使用价值，但在另外一些场合仍然是工业生产的重要原材料，其来源主要有生产回收、非生产回收和外购。

15.4.1.1 生产回收

生产回收包括钢铁企业回收、机械加工生产回收和基本建设生产回收，这部分资源来源于生产企业，数量较大。这种废钢的特点是：质量很好，钢水收得率高，钢种明确，化学成分清楚。生产回收废钢有以下三种途径。

(1) 钢铁企业生产回收　钢铁厂在冶炼、浇注、铸造和轧制成型等生产过程中，产生一些残渣、注余、炉尘、汤道、中注管、浇冒口、短锭、切实、切尾、废次材和板边等。这些废钢铁质地比较纯净，稍加处理后即可返回重新炼钢和轧制，故称为自产返回废钢或自产废钢。返回废钢一般占钢产量的20%～30%，在废钢铁总量中占40%～50%。

(2) 机械加工生产回收　钢材和铸锻件加工制造过程中常产生一些车屑、切屑、料头、花眼铁、钻屑、铁末、研磨屑、氧化铁皮以及废次品等。这都是在加工时产生的，故称加工废钢。加工废钢一般占钢材（包括铸锻件）耗用量的12%～18%，在废钢铁总量中占15%～20%。

(3) 基本建设回收　基本建设过程中要消耗大量的钢材，随之相应地产生一些类型的废钢。金属结构工程多产生边角余料、切头、切边等；石油、化工和钢铁工业的基建工程产生的边角余料、废钢材较多。拆除工程中也会产生大量的废钢铁，如钢铁结构件、框架等。这类废钢占废钢铁回收总量的2%～3%。

15.4.1.2　非生产回收

非生产回收废钢包括折旧回收、社会回收的废钢，其范围较广。

折旧回收的废钢又称“折旧废钢”，是指各种钢铁制品（如机械设备、车辆、船只、容器、家用电器、铁路、公路运输系统以及武器等），达到使用寿命并报废后形成的废钢。折旧回收包括正常报废回收、过时报废回收、事故报废回收。

正常报废回收是指对超过规定使用年限，已失去使用价值的设备回收；过时报废设备是指精度要求高的设备，不论是正常使用或闲置没用，一旦超过年限，要强制报废；事故报废设备是指在生产中发生某些重大事故，设备受到损坏而报废，例如航空、航海机械设备、仪器、机床、动力设备、农业机械、运输工具、车、船等。这类废钢铁占废钢铁回收总量的25%～30%。

社会回收这部分废钢铁资源分散于城乡、各行各业，品种多、质量杂，也是不可忽视的潜在资源，例如日用器皿、细小五金等。这类废钢铁占钢铁回收总量的5%～10%。此外，非生产回收还包括一些多年被埋藏在地下和沉积在江河湖海中的废钢铁，如地下管道、报废工程、沉船等，把它们打捞和挖掘出来，数量也很可观，也是废钢铁的一个重要来源。

15.4.1.3　外购

外购即进口废钢，也是废钢铁的重要来源，有的国家如日本、意大利缺煤少铁，而钢铁工业发展又很快，主要靠大量进口矿石、生铁和废钢。我国也是长期进口废钢的国家，并且已出台了新的废钢铁进口标准。

15.4.2　废钢铁的鉴别

废钢铁分为废钢和废铁两大类（参见标准 GB 4223—2004）。由于废钢铁来源渠道广泛复杂，材料大小、薄厚、长短、成分有着千差万别的区别，到目前为止，尚没有一种实用的广泛普及的废钢铁检验设备或机械；全国废钢经营者和钢铁企业在对废钢进行质量检验时几乎绝大部分是凭工作经验，机械设备作为辅助设备，理化检验效率较低。鉴别的方式主要有下面几种。

15.4.2.1　理化和仪器检验

理化检验是应用物理或化学的方法，借助量具、仪器及设备等对受检物进行检验；理化检验通常能够测得检验项目的具体数值，精度高，人为误差小。废钢铁理化检验项目通常有碳、磷、铜等。废钢铁的理化检验一般是适用于同一品种的整批料型检验，这种检验方法适用于同一类、同一品种的批量废钢铁或在冶炼时对废钢铁有特殊要求。

手提光谱仪检验鉴别是根据各种元素在高温下激发出的光谱特征来确定钢种。

15.4.2.2 感官和经验鉴别

感官鉴别是一种经验鉴别法，是通过人的手、眼、耳等感觉器官，对废钢铁的形态、色泽、音响、软硬程度等进行观察和触觉，从而达到正确区分废钢铁种类的目的。

主要可分为下面几种方法。

外形鉴别：废钢和废钢铁有明显的区别，主要在于其生产方法和制品的品种各有不同。

颜色、声响鉴别：各种钢铁的化学成分、力学性能不同，其色泽和声响也不相同。钢的表面一般呈黑灰色，略带浮锈即呈黑棕色，断口质地细密，呈灰白色，有光泽，敲击时声音清脆，尾音较长；工业纯铁断口呈青灰色，光泽较暗，敲击时声音似钢，但较闷，尾音较短；灰口铸铁表面饱满、气孔很少，断口较粗糙，呈颗粒状，颜色灰黑，敲击时声音低哑、发闷，无尾声；白口铸铁表面有凹形收缩、较粗糙、多气孔，断口呈白色，敲击时有“叮叮”的尖声，尾音短。

磁性鉴别：根据钢铁有磁性的特点，用磁石（吸铁石）试吸是一种普遍采用的鉴别方法。

硬度鉴别：由于碳含量不同，各种钢铁的硬度也不相同。鉴别时可选用一些标准件，用敲击对比的方法，从硬度来区分所要鉴别的废钢铁的性质。

火焰切割鉴别：用氧气加乙炔（现在有用天然气或丙烷的）进行切割检验鉴别。如果是一般的普通碳素钢非常易切割，火焰所到之处，割口即切开流下钢水；如果是废铸铁火焰所到之处，割口不易切开，铁水不下流，有的仅能烤出几个凹坑；如果是合金钢，火焰所到之处割口也能割开，钢水下流，但较普通碳素钢难切割。

断口鉴别：根据废钢铁破断形成的断口或用物理、机械的方法将其破断，观察其断口进行鉴别。

15.4.2.3 火花鉴别

火花鉴别：是一种简便而又比较可靠的方法，用砂轮打磨，根据爆出的火花颜色及形状来检验鉴别，根据砂轮磨削废钢铁时火花爆裂的形状、流线、色泽等可以粗略地分辨出钢的成分。检验时为了能够更加准确地鉴别判定，应备有各种标准样块，以便进行检验比较，这种方法最好在平时工作中应用，在有经验的老师傅指导下进行多次练习，以熟练地掌握各种火花的颜色和形状。

火花鉴别的方法和特征：废钢铁磨削时产生的全部火束，火束中每一条好像直线的火流称为流线，分为直线流线、断续流线和波浪线，含碳量越多流线越短；碳钢的流线多是亮白色，合金钢和铸钢是橙色和红色，高速钢流线接近暗红色；碳钢的流线为直线状，高速钢的流线呈断续状或波纹状。

15.4.3 废钢铁的加工

15.4.3.1 氧气切割

氧气切割是一种方便快捷的废钢铁加工方法，是目前我国在废钢铁回收加工、废车、废船、废家电拆解当中应用最广泛、最普遍的方法，能切割各种结构废钢，各种规格的管、角、板、槽材，对船舶、汽车进行解体，小巧灵活、方便实用，是任何一种加工机械所无法比拟的。

氧气切割的具体操作是，以氧气、乙炔（或不用氧气）为燃料通过切割枪对废钢铁进行解体，使其达到规定的尺寸标准。氧气切割有两种方式，一种是切割枪切割，另一种是吹大氧切割，使用的割枪是自制的割枪。

15.4.3.2 机械加工

机械加工废钢铁具有铁料损耗小、环境污染小、废钢铁加工质量高等优点，是目前废钢铁加工的发展方向，应大力提倡和推广。目前废钢铁加工设备的主要种类有：液压金属打包机、废金属剪切机、龙门式剪切机、立式液压打包机、金属屑压块机、废钢铁粉碎流水线等。

破碎机：破碎机的产生与发展，与废钢铁行业的发展息息相关，由于破碎废钢铁的优越性，使电弧炉的经济技术指标得以提高，受到各钢铁企业的欢迎。并由此促进破碎机不断研发和扩大生产，使用范围也越来越广，技术性能越来越好，甚至能对整辆报废小汽车和整台报废家用电器进行处理，配以适当的输送机和分选设备，可方便地组成废钢铁破碎生产线，无须拆解即可对报废的小汽车和家用电器进行自动化生产处理加工，将钢、铜、铝、铅、锡、非金属物进行分离，得到纯净的破碎废钢料和有色金属与可再利用的非金属物质。同时还特别适合把诸如汽车薄板、白色家电、报废彩板等轻薄料加工成破碎废钢料，经加工后的轻薄料虽仍质地轻薄，但堆密度增大，宜于配料、加料、熔化，属上好的废钢铁原料，在冶炼使用时可加大装入量，缩小体积，熔化快，减少电耗。目前我国最大的废钢铁破碎生产线在山西建成并投入使用，年加工能力达 150 万吨，是目前世界上最先进、处理能力最大的废钢铁加工设备，加工出来的不锈钢废钢，纯度更高，有利于电炉冶炼。国外生产和使用的破碎机，以美国、德国、日本的技术为领先。

落锤：一种以重力加速度的方式破碎大件废钢铁的加工方法，主要破碎渣钢、废铸铁件、渣铁、钢锭模、渣罐等大型铸钢、铸铁件。

移动式液压剪切机：近几年在废钢铁业内使用的大型废钢铁剪断设备，特点是方便灵活、快速、剪断力大、多功能、高效率。可剪断直径 300mm 以下，壁厚 20～30mm 的无缝钢管，产量 20～30t/h，相当于 20 个切割工的工作量，适用各种料型废钢铁，可剪断厚度 30mm 以下的大型管、角、槽、板、带等废钢。可直接拆解火车车厢、汽车车厢、钢结构件、建筑物钢结构废钢等。另外其功能多样，卸下剪刃换上抓斗即是抓钢机、换上锤头即是建筑物拆除机、换上挖掘斗即是挖掘机，特别是剪刃、抓斗互换，在废钢铁剪断、归垛、叠放、码高、装车上效率极高，一台移动式液压剪切机可同时代替一台起重机、一台装载机的工作。

自制废钢铁加工设备：各钢铁企业的产成品不同，厂内返回的废钢铁也不同，各企业可根据自己企业的厂内返回废钢铁的不同特点研发自制一些设备进行加工。天津钢管公司在管材生产中产生的切头、切尾是圆孔状的管头、管尾（统称管头），长度在 100cm 左右，直径从 100～720mm 不等，该管头特点是堆积滑动大、不能堆高、储存占地面积大、密度小、配料使用时占体积大，因此，配料使用困难，配料工不愿使用。针对管头的这种缺点，工作人员经过调研试制，将管头压扁，增大了堆密度，储存由原来的 $10m^2$ 存放 2～3t，提高到 10t，解决了配料的使用问题和加料时的料高问题，是自制废钢铁加工设备的成功案例。

金属屑压块机：用于机械加工等钢制品生产企业所产生的钢车屑、铸铁屑等压制成高密度圆柱体压块，以增加其堆密度，便于回收和冶炼。

15.4.3.3　人工分拣

采购到场的废钢铁来自于各行各业，型号种类混杂，规格不一，不能直接配料入炉。必须通过人工分拣才能使用。所谓的人工分拣就是通过人的感官或肢体鉴别后，把废钢铁按要求分类。人工分拣可用铲车、抓钢机、天车配合，以提高工作效率。我国人口众多，劳动力资源丰富，人工分拣废钢铁可以起到事半功倍的效果。在入炉前，按照所炼钢种的要求，把废钢铁分拣分类好，装到炉子里，这种原始的废钢铁加工方法，不能忽视，对于节省电耗、缩短冶炼周期、节约合金元素、延长炉体寿命有着非常重要的意义。

人工分拣的原则和要求：

废钢、废铁分开；

废钢铁中的有色金属挑出；

废钢铁中的有害物质、爆炸物、封闭物、不能明确其来源或用途可疑物品挑出；

外形合乎尺寸要求和不合乎尺寸要求的分开；

重、中、小型料分开；

含有水泥、耐材、石块、土杂、沙土、橡胶等其他不导电物品及废钢铁挑出；

合金钢、碳素钢分开（可按用途，火花鉴别）；

违规品、违禁品挑出。

15.4.3.4　劈铁

一种比较古老的断开废铁的方法，目前仍在使用。如以处理铸铁件为例，火焰切割不开、硬度高、脆性大、柔韧性差，只有利用铸铁的特性，人工用砂轮锯、楔子、大锤，将铸铁件劈开，劈成合格料。

15.4.3.5　磁选

主要用来分选钢渣中的铁元素，有湿式磁选和干式磁选。

湿式磁选设备组成：大功率三相异步电动机、减速机、滚筒（滚筒里有耐磨衬板和耐磨铁球）、强磁磁选机等。

干式磁选设备组成：大功率电动机、减速机、六棱滚筒。磁选过程：把含有钢渣的渣钢装到六棱滚筒内，启动电机，转动滚筒，旋转1～1.5h，渣钢在筒内通过强烈的撞击和摩擦，渣钢上的渣子与渣钢剥离，使渣钢更加纯净。

15.4.3.6　清洗

用各种不同的化学溶剂或热的表面活性剂，清除钢件表面的油污、铁锈、泥沙等。常用来大量处理受切削机油、润滑脂、油污或其他附着物污染的发动机、轴承、齿轮等。

15.4.3.7　预热

有的废钢铁沾有油污和润滑脂之类的污染物，废钢铁熔融时会造成污染。露天存放的废钢铁受潮或雨雪后，夹杂水分和其他易汽化物料，特别是在冬季有时会有冰块夹杂于废钢铁中，这些会在炉内汽化膨胀而形成爆炸气体，造成严重的安全事故，也不宜加入炼钢炉。为此，可采用预热废钢铁的方法，使用火焰直接烘烤废钢铁，烧去水分和油脂，再投入电炉中，预热后的废钢铁在冶炼时也可节省电耗。但是预热当中，需要解决的是不完全燃烧油脂能产生大量的碳氢化合物、造成大气污染的问题。

15.4.3.8　废钢铁爆炸破碎

爆炸破碎也是一种常用的加工废钢铁的方法，特别适用于一些大块的渣钢坨、大铸余和用其他方法难以加工的重型废钢铁件，这些重型废钢铁经过爆炸破碎后，可得到80%～90%的合格入炉料，加工成本比氧气切割低，金属损耗比氧气切割少，得到的合格入炉料非常洁净，是一种低成本的加工方法。但是目前由于炸药等安全风险责任管理上的问题，使用较少。

项目 16　废铝的资源化利用

16.1 案例

颗粒增强铝基复合材料的应用

我国废金属再生资源行业发展一直缓慢，仍然徘徊在买废卖废、简单加工的阶段，发展深加工的综合利用已经迫在眉睫，有选择地将其中几种废物的处理过程优化整合为高效封闭的处理系统，生产出有市场前景的废物复合材料，最终实现废物的资源化，具有良好的示范作用和意义。金属基废物复合材料的比强度和比模量高，工作温度高，层间剪切强度高，并具有导电、导热、抗疲劳、耐磨损、不老化、不吸湿、不放气、尺寸稳定等特性，是一种优良的结构材料，在汽车、船舶、电子、机械等工业中具有一定的应用前景。以下介绍一种以废玻璃粉、废铝易拉罐为原料制备玻璃/铝基废物复合材料的工程实例。

玻璃/铝基废物复合材料的抗拉强度和纯铝的抗拉强度相当，硬度比铝的硬度高，耐磨性能比铝好，又有一定的抗弯强度和抗压强度，还具有导电优良、密度小、热膨胀系数小、尺寸稳定性好等较好的综合实用性能，可以在强度要求不高、重量要求轻、耐磨要求高的场合应用。托辊是皮带运输机的主要配件，属易损件，全国每年为皮带运输机配套的托辊约为500万个，所以皮带运输机的托辊消耗量大。钢制托辊重量大，电机所耗的功率大，为减轻重量，国内也有用橡胶或塑料制造的托辊，由于这些材料是绝缘的，输送带与托辊长期摩擦而产生的静电不能导入大地，电荷积累到一定程度会产生火花，所以不适合防爆的场合。与橡胶和塑料制成的托辊相比，用玻璃/铝基废物复合材料制造的托辊，其导电性好，可避免静电导致爆炸事故的发生；且其强度和刚度比橡胶和塑料好，又由于硬的固体质点玻璃和软的铝基体复合，可大大改善铝合金的耐磨性能，所以比橡胶、塑料托辊耐磨经用。用玻璃/铝基废物复合材料做的托辊综合性能好，密度低，为2.53～2.57g/cm^3，只有钢的1/3，不仅可以节约大量的钢材，还可以使皮带运输机的运行功率减少，从而可大幅度节约能耗，而且，橡胶或塑料托辊很易损坏而价格和钢的也差不多，而玻璃/铝基废物复合材料制造的托辊，原料是回收的废旧玻璃和铝制易拉罐，价格相对较低。

16.2 案例分析

16.2.1 颗粒增强金属基复合材料的原理

16.2.1.1 颗粒增强金属基复合材料的定义

复合材料是由两种或两种以上物理和纯学性质不同的物质组合而成的一种多相固体材料。复合材料的组分材料虽然保持其相对的独立性，但复合材料的性能却不是组分材料的简单加和，而是有着重要的改进。复合材料中，通常有一相为连续相，称为基体；另一相为分散相，称为增强材料。分散相是以独立的形态分布在整个连续相中，两相之间存在着相界面。分散相可以是增强纤维，也可以是颗粒状或弥散的填料。颗粒增强铝基复合材料的性能主要取决于铝合金的种类，增强体的特性、含量、分布，以及界面状态等。因此，基体和增强体的选择对颗粒增强铝基复合材料的性能起到决定性因素。为了使得到的颗粒增强铝基复合材料的具有较高的比模量和比强度，通常会在基体中加入高强度、高模量的陶瓷颗粒。由于颗粒增强铝基复合材料中铝或铝合金的含量较高，体积分数一般在80%～90%，因此，颗粒增强铝基复合材具有良好的导热性。

16.2.1.2 增强原理

颗粒增强铝基复合材料是以纯铝或铝合金为基体，复合添加一定的颗粒增强相而成的。颗粒增强铝基复合材料的强化机理是弥散强化和位错理论，在外加剪切应力的作用下，当基体金属中的位错所受到的力达到临界应力而发生运动，即基体金属发生塑性变形。如果位错运动受到增强颗粒的阻碍，就会产生位错塞积，从而使增强颗粒受到一个较大的应力。塞积位错越多，该应力就越大。

颗粒增强铝基复合材料的强度是协同效应的结果，协同效应反映了组分材料的原位特性，即各组分单独存在时的性能不能表征组成复合材料后的性能。目前协同效应的力学模型和基本规律尚未充分建立，对其进行理论分析的难度很大。强度问题的复杂性来源于组分的各向异性、不规则分布和不同的破坏模式，包括增强体的种类、含量和均匀分布程度，基体合金的种类和热处理状态，界面结合的性质和强弱，裂纹生长的干预等。增强体偏聚团是裂纹源，在材料受载时将加快裂纹的扩展。制备技术的不同将导致微观结构的差异，如亚晶粒和位错密度的大小等也会影响材料的强度。同时，颗粒增强铝基复合材料的强度和破坏方式具有一定程度的随机性。

16.2.2 颗粒增强金属基复合材料的工艺流程

通过搅拌桨在金属铝熔体中做高速旋转，形成以搅拌旋转轴为对称中心的旋转涡流，将废玻璃颗粒加到旋涡中，依靠旋涡的负压抽吸作用，玻璃颗粒逐渐混合进入金属熔体中，并与其复合在一起，形成均匀的玻璃/铝基复合材料，加热升温到浇注温度，进行浇注成锭；经升温挤拔，可生产皮带运输机所用的托辊产品。玻璃颗粒属于硬质点颗粒，对铝基体的位错运动起着阻碍和钉扎作用，从而使铝基体得到增强。

铝基废物复合材料的制备工艺流程见图4.2。将已焖烧除漆打包好的压块放入熔化电阻炉中，按步骤再加入精炼剂、结晶硅等，除渣冷却后得到液态合金，以供搅拌使用；搅拌工艺即为搅拌桨在金属铝熔体中做高速旋转，形成旋转涡流，将废玻璃颗粒加到旋涡中，依靠旋涡的负压抽吸作用，玻璃颗粒逐渐混合进入金属熔体中，得到混合均匀质地良好的复合材料。

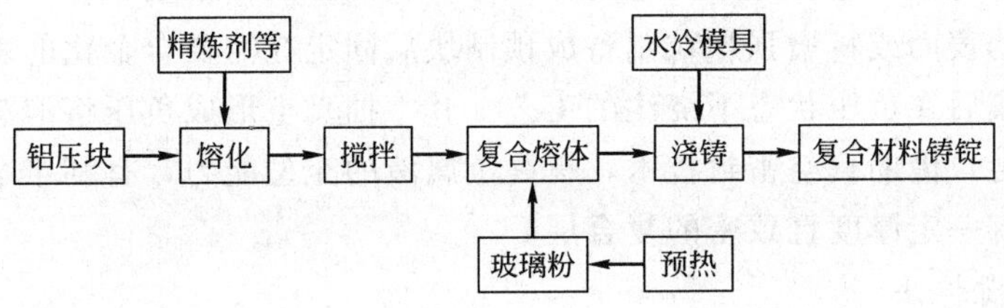

图4.2 铝基复合材料制备工艺流程

16.3 任务

整理废铝的来源、鉴别、加工与回收方法

16.4 知识拓展

16.4.1 金属基废物复合材料的制备方法

16.4.1.1 粉末冶金法

将增强体颗粒与基体粉末混合均匀，然后对粉末混合物真空除气，去除易挥发的物质，最后在适当的条件下烧结成粉末冶金制品的复合制备方法。粉末冶金法的优点是：增强体含量可随意控制，且分布较均匀；同时通过工艺参数调整，使界面反应控制得当；用粉末冶金法制备复合材料的性能可按应用要求进行设计，通过改变增强体的形状、大小、数量和其他工艺参数，可在很大范围内进行调整。

16.4.1.2 真空压力浸渍法

在浸渍炉内，采用高压惰性气体，将液态金属压入由增强物制成的预制件中，制备出复合材料，其特点是金属处于熔融状态，流动性好，液态基体容易填充到增强物的周围，增强物也容易分散到液态金属中。

16.4.1.3 挤压铸造法

将增强体制成具有一定孔隙及形状的预制件，然后通过压力机将液态金属强行压入预制件中并在压力下凝固成复合材料。在挤压铸造法中预制件的制造是关键，预制件需要一定的机械强度，以避免在液态金属压渗过程中变形，造成增强物分布不均匀而影响复合材料的性能。

16.4.1.4 普通铸渗法

在铸型型腔表面涂刷合金粉末或陶瓷颗粒的涂料，利用液态金属的流渗能力以及金属液的余热，使金属液与增强粉末间发生冶金作用，直接在铸件表面形成合金化复合层的制备方法。该复合层具有耐磨、耐蚀、耐高温等特殊性能。

16.4.1.5 真空密封造型铸渗法

在抽气室的砂箱内填入单一干砂，稍加紧实，然后将型面和砂箱背面覆有塑料薄膜的砂箱抽真空，利用砂箱内外的压力差使铸型定型，然后起模、合箱，在保持真空状态下浇注金属液得到复合材料的制备方法。与传统砂型铸造相比，真空密封造型法铸造的铸件表面光洁度好、尺寸精度高、工艺操作简便、适用范围广、生产成本低。

16.4.1.6 消失模铸渗法

也叫实型负压铸渗工艺，即用聚苯乙烯泡沫材料制备试样模型，将增强颗粒均匀涂覆于试件需要合金化的表面或将增强颗粒制备成预制块后固定在需要合金化的表面，然后将模型埋入干砂中，振实后在负压状态下浇注的工艺，其中抽真空形成负压将泡沫塑料和涂胶汽化中产生的气体抽走，借助真空密封技术，提高金属液的充型能力，有利于金属液在颗粒间的渗透，从而获得有一定厚度且致密的复合层。

16.4.1.7 电磁搅拌法

通过电磁场作用在金属液中产生驱动力，使金属液受力产生运动，增强颗粒加入后可以被搅动直至分布均匀。按金属液的流动方式来分，一种是水平式，即感应线圈平行于铸型的轴线方向；另一种是垂直式，即感应线圈与铸型的轴线方向垂直，一般影响电磁搅拌效果的因素有搅拌功率、冷却速率、金属液温度、浇注速度等。

16.4.2　废物复合材料的优势和发展前景

废物复合材料所选用的原料部分或全部来自于工农业生产排放的废物。由此产生的效应有三方面：废物复合材料的原料来源广泛，价格比较低；这些废物如果不能被再利用，必定会给环境带来很大的负荷，即使采用填埋、焚烧、堆肥化等工序进行处理，在处理过程中，中间和最终产物产生的长期效应也会导致对环境的污染和破坏。因此，废物复合材料的研发和制备不但大大减小了废物对环境的负效应，而且为社会消耗了大量的废物；各行各业排放的废物中必然有一部分还具有利用价值，直接丢弃一方面会造成资源的浪费，另一方面也加快了地球上有限的一次资源的消耗。所以，开发和利用废物复合材料可以节约日益短缺的一次资源。因此，从原料来讲，废物复合材料相对于其他材料和复合材料更具有环境友好的优势。特别是在全球范围内提倡循环经济的今天，制备和研发废物复合材料必将具有广阔的发展前景。

循环经济是以物质、能量梯次和闭路循环使用为特征的，在环境方面表现为污染低排放，甚至污染零排放。循环经济倡导一种建立在物质不断循环利用基础上的经济发展模式，它要求把经济活动按照自然生态系统的模式，组织成一个“资源—产品—再生资源”的物质反复循环流动的过程，使得整个经济系统以及生产和消费的过程基本上不产生或者只产生很少的废物。利用各种废物生产中、低档性能的废物复合材料是循环经济中至关重要的一个环节，它使循环经济“资源—产品—再生资源”的模式真正得以现实，同时也尽可能实现了物质反复循环流动的过程。随着国家重视程度的日益提高和科研技术水平的日臻完善，废物复合材料的研发和制备将有可能从真正意义上实现全社会废物的零排放。无论是从原料所具有的特点还是从材料本身的可回收利用性出发，废物复合材料都具有很明显的优势。特别是在资源日益稀缺的今天，研发利用廉价的废物作为原料制造中、低档性能的废物复合材料必将具有广阔的前景和更大的发展空间。

项目17　电子废物的资源化利用

17.1　案例

国内外电子废物的处理与资源化现状

① 我国的情况

我国目前是全球最大的电子垃圾倾倒场，全世界每年产生的电子废物约70%进入了中国。我国已成为继美国之后的世界第二大电子废物生产国，目前我国电视机的社会保有量达3.5亿台、冰箱1.3亿台、洗衣机1.7亿台。这些电器大多数是20世纪80年代中后期进入家庭的，按照10～15年的使用寿命，从2003年起，每年将至少有500万台电视机、400万台冰箱、600万台洗衣机要报废。此外由于电脑、手机的消费量激增，电脑平均寿命不断缩短，每年约有500万台电脑被淘汰。目前我国每将报废的手机就有7000万部之多，加上手机附件和电池，产生的电子垃圾约在40万吨左右。

我国尚未建立电子垃圾回收的正常渠道，小商小贩是回收电子垃圾的主力军。对于废旧家用电器的回收，一是被简单处理后又流入低收入家庭或农村；二是被拆解后其中仍有一定使用价值的元件被翻新改装，再次流入市场，而没有利用价值的部件扔掉后被填埋或焚烧。目前很多地方都存在着电子垃圾的拆解场和集散地，其中大多数都在用“19 世纪的技术来处理 21 世纪的废物”。由于处理手段极为原始，只能通过焚烧、破碎、倾倒、浓酸提取贵重金属、废液直接排放等方法处理，造成了极其严重的生态恶果（污染严重的地区，对生物体有严重危害的重金属钡的质量浓度 10 倍于土壤污染危险临界值、锡为 152 倍、铬为 1338 倍、铅为危险污染标准的 212 倍、水中的污染物超过饮用水标准数千倍）。

广东贵屿镇的电子垃圾集散处理中心不仅有来自全球的废弃计算机和零部件，同时还有来自惠普、三星和松下的几乎全新的瑕疵产品。贵屿并不是一个电子垃圾再生工厂，只是露天的电子垃圾集散处理地，为了节省成本，贵屿的家庭作坊基本都采用原始的方式拆解，并将有毒有害的废物露天堆放，最终露天焚烧处理。回收过程中产生大量的酸液和残渣，直接排放在当地河流，造成了地表水与地下水的严重污染，最终导致方圆百里之内没有饮用水，导致临近村庄 88%的儿童铅中毒，镉中毒和铅中毒已经成了贵屿最常见的疾病，各种癌症不停地夺走居民的生命。而且，重金属对于土地、水源的污染需要极长的时间才能修复，而对于人体中枢神经的伤害则是不可逆的。类似的情况，正在浙江、湖南、江西等各地发生，在大力拉动经济发展的同时，透支着子孙后代的生存环境。

② 国外电子废物的处理情况

1990 年以来，日本环境政策的焦点主要集中在对各种废物的回收和再生处理方面，制定并颁布实施了 7 部相关的法律，成为后来建设循环型社会的基础。1991 年修订《废物处理法》和颁布《再生资源利用促进法》，明确地对家电生产企业提出了加强再生性设计，提出了在外观上加注再生标识的要求；2000 年颁布的《家用电器再生利用法》规定制造商和进口商负责自己生产和进口产品的回收和处理；2001 年实施的《家电回收利用法》，贯彻“谁扔垃圾谁付钱”的原则，规定市民应负担回收处理费用，强制规定家电生产厂必须承担家电回收的责任，2001 年实施的《资源有效利用促进法》，规定生产厂家有义务回收废旧电脑并将其进行再商品化或再生资源化处理。明确规定电冰箱、洗衣机回收利用率必须达到 50%以上，电视机的回收率必须达到 55%以上，空调的回收利用率必须达到 60%以上。2003 年日本颁布并实施了《家用 PC 回收法》，规定消费者新购买 PC 时需负担回收费用，新购一台笔记本电脑需付 1000～1500 日元回收费用。日本东芝公司专门建立了回收电子废物的工厂，并于 1998 年开始使用不含卤素的底板生产笔记本型电脑；索尼在 2002 年开始停产含有有毒化学物质 HFR 的产品；东芝公司和松下电工联合投资在福冈县的北九州市建立了西日本家电再利用工厂，该工厂可以对电冰箱、洗衣机、电视机和空调器进行回收再利用。日本主要手机通信运营商、手机制造商组成了“手机回收网”，可供选择的手机处理点包括手机专卖店、手机厂家和一些便利店。比如，日本第三大手机运营商“软银”在全国大约 1300 个店铺设置了“手机回收箱”，为确保个人通信隐私，引进了“手机破碎机”，当着用户的面把手机物理破坏后再回收。日本还把回收利用电子垃圾的“手续”推进到生产阶段，家电制造商在生产环节就要在各种零部件和材料上标注材料成分、解体顺序、拆卸方式等细节，以利于今后的回收利用环节。

美国从 2002 年开始，针对废弃家电的回收利用出台了一系列法规。如对从事回收家电产品中制冷剂的人员资格、使用的设备以及回收比率等进行明确规定；通过采取采购优先政策来推动包括废旧家电在内的废物的回收利用等；新泽西和宾夕法尼亚等一些州还通过征收填埋和焚烧税来促进废物的回收利用；马萨诸塞州制定了美国第一部禁止私人向填埋场或焚烧炉扔弃电脑显示器、电视机和其他电子产品的法律；加利福尼亚州的电子废物回收再利用法案规定顾客在购买新的电脑或电视机时要交纳每件 6～10 美元的电子垃圾回收处理费。德国 1992 年颁布实施的《电子废物条例》，明确了电子产品制造商和零售商回收电子废物的责任。

欧盟公布了《报废电子电器设备指令》和《关于在电子电器设备中禁止使用某些有害物质指令》，要求成员国确保从 2006 年 7 月 1 日起，投放于市场的新电子和电气设备不包含铅、汞、镉、六价铬、聚溴二苯醚和聚溴联苯等 6 种有害物质。法令还规定，所有在欧盟市场上生产和销售笔记本电脑、台式电脑、打印机、CPU、主板、鼠标、键盘、手机等从业者，必须在 2005 年 8 月 13 日以前，建立完整的分类、回收、复原、再生使用系统，并负担产品回收责任。

德国波恩每年有两天是收废旧家电的时间，市民会把自己家里淘汰的旧电视、冰箱、收音机等拿出来，统一堆在路边，由市政公司收走处理。德国建有一个年处理近 21000t 电子废物的综合工厂，主要处理电子通信方面的废物。

芬兰每年回收利用的电子垃圾达 5 万吨，其中 50％以上是由已有近百年历史、设有 20 个回收站的库萨科斯基公司进行分类加工处理。回收各种电子垃圾和金属垃圾，预先分类厂先将废品中的有害物质拆除，再进行拆卸并按不同材料进行分类；其中一些材料可以加工处理成原材料，出售给那些可以再利用它们的工厂；各种电子垃圾源源不断地通过传送带送到人工分拣线上，可回收利用的物质进行挑选分拣，金属机壳、金属薄板、电路板、导线、塑料等分门别类地放进不同的回收箱。其中，手机电池、打印机墨盒等有害垃圾单独存放，被定期送到专门的有害垃圾处理厂进行无害化处理。电视机显像管和液晶显示屏也被放进专门的回收箱，然后送到专业公司回收加工后可生产出工业原料（铅和玻璃）。

加拿大 2010 年埋葬或焚化近 50 万吨弃用电脑和电子设备。2011 年对电子垃圾另类处理做出更严格规定，对把电子垃圾混进生活垃圾的事主处以至少 50 加元的罚款，外加交付清理分类所产生费用的 50％。“环境处理费”是根据每件电子垃圾处理过程中产生的实际费用，并保证回收企业能得到一定利润的回报而设定收费标准。其中电视和显示器的“环境处理费”最高，消费者如要购买一个 29 英寸以下的电视或显示器，需交付 9 加元的“环境处理费”，而如要购买 29 英寸以上的电视或显示器，则须交付 31.75 加元的“环境处理费”，此费用将用于电子垃圾的回收、运输、处理及提高公众环保意识的宣传费用等。

17.2　案例分析

17.2.1　电子废物的危害

我国环保部在《关于加强废弃电子电气设备环境管理的公告》中指出，电子废物是指依靠电流或电磁场来实现正常工作的设备，以及生产、转换、测量这些电流和电磁场的；其设计使用的电压为交流电不超过 1000V 或直流电不超过 1500V 的废弃电子电气设备。具体包括：冰箱、洗衣机、微波炉、空调等大型家用电器；吸尘器、电动剃须刀等小型家用电器；计算机、打印机、传真机、复印机、电话机等信息技术（IT）和远程通信设备；收音机、电视机、摄像机、音响等用户设备；钻孔机、电锯等电子和电气工具；电子玩具、休闲和运动设备；放射治疗设备、心脏病治疗仪器、透视仪等医用装置；烟雾探测器、自动调温器等监视和控制工具；各种自动售货机。

电子垃圾不仅量大而且危害严重。特别是电视、电脑、手机、音响等产品，有大量有毒有害物质，如电视机的显像管含有易爆性废物，阴极射线管、印刷电路板上的焊锡和塑料外壳等都是有毒物质，制造一台电脑需要700多种化学原料，其中50%以上对人体有害；一台电脑显示器中仅铅含量平均就达到1kg多；电冰箱和空调器的制冷剂氯氟烃（CFCs）和保温层中的发泡剂氢氯氟烃（HCFCs）都属于损耗臭氧层物质（ODS)，丢弃废旧冰箱（包括冰柜和商用冷冻机）和空调器中的冷冻剂会直接破坏大气臭氧层；铅在电脑和电视机中主要存在于CRT玻璃屏和印刷电路板中，含量占电脑总质量的6.3%～6.5%，每台电脑中阴极射线管内含有约3.6kg的铅；镉在半导体和SMD芯片电阻的制造中使用，镉通过吸入或食入进入人体，对人体的危害属于不可逆转的一类，可在体内蓄积，损伤肺部、肾脏和骨骼；激光打印机和复印机中的炭粉也是导致从事打印和复印工作人员肺癌发病率升高的元凶；电脑和电视机中塑料的平均质量比例为23%～25%，这些塑料中聚氯乙烯（PVC）约占26%，是严重污染环境和有害人体健康的塑料品种之一，一旦燃烧会产生二噁英和呋喃，具有极强的毒性和致癌性。

17.2.2 电子废物的资源化利用

电子垃圾中也蕴含着巨大的经济价值，如空调和冰箱其外壳、制冷系统有着成分比较单一的铁、铝、铜、塑料等。其他的如取暖器具、清洁器具、厨房器具、整容器具、熨烫器具中同样含有大量的铁、塑料等。因此回收利用这些电子垃圾不仅可以减少其对环境的威胁，而且还可以充分利用其资源。以电路板为例，其蕴含的经济价值也是巨大的。表4.2就电脑中印刷电路板所含元素进行了分析，电路板中所含的贵重金属含量远远高于天然矿石的工业品位，可以从手机锂电池中回收锂，可以从电脑的中央处理器、散热器、硬盘驱动器等上面回收铜、银、黄金、铝等贵重金属，电脑外壳、键盘、鼠标中也含有铜和塑料，重新加工后可制作水管和笔座，甚至连电源线也可成为家具或者平底锅的材料。

有研究显示，1t随意收集的废弃电子板卡中仅是黄金就能分离出1lb（1lb=0.453kg，下同)，另外，还有大量的铜、锡、铝、铅、硅等金属。而报废手机中，更是能回收到金、银、钯、锂等多种贵重金属。电子废物中蕴藏着丰富的“城市矿山”，废旧电器的回收再利用也是建设资源节约型、环境友好型社会的重要实践。对于“城市矿山”，日本有极好的解读，这个矿藏极度匮乏、几乎全部依赖进口资源、靠着开展了60年的“垃圾革命”的国家，向废物这一“城市矿山”要资源，使原料自给率达到了80%。

表4.2 电脑中印刷电路板所含元素分析

成分	含量	成分	含量	成分	含量	成分	含量
Ag	3300g/t	Fe	5.3%	Bi	0.17%	Sr	10g/t
Al	4.7%	Ga	35g/t	Br	0.54%	Sn	1.0%
Mg	1.9%	Mn	0.47%	C	9.6%	Te	1g/t
As	<0.01%	Mo	0.003%	Cd	0.015%	Ti	3.4%
Au	80g/t	Ni	0.47%	Cl	1.74%	Sc	55g/t
S	0.10%	Zn	1.5%	Cr	0.05%	I	200g/t
Ba	200g/t	Sb	0.06%	Cu	26.8%	Hg	1g/t
Be	1.1g/t	Se	41g/t	F	0.094%	Zr	30g/t

注：%表示质量分数。

17.3 任务

综述电子废物的处理方法和资源化途径

17.4 知识拓展

17.4.1 我国电子废物资源化的发展前景

国家发改委已会同有关部门着手研究建立我国电子废物回收处理体系，起草制定《废旧家电及电子产品回收处理管理条例》。回收处理电子废物将推行生产者责任制，以资源循环利用和环境保护为目的，建立多元化的废旧家电回收体系和集中处理体系，实行分散回收，集中处理；回收处理企业实行市场化运作。

总投资达 6500 万美元，国内首家专业环保电子废物全程无污染处理工厂已经在无锡正式破土动工，每年的废物处理能力将达到 6 万吨，英特尔、诺基亚、惠普、飞利浦等在长三角落户的跨国公司生产的电子废物，都将由该厂处理。报废电脑、手机的电路板、芯片、硬盘软驱等电子垃圾，将先被分类、拆解，接着其中的电路板、芯片、元件等会被粉碎成微粒，再使其溶解，从中分离出有价值的材料和金属包括金、银、铂、钯等贵重金属。

山东临沂废旧电器电子产品资源化处理项目，目前拥有资源化拆解处理废弃电视机、空调、洗衣机、电冰箱、电脑等废旧电子电器产品的拆解线，年拆解处理能力为 120 万台，同时引进了电视机（电脑）荧光屏玻璃切割分离及干式清洗涂层技术与设备，大幅度提高了荧光屏玻璃的再生利用率和荧光粉无害化处置效率。公司新上德国进口的冰箱全自动拆解处理线，是国内第一条全自动拆解线，居国际领先水平。

上海伟翔环保公司着重于提高电子废物的再生利用率，通过废塑料改性、锂电池破碎后电选/磁选、金属集中提取等技术，构建了“电子废物集中回收—高效资源化利用—无害化处置”的循环经济产业链。

广东将在全省八个城市建设八座大型的符合环保标准的废旧电子电器回收利用、处理处置中心，基本形成覆盖全省的废旧电子电器回收利用网，规划总投资 5.8 亿元，建成后年处理废旧电器占到年产生量的九成。

深圳格林美公司着眼于废物的深度资源化，在多平台、有体系的电子废物回收链条保障下，运用自动化拆解及原生化和再制备技术进行整体资源化循环利用，创造了由电子废物循环再造塑木型材、电积铜、稀贵金属等低碳高附加值产品的资源化模式。

海信集团出资成立的我国首家家电服务商赛维集团，其业务范围包括回收废旧家电、二手家电交易等一系列服务；苏宁电器和 TCL 公司在我国首次提出了“生产者、经销商延伸责任”，率先在北京推出“我消费、我环保，回收您家中的电子垃圾”的环保促销活动，收购上来的废旧电器，将送到国家认证的废旧电器回收机构进行无害化处理。

17.4.2 电子废物资源化的制度保障

17.4.2.1 加强法制建设、明确责任

国家发改委、工信部和环保部等部门联合发布的《建立中国废弃家电及电子产品回收处理体系初步方案》，提出以“生产者责任制”为核心的废旧家电回收处理体系，明确规定家

电生产企业、经销商、消费者、处理公司和政府部门都必须承担相应的责任和义务。生产企业必须在源头上控制住有毒、有害物质的使用，采用有利于产品回收和再利用的设计方案；经销商可以接受生产企业委托，回收废旧家电，交给有处理资质的公司进行处理、销售的二手电器要符合质量标准；消费者有义务把废旧家电交给生产企业或有处理资质的公司；家电处理公司必须得到相关部门的认证，经其检测、维修后达到二手家电质量标准的电器贴上“再利用品”标志后出售；氟里昂等有害物质必须交环保部门处理；政府部门负责制定相关法律法规、规范，引导、监管回收处理过程。

17.4.2.2　加强监管

严格规定电子产品中有毒重金属的含量水平、热塑性塑料中有毒助剂的含量水平等，监管部门对各相关产品监督、检查、认证。我国首部电子信息产业绿色法规《电子信息产品污染控制管理办法》已于2007年起开始施行，从电子信息产品的研发、设计、生产、销售、进口等环节抓起，对规范投放我国市场的电子信息产品，实现有毒、有害物质在电子信息产品中的替代或减量化将起到重要作用。

17.4.2.3　建立回收系统和市场准入机制

以废旧家电回收拆解为例，2010年受家电以旧换新政策推动，废旧电器拆解企业从无到有，家电销售、回收、拆解的废旧物资循环利用链条初步形成，许多企业开始涌入。2011年家电以旧换新政策结束，依靠政策推动建立起来的废旧家电回收、拆解链条立刻处于崩溃边缘。废弃家电似乎又将走进“小贩回收—个体户粗暴拆解—环境严重污染”的死胡同里，因此政府应构建长期和持续的废旧家电回收管理体系。保证有能力、有资质的企业进入废旧电子产品拆解市场，扶助专业电子垃圾处理企业进行技术升级，实现规模化无污染生产，坚决取缔用落后工艺提取贵金属的小作坊和污染严重的企业，彻底清理整顿进口废旧电器的非法市场。

17.4.2.4　加大政策扶持，制定税收优惠政策

对积极参与电子垃圾回收利用的科研单位和企业，要给予政策和资金倾斜，确保其产品的优先推广。全国供销合作总社发布的《关于加快推进废旧商品回收利用体系建设的意见》中提到，将要加大财税金融支持力度，建立废弃电器电子产品处理基金，用于废弃电器电子产品回收处理费用补贴，并将培育壮大龙头企业，形成完善的回收利用网络。

17.4.3　废旧家电的回收拆解

废旧家用电器有废家电和旧家电之分。废家电指丧失使用功能或在合适的经济费用条件下维修仍不能使用或不能保证安全使用的家用电器。旧家电指能够使用也满足家电安全标准和性能标准要求，但因款式、外观、能耗比新产品落后的家用电器。表4.3所列为部分废旧家电拆解步骤和回收流程。

表4.3　部分废旧家电拆解步骤和回收流程

品种	拆解步骤	分类回收
洗衣机	外壳—电气系统拆卸—脱水系统拆卸—洗涤系统拆卸—其他零件拆卸	外壳，回收塑料盒金属；传动件和固定件，回收塑料、橡胶和金属；其他零件如开关、定时器等，组成复杂，要分类回收
电冰箱	回收制冷剂如氟利昂等—拆卸外壳—拆卸制冷系统的管路及零件—拆卸电气控制系统—拆卸压缩机	外壳，回收塑料盒金属；制冷系统，回收塑料、橡胶和金属；制冷剂由专业人员回收；其他零件如开关、定时器等，组成复杂，要分类回收

续表

品种	拆解步骤	分类回收
电视机	后盖—线路板—显像管—高频调谐器—扬声器—变压器—电位器	外壳，回收塑料盒金属；电路板类，各种元件，金属分类回收；其他零件如显像管、高频头等等，组成复杂，要分类回收
微波炉	外壳—炉门及组件—控制面板—磁控器—变压器—电机风扇—电容器—二极管—转盘—联锁机构	外壳，回收塑料盒金属；传动件和固定件，回收塑料、橡胶和金属；其他零件如变压器、磁控器等，组成复杂，要分类回收
空调器	室外机—拆外壳—回收制冷剂—拆卸压缩机—冷凝器—电机—拆机座； 室内机—拆卸外壳—蒸发器—铜管—其余部分拆卸回收	外壳，回收塑料盒金属；电气控制系统，回收金属、塑料、绝缘材料等；空气循环系统，如空滤器、风扇等；回收塑料、橡胶和金属；制冷系统，如压缩机、蒸发器、冷凝器、换向阀等，回收金属、塑料、制冷剂等

废旧家电部分部件回收流程：

① 家电外壳回收流程，如图4.3所示。所有废旧家电的金属外壳都是生产破碎料和打包块的良好原料。经过破碎机的加工，其堆密度可达1t/m³。非常有利于配料和冶炼，配料可以用破碎料填充缝隙，增加密实度，冶炼可加快熔化速度，缩短冶炼周期，降低能源消耗，降低生产成本。

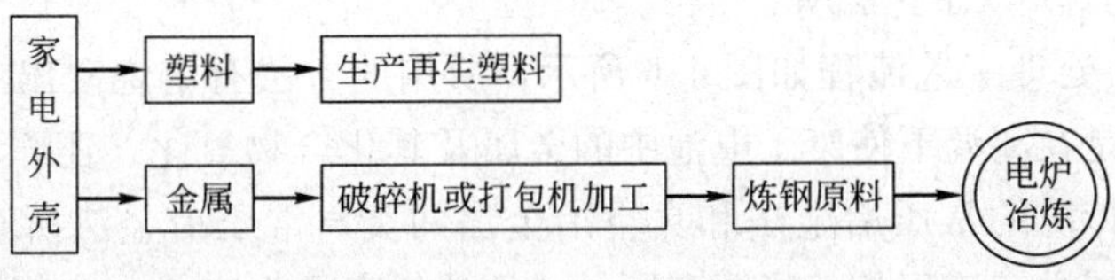

图4.3　家电外壳回收流程

② 显像管回收流程，如图4.4所示。

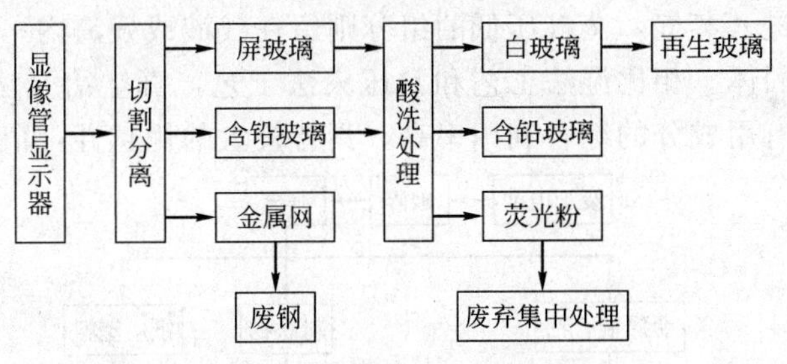

图4.4　显像管回收流程

③ 电机、压缩机回收流程，如图4.5所示。

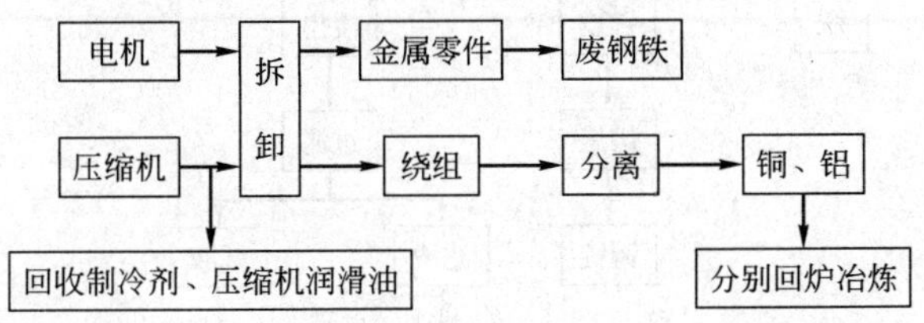

图4.5　电机、压缩机的回收流程

17.4.4　废电池的处理与资源化

电池的应用与人们的日常生活息息相关，电池的种类繁多，有锌-二氧化锰酸性电池

(锌-锰酸性电池)、锌-二氧化锰碱性电池（锌-锰碱性电池)、镍镉充电电池、铅酸蓄电池、锂电池、氧化汞电池、氧化银电池、锌-空气扣式电池等。不同种类的废电池其组成及含量差别很大，对环境的危害程度也不同。同时，废电池又含有大量可再生资源，极有回收利用价值。

目前一般通过两种途径对废电池的危害加以控制。首先从源头减少污染的产生，大力推行无害化电池的研制与生产，如无汞碱性电池、锂电池；根据谁污染谁负责的原则，对有害电池收取污染治理费，从而逐步减少有害电池的生产。另一方面，加强废电池综合利用技术的研究，推行垃圾分类收集，发展建立废电池综合回收利用企业。

17.4.4.1　废旧干电池的综合利用技术

废旧干电池主要指锌-锰酸性电池和锌-锰碱性电池，电池成分中含有汞、砷、铬、铅等有害元素。这类电池的回收利用主要是要解决两个问题，首先是金属汞和其他有用物质的回收，其次是废气、废液、废渣的处理。

目前的回收利用技术主要包括人工分选法、湿法和火法等处理方法。其中，废干电池的湿法冶金处理时基于锌、二氧化锰等可溶于酸的原理，使锌-锰干电池中的锌、二氧化锰与酸作用生成可溶性盐而进入溶液，溶液经过净化后电解生产金属锌和二氧化锰或生产化工产品（如立德粉、氧化锌等)、化肥等。

废干电池的湿法处理工艺流程如图 4.6 所示，所用的方法有焙烧浸出法和直接浸出法。火法冶金处理废干电池是在高温下使废干电池中的金属及其化合物氧化、还原、分解和挥发及冷凝的过程。火法又分为传统的常压冶金法和真空冶金法两类。常压冶金法所有作业均在大气中进行，与湿法冶金方法同样有流程长、能源和原材料的消耗高及生产成本高等缺点。而真空法则是在密闭的负压环境下进行，它是基于组成废旧干电池各组分在同一温度下具有不同的蒸气压，在真空中通过蒸发和冷凝，使其分别在不同的温度下相互分离，从而实现综合利用。蒸发时，蒸气压高的组分进入蒸气，蒸气压低的组分则留在残液或残渣内；冷凝时，蒸气在温度较低处凝结为液体和固体。相比湿法工艺和常压火法工艺，真空冶金法的流程短，能耗低，对环境的污染小，各有用成分的综合利用率高，具有较大的优越性，值得广泛推广。

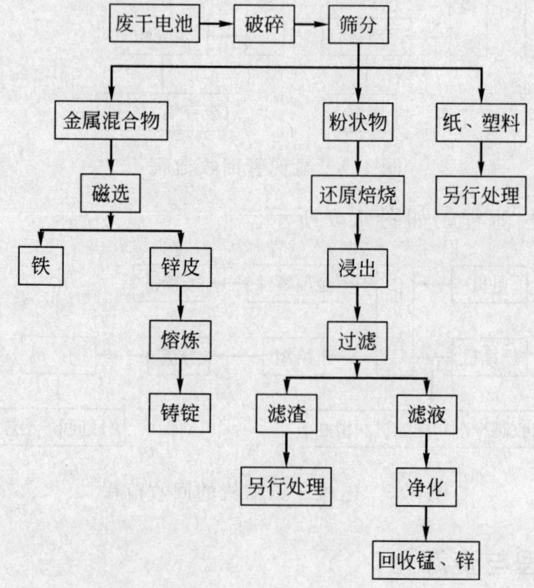

图 4.6　废干电池的湿法处理工艺流程

17.4.4.2　镍镉电池（可充电电池）的回收利用

镍镉电池用镉作为阳极材料，用氧化镍作为阴极材料，电解液是氢氧化钾溶液。与其他非充电电池不同，在这种电池中电化学反应是可逆的，即可进行充电反应。镍及其化合物均为有毒物质，对人体的心、肝、肾等器官的功能具有显著的危害。镍镉电池中含镉量高，国外已开始逐步限制其生产和利用。

镍镉电池的回收利用主要采用两种方法：火法和湿法。火法冶金处理废弃镍-镉电池是通过高温熔炼，利用了金属镉易挥发的性质将镉从电池中分离出来，此过程简单实用，比较容易实现工业化，因而被广泛采用。湿法冶金过程首先是将废弃镍-镉电池用硫酸或盐酸溶液浸取，使金属以离子的形式转移到溶液中，然后通过化学沉淀、电化学沉淀、溶剂萃取等手段将不同的金属分离出来，达到回收利用的目的。处理流程如图4.7所示。

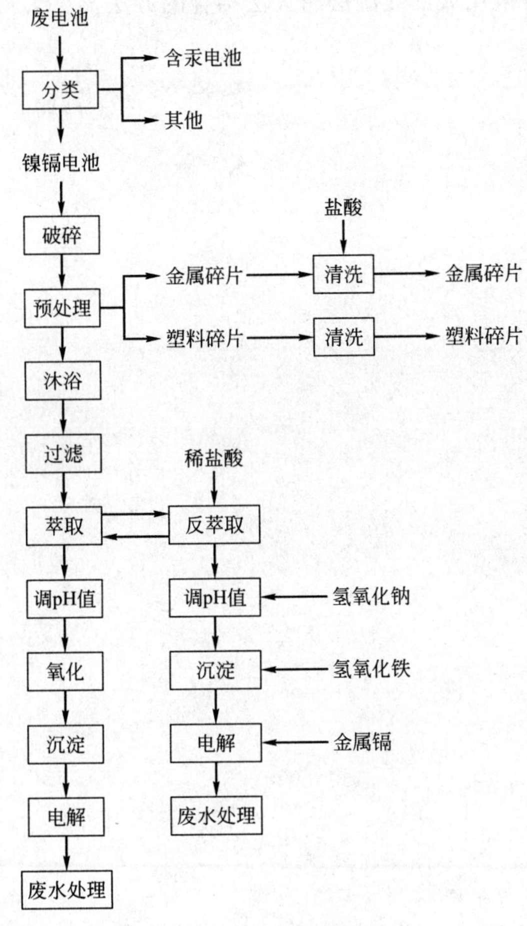

图4.7　废镍镉电池处理流程

17.4.4.3　铅酸蓄电池的回收利用

铅酸蓄电池以金属铅为阳极，氧化铅为阴极，以硫酸作为电解液，可以重复充电使用。主要用于汽车、铁路、军工等领域，随着我国工业的发展，对蓄电池的需求将越来越大，从我国铅的消费结构看，铅消费量的2/3以上是用于生产铅酸蓄电池。铅酸蓄电池的使用寿命一般为1～2年，铅酸蓄电池的回收利用主要以废铅的再生利用为主，还包括废酸以及塑料壳体的利用，由于铅酸蓄电池体积大、易回收，目前国内废铅酸蓄电池的回收率达到80%～85%。

废铅回收利用是铅酸电池回收利用的主要部分，好的铅合金板栅经清洗后可直接回用，可供蓄电池的维修使用。其余的板栅主要由再生铅处理厂对其进行处理利用。再生铅主要采用火法和湿法及固相电解法三种处理技术。废酸经提纯、浓度调整等可有多种用途：可以作为蓄电池生产的原料、可用作铁丝厂除锈用、可供纺织厂中和含碱污水使用、可用来生产硫酸铜等化工产品等。塑料壳体的回用，铅酸蓄电池采用聚烯烃塑料制作隔板和壳体，属于热塑性塑料，可以重复使用。

17.4.4.4 混合废电池的回收

目前大部分为混合废电池，因此其处理技术成为当前的主要研究方向。例如采用模块化处理方式，对所有电池进行破碎、筛分等预处理，然后按类别分选其组成和元素；除此之外，混合电池的处理也有采用火法或湿法与火法结合的方法。

模块 5

无机固体废物的资源化利用

项目 18 矿业固体废物的资源化

18.1 案例

用煤矸石制备无机高分子絮凝剂

煤炭是我国最主要的能源，其资源非常丰富，2008 年产量已超过 27.16 亿吨。随着煤炭生产的不断扩展，煤矸石的产生量与日俱增，煤矸石产生量按原煤产量的 15%计，每年煤矸石至少增加 1.8 亿吨，历年积存下来的煤矸石已超过 27 亿吨，占地 30 万亩以上，而且仍在继续增加。这样大量的煤矸石已严重地污染了环境，并侵占了大量的土地和农田，破坏了土地资源，如不加紧有效利用，将影响煤炭工业的正常发展，影响环境质量。

煤矸石来源于洗煤厂的洗矸，煤炭生产的手选矸，采煤掘进中排出的煤和岩石以及和煤矸石一起堆放的煤系之外的混合物，通常占采煤量的 5%～20%。这些煤矸石数量巨大，侵占大量土地，由于风化严重，颗粒粉碎，细小颗粒可通过风的作用进入大气中，增加了大气中的总悬浮颗粒物；煤矸石自燃所释放出的大量的 CO、CO_2、SO_2、H_2S 和 NO_x 等有害气体（以 SO_2 为主），降低了矸石山周围的环境空气质量。煤矸石在露天堆放情况下经受风吹、日晒和雨淋等风化剥蚀作用，其中的铅、镉、汞、砷、铬等重金属元素有可能通过雨水淋溶进入地表水域或渗入土壤，进而污染地下水。矿区矸石山多为自然堆积而成，结构疏松、稳定性较差、极易发生崩塌、滑坡和泥石流。

煤矸石中 SiO_2、Al_2O_3、Fe_2O_3 含量较高，富含了制备无机高分子絮凝剂的主要成分。通过不同方法，可提取其中一种元素或生产硅铝材料是煤矸石利用的主要途径。如用烧结、自行粉化法生产氯化铝和水泥；硫酸法生产氧化铝或硫酸铝；盐酸和硫酸法浸取煤矸石，制取氧化铝、聚合铝、水玻璃和白炭黑等。其中氯化铝和聚合铝是用途最为广泛的产品，都可用作净水剂，结晶氯化铝可以作为熔模精密铸造工业中的硬化剂和造纸工业中的硬化剂和沉淀剂，聚合铝还可用作水泥速凝剂、耐火材料的凝结剂等。

18.2 案例分析

18.2.1 煤矸石的化学成分与矿物组成

煤矸石成分及含量（质量分数）见表 5.1，主要由硅、铝、钙、镁、铁及某些稀有金属的氧化物组成。

表 5.1　煤矸石的化学成分表

化学成分	SiO_2	Al_2O_3	Fe_2O_3	CaO	MgO	TiO_2	P_2O_5	K_2O+Na_2O
质量分数/%	52～65	16～36	2.28～14.63	0.42～2.32	0.44～2.41	0.90～4	0.007～0.24	1.45～3.9

18.2.2　煤矸石制备聚硅酸铝混凝剂的工艺与原理

煤矸石经粉碎、焙烧、细碎、酸溶、沉降、过滤等一系列工艺处理后，所得滤液为 $AlCl_3$，滤渣的主要成分是 SiO_2，将其与 NaOH 按一定比例配成料浆送入反应釜，反应完毕后过滤除去不溶物，所得滤液即为 Na_2SiO_3 的水溶液。用一定浓度的工业盐酸对 Na_2SiO_3 进行酸化，便可得硅酸，硅酸在一定条件下聚合生成聚硅酸，聚硅酸与 $A1Cl_3$ 按一定摩尔比混合，即得聚硅酸铝混凝剂，图 5.1 所示为聚硅酸铝混凝剂制备工艺流程。

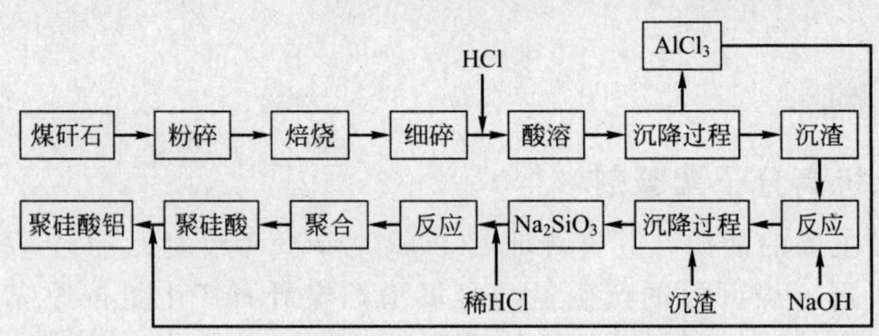

图 5.1　聚硅酸铝混凝剂制备工艺流程

18.2.3　煤矸石利用的影响因素

铝硅比值（$A1_2O_3/SiO_2$）：铝硅比值大于 0.5 的煤矸石，铝含量高、硅含量较低，矿物成分以高岭石为主，含有少量的伊利石、石英，粒径小，可塑性好的可作为煅烧高岭土、高级陶瓷及分子筛的原料。

碳含量：碳含量大于 6%、发热量低于 2090kJ/kg 的煤矸石可用作水泥的混合材、混凝土骨料和其他建材制品，也可用于复垦采煤塌陷区和回填矿井采空区；碳含量为 6%～20%、发热量介于 2090～6270kJ/kg 的煤矸石可以生产水泥、砖等制品；碳含量大于 20%、发热量为 6270～12550kJ/kg 的矸石一般用于燃料。

硫含量：硫含量大于 5%的煤矸石可回收其中的硫精矿，硫含量小于 5%的煤矸石即可根据其利用方向不同，进行脱硫后再利用。

18.3　任务

以矿业固体废物为例（煤矸石除外任选两种），综述其物化性能和资源化利用现状

18.4　知识拓展

18.4.1　国外煤矸石的资源化

煤矸石的处理和利用，在国外日益受到重视。20 世纪 60 年代以来，法国、巴西、德国、日本、美国等就已经对煤矸石的开发利用开始了较全面的研究，现已进入了成套技术的推广应用阶段。利用煤矸石生产建筑材料已成为一种趋势，是一种成熟的利用技术。采用高新技术发展煤矸石烧结砖是世界大多数发达国家采用的方法，英国、法国、比利时、加拿大、德国和荷兰等许多国家利用煤矸石制砖，数量较大，其中以法国的技术最为先进；日本利用煤矸石生产耐火材料和陶瓷；英国利用煤矸石生产砌块；许多国家还大力发展煤矸石轻骨料，利用煤矸石生产水泥、加气混凝土和铸石。

18.4.2　我国煤矸石的资源化

我国很早就开始了煤矸石综合利用的研究和生产，在资源综合利用方面出台过一系列有利于发展煤矸石制砖和煤矸石电厂的重大技术经济政策，如《煤矸石综合利用技术政策要点》、《关于企业所得税若干优惠政策的通知》、《关于加快墙体材料革新和推广节能建筑的意见》和《关于将 170 个城市列入限时禁止使用实心黏土砖城市名单的通知》等。国家和地方政府还对空心砖项目提出了如立项、贴息贷款、墙改基金的扶持等方面的许多鼓励性的支持措施。

利用煤矸石来发电和采暖供热：热值在 400kJ/kg 以上的煤矸石，可用作沸腾炉的燃料直接燃烧，用作供热或发电。

用煤矸石来生产建筑材料：煤矸石代替黏土生产砖瓦，能够利用其所含的热量基本满足烧结的用热，可以做到烧砖不用土或少用土、不用煤或少用煤。除了烧砖时煤矸石燃烧放出一定的烟气外，几乎没有其他废渣、废液排放物，对环境的二次污染很轻。而以煤矸石为原材料制备水泥熟料时，煤矸石中的铁质组分，可以改善水泥可烧性，提高生产率，使单位质量熟料的实际热耗降低，节约能源，减少水泥生产中的大气污染。在煤矸石的开发利用中，用于生产建筑材料占到更多的比例。

利用煤矸石来制取高岭土：煤矸石中 SiO_2 含量约 46%，Al_2O_3 含量为 38%左右，是制取煅烧高岭土的最佳原料。其他煤矿的煤矸石经过特殊处理后，达到了质量纯、品位高的要求，也是制取高岭土的优质原料。

烧制石灰：一般是利用煤炭作为燃料，大约每生产 1t 石灰需燃煤 370kg，用煤矸石烧石灰石，除特别大块的要破碎外，100mm 以下的均无需破碎，生产 1t 石灰石需燃煤矸石 600～700kg。虽然消耗量大些，但使用煤矸石生产成本显著降低，而且石灰质量好，炉窑生产操作稳定。

项目 19　冶金工业废渣的资源化

19.1 案例

国内钢渣的资源化利用

19.1.1　国内钢渣的资源化利用情况

钢铁工业是国民经济的基础产业，在经济快速发展的形势下，钢铁工业也呈现出跳跃式发展的态势，钢产量近几年不断提高，钢渣作为炼钢工艺流程的衍生物随着钢产量的提高年产量不断递增。钢渣的排放量占钢产量的 10%～15%，2013 年我国钢渣的产生量约为 7790

万吨，钢渣利用率仅为10%左右，距离钢铁企业固体废物“零”排放的目标尚远。积极开发和应用先进有效的处理技术和资源化利用新技术，提高其利用率和附加值，是钢铁企业发展循环经济，实现可持续发展的重要课题之一。

宝钢年产钢渣约270万吨，钢渣微粉复合掺合料、钢渣干粉砂浆和钢渣复合脱磷剂等技术含量较高的利用途径研究开发已取得较大进展。从日本引进具有国际先进水平的立磨矿渣微粉生产线，电耗低且磨粉效率高、产品质量稳定；钢渣用于桩基工程与传统砂桩相比成本低、地基承载力高；钢渣混凝土地坪在同标号强度下其耐磨性明显高于普通骨料混凝土。钢渣不但在厂内返烧结循环利用上取得较大进展，而且厂外利用途径从一般的工程回填发展到用于水泥生产、道路路基料、混凝土工程、软土地基处理等领域，做到了排用平衡。

涟钢新建15万吨超细粉生产线，原料渣的粒度为不超过5mm，采用70%的高炉渣和30%的转炉钢渣，超细粉产品是水泥和混凝土掺合料，可用于生产水泥，也可以用于商品混凝土搅拌。

鞍钢每年钢渣产生量约130万吨，全部采用弃渣法处理，用渣罐车排放到渣场（矿渣山）。钢渣冷却后，经过磁选，可回收15%的金属物，85%属于钢尾渣，钢尾渣一部分用于筑路和过程回填，少部分用于烧结矿生产，50%以上积存待开发。铁渣年产量约400万吨左右，水渣用作水泥和矿渣砖原料，重矿渣经磁选后用作混凝土骨料、筑路等，已开发出20多个品种的矿渣产品销往省内外，铁渣的产生量与输出量基本平衡。

19.1.2 某钢铁公司钢渣的资源化案例

某钢铁公司的钢渣资源综合利用工艺，包括预处理工艺和钢渣深加工工艺。

(1) 预处理工艺　预处理的任务是把转炉排出的热熔渣处理成粒径小于250mm的常温块渣，核心技术是热闷工艺。处理方法是：熔融状态的钢渣被置于的渣盘中，用渣车送到渣跨自然冷却至300～800℃，待炉渣固化后用桥式起重机翻出并装入闷渣池，待闷渣池装满后，关闭池盖水封闭匀热，然后进行间歇喷水热闷处理，通过调节水渣比、喷水强度、排气量并控制排水，使闷渣池维持足够的饱和蒸汽和较高水浸温度，从而达到满意的处理效果，热闷完毕后开盖，用装载机铲出，破碎后的钢渣进入钢渣深加工系统。

(2) 钢渣深加工工艺　钢渣深加工工艺包括破碎、筛分、磁选系统，处理工艺如图5.2所示。钢渣经格筛筛分，粒径大于250mm的渣坨经落锤破碎，磁盘除铁后送陈化场堆放，

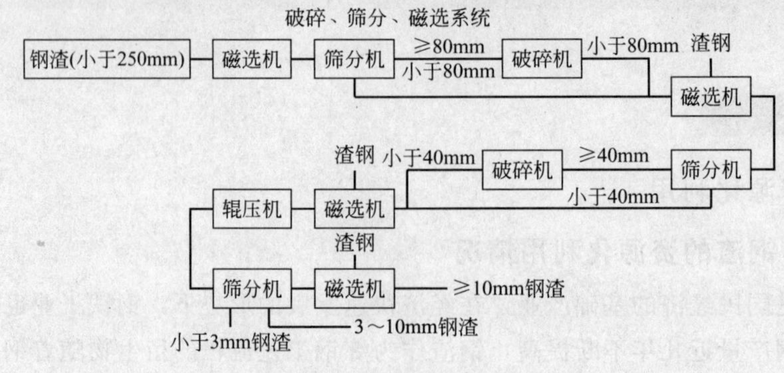

图5.2　钢渣深加工工艺流程

小于 250mm 经板式给料机、皮带机送去双层振动筛，筛上（粒径大于 80mm）进入带液压保护颚式破碎机，皮带机上安装磁选机，选出的渣钢通过皮带机送入渣钢场。颚式破碎机出料和筛下料经皮带机送入下一级振动筛，该皮带机上安装磁选机，振动筛筛上料（粒径大于 40mm）进入下一级带液压保护颚式破碎机，破碎机出料和筛下料通过皮带送入辊压机，该皮带机上一样有磁选机选出渣钢。辊压机出料经双层振动筛分出三种产品，即小于 3mm、3～10mm、大于 10mm 以上。

以上流程充分考虑了物料性质，因为钢渣是比较难破碎的，为减轻破碎机负荷，在其前设置振动筛进行分流，同时可合理设置磁选机，进行充分磁选，获得渣钢，渣钢可直接进行冶炼。钢渣的三种产品可做如下应用，小于 3mm 可做干混砂浆原料，也可直接进烧结厂，3～10mm 可作为转炉溶剂，大于 10mm（10～40mm）以上物料可用作建筑骨料等。

19.2 案例分析

19.2.1 钢渣的成分与矿物组成

钢渣是炼钢过程中，利用空气或氧气去氧化生铁中的碳、硅、锰、磷等元素，并在高温下与石灰石起反应形成而排出的熔渣。钢渣主要来源于铁水与废渣中所含元素氧化后形成的氧化物，金属炉料带入的杂质，加入造渣剂如石灰石、黄石、萤石等以及氧化剂、脱硫产物和被侵蚀的炉衬材料等。钢渣中仍有 10％～20％的渣钢，如果不回收利用，将会有大量废钢流失，渣粉中含有的有害物质经雨水淋洗进入土壤，破坏土地植被结构，渣粉飞扬会污染空气和水源，危害人体健康，破坏道路，因此更好地处理和开发利用钢渣意义十分重大。

钢渣的组成和产量随原料、炼钢方法、生产阶段、钢种以及炉次等的不同变化，各种钢渣化学成分见表 5.2。钢渣主要矿物组成为硅酸三钙（$3CaO \cdot SiO_2$）（简称 C_3S）、硅酸二钙（$2CaO \cdot SiO_2$）（简称 C_2S）、钙镁橄榄石（$3CaO \cdot MgO \cdot SiO_2$）、铁酸二钙（$2CaO \cdot Fe_2O_3$）、RO（RO 为 MgO、MnO、FeO 形成的固溶体）等。钢渣的矿物组成主要决定于其化学成分，并与碱度有关，由于炼钢过程中不断加入石灰石，随着加入量增加，渣的矿物组成也随之变化。

表 5.2　各种钢渣化学成分（质量分数）　　%

种类	CaO	FeO	Fe_2O_3	SiO_2	MgO	Al_2O_3	MnO	P_2O_5
转炉钢渣	45～55	5～20	5～10	8～10	5～12	0.6～1	1.5～2.5	2～3
平炉初期	20～30	27～31	4～5	9～34	5～8	1～2	2～3	6～11
平炉精炼	35～40	8～14	—	16～18	9～12	7～8	0.5～1	0.5～1.5
平炉后期	40～45	8～18	2～18	10～25	5～15	3～10	1～5	0.2～1
电炉氧化	30～40	19～22	—	15～17	12～14	3～4	4～5	0.2～0.4
电炉还原	55～65	0.5～1	—	11～20	8～13	10～18	—	—

钢渣组成中钙、铁、硅氧化物占绝大部分，其中铁氧化物以 FeO 和 Fe_2O_3 的形式同时

存在，以 FeO 为主，有些钢渣（如攀钢）还含有 V_2O_5、TiO_2，钢渣中的 P_2O_5 是炼钢过程中脱 S 除 P 所致，由于 P_2O_5 的存在阻碍了 C_3S 的形成，并容易造成 C_3S 在冷却过程中分解，从而降低了钢渣的活性。

19.2.2　钢渣微粉的生产

钢渣中含有和水泥相类似的硅酸三钙、硅酸二钙及铁铝酸盐等活性矿物质，具有水硬胶凝性，因此可成为生产无熟料或少熟料水泥的原料，也可作为水泥掺合料。钢渣微粉是利用钢渣过烧后具有水泥熟料潜在活性的特征，将钢尾渣深加工磨细而成的产品。目前，我国已经制定了钢渣微粉（GB/T 20491—2006）和钢渣水泥标准（GB 13590—2006）。为实现钢尾渣的高附加值利用，渣微粉近年来一直是国家重点支持的项目，比如可申请国家环保专项基金的投入，其投入额度达项目投资额的 1/3。

目前国内外钢渣资源化处理工艺由于炼钢设备、工艺、造渣制度、钢渣物化性能的多样性及其利用上的多种途径呈现多样化，有冷弃法、闷渣法、热泼法、盘泼法、水淬法、滚筒法、风淬法、粒化轮法等。这些工艺都有各自的优缺点，具体情况见表 5.3。

表 5.3　钢渣处理工艺优缺点及应用实例

	工艺特点及过程	优点	缺点	应用厂家
热闷法	利用高温液态渣的显热洒水产生物理力学作用和游离氧化钙的水解作用使渣碎化	工艺简单，适于处理高碱度钢渣、钢渣活性较高、安定性较好，能处理固态渣	粒度不均匀、后续破碎加工量大、处理周期长	鞍钢、首钢、涟钢、宝钢
热泼法	炉渣高于可淬温度时，用水向炉渣喷洒，使渣产生的温度应力大于渣本身的极限应力，产生碎裂，游离氧化钙的水化作用使渣进一步裂解	排渣速度快，冷却时间短、便于机械化生产，处理能力大；钢渣活性较高、生产率高	设备损耗大，占地面积大，破碎加工粉尘大，蒸汽量大；钢渣加工量大。对环境和节能两方面都不利。钢渣安定性差	唐钢、武钢二炼钢
盘泼法	将热熔渣倒在渣罐中，吊车将罐中的渣均匀倒在渣盘中，待表面凝固即喷淋水急冷，再倾翻到渣车中喷水冷却，最后翻入水池中冷却	快速冷却、占地少、处理量大、粉尘少、钢渣活性较高	渣盘易变形、工艺复杂、运行和投资费用大。钢渣安定性差	新日铁、宝钢
水淬法	高温液态渣在流出、下降过程中被水分割、击碎，高温熔渣遇水急冷收缩产生应力而破裂，同时进行热交换，使熔渣在水幕中粒化	排渣快、流程简单、占地少、投资少，处理后钢渣粒度小(5mm 左右)，性能稳定	熔渣水淬时操作不当，易发生爆炸，钢渣粒度均匀性差。只能处理液渣	济钢、齐齐哈尔车辆厂、美国伯利恒钢铁公司
滚筒法	高温液态钢渣在高速旋转的滚筒内，以水作冷却介质，急冷固化、破碎	排渣快、占地面积较小，污染小，渣粒性能稳定	钢渣粒度大，不均匀(>9.5mm 达 18%)，活性差，设备较复杂，故障率高，投资大，只能处理液态渣	宝钢二炼钢
风淬法	用压缩空气作冷却介质，使液态钢渣急冷、改质、粒化	安全高效，排渣快、工艺成熟，占地面积较小。污染小，渣粒性能稳定，粒度均匀且光滑，投资少	只能处理液态渣	日本钢管公司福山厂、中国台湾中钢集团、重钢

续表

	工艺特点及过程	优点	缺点	应用厂家
粒化轮法	将液态钢渣落到高速旋转的粒化轮上，使熔渣破碎渣化，喷水冷却	排渣快、适宜于流动性好的高炉渣	设备磨损大，寿命短，处理量大则水量小时易发生爆炸，处理率低。粒度不均匀（>9.5mm 达 29%）	沙钢

选择处理工艺一般从钢渣综合利用途径、节能和环境保护、投资这几方面综合考虑，在满足炼钢工艺顺利进行的前提下，结合考虑液态钢渣的黏度和流动性，选择相对合理的处理工艺，达到渣铁的有效分离，尽量保持钢渣的活性，降低钢渣的不稳定性。

从表 5.3 可知，从液态钢渣流动性的角度考虑，滚筒法、风淬法、水淬法和粒化轮法只能处理流动性好的钢渣，盘泼法、热泼法和热闷法可以处理流动性差的渣；从工艺繁杂程度、装置投资角度看，风淬法、热闷法较简单，投资少、设备磨损小；从节能和环境保护角度考虑，风淬法、热闷法、滚筒法可行；从处理后钢渣粒度的均匀程度考虑，风淬法得到的钢渣粒度最小而且均匀；从处理后钢渣的安定性和活性考虑，风淬法和热闷法较好；因此，处理流动性好的钢渣的最佳工艺是风淬法，处理流动性差的钢渣的最佳工艺是热闷法。

19.2.3　钢渣资源化的主要影响因素

钢渣中 CaO、MgO、FeO、Fe_2O_3 含量之和能达到 70%，这些成分对生产水泥都是有用的，钢渣做水泥生料主要作用是做水泥的铁质校正剂，目前生料中配加量为 3%～5%，工艺比较成熟。水泥工艺中煅烧 1t 石灰石产生 440kg 的 CO_2，需 500kcal（1cal＝4.1868J，下同）热量；煅烧 1t 熟料需 230kg 优质煤。水泥生料配加钢渣可以节约石灰石和煤，但其仍需煅烧的特征未从根本上消除对能源环保方面的副作用，而且钢渣的全铁含量在 15%～28%之间，含铁量偏低，水泥生产企业在计算成本时，比较倾向于选择其他含铁量达到 40%以上的废渣。

根据对钢渣的矿物相组成和 X 射线测定，钢渣之所以具有水硬胶凝性主要是含有水泥熟料中的一些矿物，如 C_3S、C_2S 和铁铝酸盐，这些矿物都具有胶凝性，但其含量比水泥熟料少，慢冷的钢渣晶体发育较大，比较完整，活性较低，因而水化速度和胶凝能力都比熟料小。目前的钢渣水泥品种有无熟料钢渣矿渣水泥、少熟料钢渣矿渣水泥、钢渣沸石水泥、钢渣矿渣硅酸盐水泥和钢渣硅酸盐水泥，它们都有相应的国家标准和行业标准，掺量在20%～50%之间。钢渣水泥具有水化热低、耐磨、抗冻、耐腐蚀、后期强度高等优点，但是钢渣水泥的实际应用情况并不是很好，主要原因是钢渣的成分波动大，常随炼钢品种、原料来源和操作管理制度而变化，易引起水泥质量的波动；做水泥混合材时，不同方法处理的钢渣的易磨性不同，普遍比熟料难磨，使水泥磨制的台时产量降低，增加水泥生产成本。渣铁没有很好分离导致渣中金属铁含量高，也影响水泥的磨制；另外钢渣的活性矿物含量低且以 C_2S 为主，造成钢渣水泥的早期强度低，新的水泥标准中取消了 7d 强度指标，增加了 3d 强度指标，致使钢渣水泥难以达到标准要求。掺入钢渣微粉的混凝土具有后期强度高的特性，见表 5.4。因此钢渣和矿渣复合粉可以取长补短，性能更加完善。

表 5.4 混凝土 3 个月强度值（磁选后尾渣、风碎渣与高矿渣的复合微粉 20%代替 52.5R 水泥作掺合料）

混凝土龄期	基准纯水泥抗压强度		20%矿渣微粉混凝土抗压强度比		20%钢渣矿渣复合微粉混凝土抗压强度比		20%风淬渣矿渣复合微粉抗压强度比	
	混凝土标号	/MPa	混凝土标号	抗压比/%	混凝土标号	抗压比/%	混凝土标号	抗压比/%
7d	C40	41.2	C20	71.8	C30	80.6	C30	73.8
28d	C45	47.8	C40	91.8	C45	96.7	C40	93.01
90d	C55	56.2	C50	94.1	C50	97	C60	107.7

混凝土中的钢渣粉标准可参考住建部《矿物掺合技术规范》，钢渣微粉将成为我国钢渣高价值利用的最佳途径。

19.2.4 钢渣的资源化利用途径

钢渣的利用途径大致可分为内循环和外循环，内循环指钢渣在钢铁企业内部利用，作为烧结矿的原料和炼钢的返回料。钢渣的外循环主要是指用于建筑建材行业。

19.2.4.1 钢渣的内循环利用

（1）作冶金原料（烧结熔剂） 转炉钢渣一般含 40%～50%的 CaO，1t 钢渣相当于 0.7～0.75t 石灰石，把钢渣加工到小于 8mm 的钢渣粉，便可代替部分石灰石作烧结熔剂用。配加量视矿石品位及含磷量而定，一般品位高、含磷低的精矿，可加入 4%～8%，烧结矿中适量配入钢渣后，显著地改善了烧结矿的质量，使转鼓指数和结块率提高，风化率降低，成品率增加，再加上由于水淬钢渣疏松、粒度均匀，料层透气性好，有利于烧结造球及提高烧结速度。此外，由于钢渣中 Fe 和 FeO 的氧化放热，节省了钙、镁碳酸盐分解所需要的热量，使烧结矿燃耗降低。

钢渣作烧结熔剂，不仅回收利用了渣中的钢粒、氧化铁、氧化钙、氧化镁、氧化锰和稀有元素，而且成了烧结矿的增强剂，显著地提高了烧结矿的质量和产量。例如济南钢厂在烧结矿中配入水淬转化炉钢渣后，其为烧结机利用系数提高 10%以上，转鼓指数提高 3%、焦耗降低 5%、FeO 降低 2%。

（2）作高炉或化铁炉熔剂 钢渣中含有 10%～30%的 Fe，40%～60%的 CaO 和 2%左右的 Mn，若把其直接返回高炉作熔剂，不仅可以回收钢渣中的铁类物质，而且可以把 CaO、MgO 等作为助熔剂，节省大量石灰石、白云石。钢渣中的 Ca、Mg 等物质均以氧化物形式存在，不需经过碳酸盐分解，因而节省了大量热能。由于目前高炉利用高碱度烧结矿或熔剂性烧结矿，基本上不加石灰石，所以石灰石量将减少，但对于烧结能力不够的，高炉仍加石灰石，用钢渣作高炉熔剂的使用价值较大。钢渣也可以作化铁炉熔剂代替石灰石及部分萤石，其对铁水温度、铁水含硫量、熔化率、炉渣碱度及流动性均无明显影响，目前使用化铁炉的钢厂及相当一部分生产铸件的机械厂仍都在应用。

（3）不利因素 配矿工艺对返烧结有影响，过度使用会造成 P 等有害元素的富集；配加转炉渣的烧结矿品位、碱度有所降低。研究表明，当高炉炉料使用 100%自熔性球团矿时，5%转炉渣作为溶剂加入会引起高炉运行不畅，原因是明显影响球团矿的软熔特性，增大软熔温度间隔，使炉渣黏性有增大趋势。另外钢渣的成分波动较大，烧结配矿时要求钢渣各种氧化物成分波动≤±2%，粒度要求一般小于 3mm，钢渣在成分上很难满足要求，对钢渣破碎和筛分的要求也高。由于这些不利因素存在，各大钢铁公司普遍采用富矿冶炼，推行精料入炉方针，同时要求炼钢和炼钢工序的能耗和材料消耗指标不断降低，致使返回烧结利用的钢渣量越来越低。目前马钢混匀烧结矿中只加入1%左右，而且是间断式配加。

19.2.4.2　钢渣的外循环利用

钢渣的外循环主要是建筑建材行业，钢渣在此行业中利用受制约的主要因素是钢渣的体积不稳定性，钢渣不同于高炉渣的地方是钢渣中存在 f-CaO、f-MgO，它们在高于水泥熟料烧成温度下形成，结构致密，水化很慢，f-CaO 遇水后水化形成 $Ca(OH)_2$，体积膨胀 98%，f-MgO 遇水后水化形成 $Mg(OH)_2$，体积膨胀 148%，容易在硬化的水泥浆体中发生膨胀，导致掺有钢渣的混凝土工程、道路、建材制品开裂，因此钢渣在利用之前必须采取有效的处理。钢渣在建筑建材行业有以下几种利用途径。

（1）做水泥生料　钢渣做水泥生料主要作用是做水泥的铁质校正剂，目前生料中配加量为3%～5%，工艺比较成熟。

（2）做钢渣水泥原料和复合硅酸盐水泥的混合材　根据对钢渣的岩相检定和X射线检定，钢渣之所以具有水硬胶凝性主要是含有水泥熟料中的一些矿物，如 C_3S、C_2S 和铁铝酸盐，这些矿物都具有胶凝性。

目前的钢渣水泥品种有无熟料钢渣矿渣水泥、少熟料钢渣矿渣水泥、钢渣沸石水泥、钢渣矿渣硅酸盐水泥和钢渣硅酸盐水泥，它们都有相应的国家和行业标准，掺量在20%～50%之间。钢渣水泥具有水化热低、耐磨、抗冻、耐腐蚀、后期强度高等优点。但是钢渣水泥的实际应用情况并不是很好，主要原因是钢渣的成分波动大，常随炼钢品种、原料来源和操作管理制度而变化，易引起水泥质量的波动；做水泥混合材时，不同方法处理的钢渣的易磨性不同，普遍比熟料难磨，使水泥磨制的台时产量降低，增加水泥生产成本。渣铁没有很好分离导致渣中金属铁含量高，也影响水泥的磨制；另外钢渣的活性矿物含量低且以 C_2S 为主，造成钢渣水泥的早期强度低，新的水泥标准中取消了7d强度指标，增加了3d强度指标，致使钢渣水泥难以达到标准要求。

（3）钢渣微粉做混凝土掺合料　钢渣微粉开发利用研究是近年来继矿渣微粉大规模应用后出现的热门话题，钢渣生产微粉或者复合微粉可以消除钢渣水泥生产中易磨性差异问题，钢渣通过磨细到一定细度，比表面积大于 $400m^2/kg$ 时，可以最大程度地清除金属铁，通过超细粉磨使物料晶体结构发生重组，颗粒表面状况发生变化，表面能提高，机械激发钢渣的活性，发挥水硬胶凝材料的特性。

钢渣微粉和矿渣微粉复合时有优势叠加的效果，钢渣中的 C_3S、C_2S 水化时形成的氢氧化钙是矿渣的碱性激发剂。最新资料表明，矿渣渣粉做混凝土掺合料使用虽然可以提高混凝土强度，改善混凝土拌合物的工作性、耐久性，但由于高炉渣的碱度低，大掺量时会显著降低混凝土中液相碱度，破坏混凝土中钢筋的钝化膜（$pH<12.4$ 易破坏），引起混凝土中的钢筋腐蚀；而钢渣碱度高，提高了混凝土体系的液相碱度，可以充当矿渣微粉的碱性激发剂。掺入钢渣微粉的混凝土具有后期强度高的特性，因此钢渣和矿渣复合粉可以取长补短，性能更加完善。

（4）作筑路与回填工程材料　钢渣碎石具有容积密度大、强度高、表面粗糙、稳定性好、耐磨与耐久性好、与沥青结合牢固，因而广泛用于铁路、公路和工程回填。由于钢渣具有活性，能板结成大块，特别适于沼泽、海滩筑路造地。钢渣作公路碎石，用材量大并具有良好的渗水与排水性能，用于沥青混凝土路面，耐磨防滑。钢渣作铁路道砟，除了前述优点外，还具有导电性小不会干扰铁路系统的电信工作。我国用钢渣作工程材料的基本要求是：钢渣必须陈化且粉化率不能超过5%，有合适级配，直径不能超过300mm，最好与适量粉煤灰、炉渣或黏土混合使用，严禁将钢渣碎石作混凝土骨料使用。

(5) 作农肥和酸性土壤改良剂　钢渣是以Ca、Si为主并含有P、Mg多种养分的具有速效又有后劲的复合矿质肥料，由于钢渣在冶炼过程中经高温低烧，其溶解度已大大改变，所含各种主要成分易溶量达全量的1/3～1/2，有的甚至更高，容易被植物吸收。实践证明，不仅钢渣磷肥（$P_2O_5 \geqslant 10\%$）肥效显著，即使是普通钢渣（含4%～7%的P_2O_5）也有肥效；不仅在酸性土壤中使用效果好，而且在缺磷碱性土壤中使用也可增产；不仅在水田施用效果好，在旱田也有一定肥效。

19.3 任务

对比分析各种钢渣资源化利用方法的优缺点

19.4 知识拓展

19.4.1 高炉渣的资源化

19.4.1.1 高炉渣的产生

高炉渣是冶炼生铁时从高炉中排出的废物，当炉温达到1400～1600℃时，炉料熔融，矿石中的脉石、焦炭中的灰分以及其他不能进入生铁中的杂质一起形成了以硅酸盐和铝酸盐为主的熔渣，称为高炉渣。采用贫铁矿时，生产1t生铁能产生1.0～1.2t高炉渣；采用富铁矿，1t生铁能产生0.25t高炉渣。

19.4.1.2 高炉渣的分类和组成

我国通常是把高炉渣加工成水渣、矿渣碎石、膨胀矿渣和矿渣珠等。水渣是把热熔状态的高炉渣置于水中急速冷却的过程，有渣池水淬或炉前水淬两种方式；矿渣碎石是高炉渣在指定的渣坑或渣场自然冷却或淋水冷却形成较为致密的矿渣后，经过挖掘、破碎、磁选和筛分而得到的一种碎石材料，一般有热泼法和堤式法两种工艺；膨胀矿渣珠是用适量冷却水急冷高炉熔渣而形成的一种多孔轻质矿渣，工艺一般有喷射法、喷雾法、堑沟法、滚筒法等。

高炉渣还可用于生产矿渣棉（以高炉渣为主要原料，在熔化炉中熔化后获得熔融物再加以精制而得到的一种白色棉状矿物纤维）、微晶玻璃、硅钙渣肥、矿渣铸石、热铸矿渣等。

由于炼铁原料品种和成分的变化以及操作等工艺因素的影响，高炉渣的组成和性质也不同，按照矿渣的碱度可将矿渣分为碱性矿渣（碱性率$M_0>1$）、中性矿渣（碱性率$M_0=1$）、酸性矿渣（碱性率$M_0<1$）。

$$M_0=\frac{\text{CaO 百分含量}+\text{MgO 百分含量}}{\text{SiO}_2\text{ 百分含量}+\text{Al}_2\text{O}_3\text{ 百分含量}}$$

M_0表示高炉渣的碱度或碱性率，是高炉渣主要成分中的碱性氧化物与酸性氧化物的含量比。碱性率比较直观地反映了矿渣中碱性氧化物和酸性氧化物含量的关系，我国高炉渣大部分接近中性渣（$M_0=0.99\sim1.08$）。

高炉渣的化学成分和普通硅酸盐水泥相似，其含量如表5.5所示，主要是硅、铝、钙、镁、锰、铁等的氧化物，此外有些矿渣还含有微量的氧化钛（TiO_2）、氧化钒（V_2O_5）、氧化钠（Na_2O）、五氧化二磷（P_2O_5）、三氧化二铬（Cr_2O_3）等。高炉渣中氧化钙（CaO）、二氧化硅（SiO_2）、氧化铝（Al_2O_3）占质量 90％以上。当冶炼炉料正常时，高炉渣的化学成分的变化不大，有利于综合利用。

表 5.5　高炉渣的主要化学成分（质量分数）　　%

名称	CaO	SiO_2	Al_2O_3	MgO	MnO	Fe_2O_3	TiO_2	V_2O_5	S	F
普通渣	38～49	26～42	6～17	1～13	0.1～1	0.15～2	—	—	0.2～1.5	—
高钛渣	23～46	20～35	9～15	2～10	＜1	—	20～29	0.1～0.6	＜1	—
锰铁渣	28～47	21～37	11～24	2～8	5～23	0.1～1.7	—	—	0.3～3	—
含氟渣	35～45	22～29	6～8	3～7.8	0.1～0.8	0.15～0.19	—	—	—	7～8

19.4.1.3　高炉渣的资源化

高炉渣具有潜在的水硬胶凝性能，在水泥熟料、石灰、石膏等激发剂作用下，可显示出水硬胶凝性能，是优质的制造建材原料。目前我国使用高炉渣制作的建材主要有矿渣硅酸盐水泥、石灰矿渣水泥、石膏矿渣水泥等，此外还可利用高炉渣生产矿渣砖（见图 5.3）和矿渣混凝土。

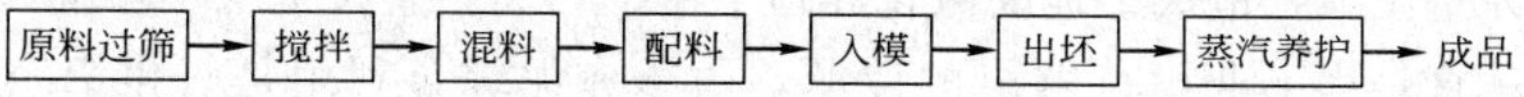

原料过筛 → 搅拌 → 混料 → 配料 → 入模 → 出坯 → 蒸汽养护 → 成品

图 5.3　矿渣砖生产工艺流程

石膏矿渣水泥：在 80％左右的高炉渣中添加 15％左右的石膏和少量硅酸盐水泥熟料或石灰混合，经磨细，制得水硬性胶凝材料。其中石膏主要提供水化时所需要的硫酸钙成分，属于酸性激发剂；水泥熟料或石灰的作用是对矿渣起碱性活化作用，能促进铝酸钙和硅酸钙的水化，一般情况下，石灰加入量为 3％～5％以下，硅酸盐水泥熟料加入量在 5％～8％以下，这种石膏矿渣水泥成本较低，具有较好的抗硫酸盐浸蚀和抗渗透性，适用于混凝土的水利工程建筑物和各种预制砌块。

石灰矿渣水泥：先将干燥的粒化高炉矿渣、10％～30％掺量的生石灰及 5％以下的天然石膏，按适当的比例配合磨细而制成的一种水硬性胶凝材料，石灰的作用是激发矿渣中的活性成分，生成水化铝酸钙和水化硅酸钙，石灰的掺入量随氧化铝含量的变化而变化，氧化铝含量高或氧化钙含量低时要增加石灰的添加量，通常在 12％～20％范围内配制，这种水泥适用于蒸汽养护的混凝土预制品、水中或地下路面等无筋混凝土以及工业与民用建筑砂浆。

矿渣碎石的资源化：矿渣碎石的稳定性、坚固性、抗撞击强度以及耐磨性、韧度均可满足工程要求，利用矿渣碎石作为骨料配置的矿渣碎石混凝土，具有与普通混凝土相近的物理力学性能，而且还有良好的保温、隔热、抗渗和耐久性能；矿渣碎石具有缓慢的水硬性，对光线的漫射性能好，摩擦系数大，非常适合于修筑道路，用矿渣碎石做基料铺成的沥青路面明亮且防滑性能好，还具有良好的耐磨性能（制动距离缩短），矿渣碎石还比普通碎石具有更高的耐热性能，更适用于飞机的跑道上，此外，矿渣碎石可用来铺设铁路道砟，可适当吸收列车行走时产生的振动和噪声。

膨珠轻骨料：采用膨珠生产工艺制取的膨珠质轻、面光、自然级配好、吸声、隔热性能好，可以制作内墙板和楼板等，也可用于防火隔热材料。

高炉渣的其他应用：生产一些附加价值高、又有特殊性能的产品，如矿渣棉及其制品、热铸矿渣、矿渣铸石及微晶玻璃、硅钙渣肥等。以矿渣微晶玻璃产品为例，比高碳钢硬，比铝轻，其力学性能比普通玻璃好，耐磨性不亚于铸石，热稳定性好，电绝缘性能与高频瓷接近，矿渣微晶玻璃广泛用于冶金、化工、煤炭、机械等工业部门的容器设备防腐层和金属表面的耐磨层，使用效果良好。又例如，攀钢生产的高炉渣是高钛型高炉渣，目前攀钢环业公司已初步具备年加工利用260万吨高炉炉渣的能力，相继建成投产了矿渣碎石、矿渣砂、彩色路面砖、大砌块等生产线，已生产出10大系列20多个规格的建材产品，使攀钢高炉渣达到排用平衡：

19.4.2 赤泥的资源化

19.4.2.1 赤泥的产生

赤泥是铝土矿经各种物理和化学处理、制取氧化铝后所剩的红色粉泥状、高含水量的强碱性废料，其组成和性质复杂，不仅随矿石成分和氧化铝生产方式而变化，而且也随脱水、陈化程度的不同而有所变异，因含有大量氧化铁而呈红色，故称为赤泥。每生产1t氧化铝大约排放0.8～1.8t的赤泥，以氧化铝生产大省山西为例，2010年生产的氧化铝431.5万吨，约占我国总产量的14%，产生的赤泥493万吨，约占我国赤泥年排放量的10%。赤泥综合利用率不足1%，累计堆存量已达3609万吨，大量的赤泥由于未得到充分的利用和处理，长期占用大量土地，造成土地的碱化和地下水的污染，直接危害了环境和人们健康。综合利用赤泥，一直是铝工业亟待解决的课题，由于赤泥综合利用是氧化铝企业的非主营业务，处于产业的末端，且赤泥具有强碱性，其综合利用难度远大于其他工业废渣，目前又缺乏有针对性的财税优惠政策，导致企业利用赤泥的积极性不高，多数企业选择一堆了之。

19.4.2.2 赤泥的化学成分

目前我国生产氧化铝的主要方法有烧结法、拜尔法和联合法三种，由于生产氧化铝的工艺和所采用的原料不同，产生的赤泥性质有较大差异，赤泥的主要化学成分见表5.6，可以看出赤泥中氧化钙和二氧化硅含量较多，并含有多种氧化物，因此具有广泛的利用价值，随着赤泥排放前碱液抽滤和回收措施的采用，其综合利用前景十分广泛。

表5.6 赤泥的主要化学成分（质量分数） %

SiO_2	Al_2O_3	CaO	Fe_2O_3	Na_2O	K_2O	MgO	TiO_2	其他
21.1～24.2	2.6～8.2	40.5～49.5	4.0～9.12	0.76～2.1	0.5～1.0	0.89～1.38	1.34～2.9	10～13

19.4.2.3 赤泥的综合利用

回收铁：氧化铁是赤泥的主要成分，一般含量在10%左右，但直接作为炼铁原料时含量还很低，因此有些企业先将赤泥预焙烧后再投入沸腾炉内，在700～800℃温度下还原，赤泥中得Fe_2O_3转变为Fe_3O_4，还原物在经过冷却、粉碎后用湿式或干式磁选机分选，铁回收率能够达到83%～93%，能够得到含铁63%～81%磁性产品，可以作为一种高品位的炼铁精料。

回收铝、钛、钒、锰等多种金属：利用苏打灰烧结和苛性碱浸出，可以从赤泥中回收90%以上的氧化铝，而沸腾炉还原的赤泥，经分离出非磁性产品后，加入碳酸钠或碳酸钙进行烧结，在pH值为10的条件下，浸出形成的铝酸盐，再经加水稀释浸出，使铝酸盐水解析出，铝被分离后剩下的渣在80℃条件下用50%的硫酸处理，获得硫酸钛溶液，再经过水解而得到TiO_2；分离钛后的残渣再经过酸处理、煅烧、水解等作业，可以从中回收钒、铬、锰等金属氧化物。

回收稀有金属：在氧化铝赤泥资源中提取稀土和稀散金属，具有较高的经济价值和战略意义。仍以山西赤泥为例，其中稀土元素含量较高，主要含有钪、镧、铈、钕、镱、钇、钐、铥、钛、钒、铌及镓元素，其中钪元素的含量均达到或者超过经济储量的 2～3 倍，是一种宝贵的资源。从赤泥中回收稀有金属主要方法有还原熔炼法、硫酸化焙烧法、非酸洗液浸出法、碳酸钠溶液浸出法等。国外从赤泥中提取稀土等稀有元素的主要工艺采用酸浸提取工艺，酸浸包括盐酸浸出、硫酸浸出、硝酸浸出等，由于硝酸具有较强的腐蚀性，因此大多采用盐酸、硫酸浸出。东欧一些国家将赤泥在电炉里熔炼，得到生铁和渣。再用 30% 的硫酸在 80～90℃ 温度条件下将渣浸出 1h，再用萃取剂在浸出溶液中萃取锆、钪、铀、钍和稀土类元素。

生产硅酸盐水泥：我国的赤泥中的主要成分为 CaO、SiO_2，而 Al_2O_3、Fe_2O_3 含量较低，此外还有少量水合硅铝酸钠、水合氧化铁及铁铝酸四钙等矿物。由于赤泥与硅酸盐水泥的矿物组成相似，因此可以用作生产水泥的原料，如在生料中掺入 25%～30% 的赤泥可生产普通硅酸盐水泥工艺流程见图 5.4，需要注意的是对所用赤泥的毒性和放射性须先进行检测，以确保产品的安全。

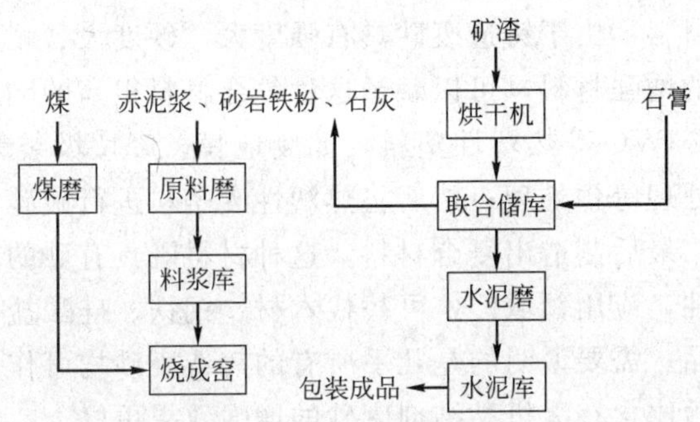

图 5.4　赤泥生产普通硅酸盐水泥工艺流程示意

制造炼钢用保护渣：烧结赤泥含有 SiO_2、Al_2O_3、CaO 等组分，且含有 Na_2O、K_2O、MgO 等溶剂组分，是钢铁工业浇注用保护材料的理想原料。

生产砖：利用赤泥为主要原料可生产多种建材砖，如免蒸烧砖、粉煤灰砖、装饰砖、陶瓷釉面砖等。

生产硅钙肥料和塑料填充剂：赤泥中除含有较高的硅钙成分外，还含有农作物生长必需的多种元素，利用赤泥生产的碱性复合硅钙肥料，可以降低土壤酸性，促使农作物生长，增强农作物的抗病能力，提高产量。在酸性、中性、微碱性土壤中均可用作基肥，特别对南方酸性土壤更为合适。用赤泥作塑料填充剂，能改善 PVC（主要为聚氯乙烯）的加工性能，提高 PVC 的抗冲击强度、尺寸稳定性、黏合性、绝缘性、耐磨性和阻燃性。这种塑料还有良好的抗老化性能，比普通 PVC 制品寿命提高 3～4 倍，生产成本低 2%左右。根据山东淄博市罗村塑料厂试制和生产的赤泥聚乙烯塑料证明，烧结法产生的赤泥对 PVC 树脂有良好的相容性，是一种优质塑料填充剂，可以取代轻质碳酸钙且起部分稳定剂的作用。土壤中的重金属污染将导致植物中毒，微生物活性降低，一些对土壤肥力起关键控制作用的过程如生物固氮、植物残渣分解、养料循环等将受到严重影响，赤泥对土壤重金属污染有一定的修复作用，能够促使土壤中微生物含量提高、土壤孔隙增大、农作物种子和叶中的重金属含量降低，其作用机理是赤泥对土壤中的 Cu^{2+}、Ni^{2+}、Zn^{2+}、Cd^{2+}、Pb^{2+} 有较好的固着性能，使其从可交换状态转变为键合氧化物状态，从而使土壤中重金属离子的活动性和反应性降低，有利于微生物活动和植物生长。

处理废水：国外曾进行拜尔法赤泥处理含有 Cu^{2+} 、Zn^{2+} 、Cd^{2+} 、Pb^{2+} 废液的探索试验，不经焙烧的赤泥直接处理废液就可使其达到排放标准；焙烧后的赤泥处理废水其效果更加显著，赤泥表现出较好的重金属吸附能力。用赤泥与硬石膏的混合物加水制成在水溶液中稳定性好的集料，对重金属离子吸附性能较强，能够除去废水中的 PO_4^{3-} 、F^-、As^{3+} 等离子。赤泥中含有大量的铁氧化物和氢氧化物，硫化处理后可将其转化为硫化物，在催化剂的作用下，用氢脱氯反应可将其转化为无毒或低毒性化合物。

19.4.3 铸造废砂的资源化

19.4.3.1 铸造废砂的来源

我国是铸件生产大国，铸件产量已居世界前列，其中砂型铸造占比为 80%～90%，据统计，每生产 1t 合格铸件可产生约 1.2t 废砂，废砂的循环率一般在 80%～90%左右，10%～20%的废砂被丢弃，因此废砂的处理和利用已成为我国迫切需要解决的问题。

19.4.3.2 铸造废砂的综合利用

制造聚合物基复合材料：由于铸造废砂具有强度大、硬度大、耐磨性好等特点，利用铸造废砂作为聚合物基体的增强材料，可以赋予这种复合材料很高的刚度和硬度。复合材料的基体一般为废弃的 PE 或 PVC 等热塑性塑料，如废地膜、废垃圾袋等，制备方法是将废砂进行筛分、去泥、表面处理等预处理；然后将热塑性废塑料进行破碎、除尘，再与处理过的废砂进行共混，再挤出，最后制造出复合材料，这种材料既具有砂的硬度和刚度，又兼有聚合物材料的韧性和可塑性，应用领域广，可替代木材、钢铁、硅酸盐等，如已成功应用的窨井盖、建筑用模板等产品。需要说明的是几乎所有的铸造废砂均可作为这种材料的原料，而且含有有机黏结剂的废砂比含有无机黏结剂废砂的增强效果更好。

废砂和粉煤灰制备 CBC 复合材料：主要是利用废砂作为增强材料，粉煤灰在一定的条件下自身发生反应，形成具有 CBC 结构类型的胶凝材料，是一种在低温下通过化学反应进行固结的类陶瓷材料（化学键合陶瓷，Chemically Bonded Ceramics），在工艺、性能、用途等方面具有高聚物、陶瓷、水泥的特征，是一种具有独特优点的新材料，有广阔的应用前景。

制造高强烧结材料：水玻璃砂的主要成分是 SiO_2，其表面的惰性膜是呈网状结构的聚合硅酸钠，是制造玻璃的必需组分之一，在较低温烧结下，可以和 SiO_2 发生化学反应而成为玻璃体，具有较好的助熔作用。从水玻璃废砂的原始状态可以看出，烧结体具有一定的强度，但远达不到建筑使用要求，其原因主要是因为包覆砂粒的玻璃相强度低、数量少。由此分析，以水玻璃砂为主要原料，添加少量的废玻璃，使在烧结条件下的砂粒周围有足够的玻璃相，并在混合料中加入适量的添加剂，使所形成的玻璃体在后续热处理过程中能充分晶化。这样，该材料就可形成以核心颗粒为骨架、结晶玻璃为基体的复合结构，表现出耐磨、高硬度、高强度、装饰性等性能。这种材料在建筑装饰、化工防腐等行业获得广泛应用。

制造烧结发泡材料：利用废砂和适量的废玻璃制备，发泡的原理主要是利用废砂中的高温发气物质，如水玻璃砂中的碳酸钠，树脂砂中的有机成分，黏土砂中的煤组分，在高温条件下分解形成 CO_2 气体，这些气体在稳泡剂的作用下，能在熔融体中形成稳定的气泡，熔融体经过退火、晶化、冷却后就可形成轻质多孔的发泡材料，可广泛用于保温隔热、墙体砌筑、吸声降噪等领域。

制造废砂混凝土：铸造旧砂的粒度很细，可作为混凝土的细填充料，利用铸造废砂按一定比例取代混凝土细集料中的细砂部分，制成的新的混凝土材料有很强的抗压强度和抗折强度。水玻璃铸造废砂的表面包裹着一层惰性膜，其主要成分为水玻璃胶体，惰性膜表面含有碳酸钠和碳酸氢钠，用助剂对废砂进行浸泡 24h 以后，加入混凝土中，废砂外部水玻璃胶体一部分溶解在水中，形成高模数钠水玻璃新溶液，而这种钠水玻璃可以与水泥水化反应的产物氢氧化钙发生反应，生成硅酸钙胶体，经过助剂处理后的水玻璃铸造废砂混凝土，有很高的抗压强度和抗折强度。

制备沥青混凝土所用的矿物粉：沥青混凝土由沥青、矿物材料（碎石、砾石、砂子）、外加剂组成，是一种多相体系复合材料。沥青混凝土的物理力学性能（坚固性和强度）取决于矿物粉的质量，矿物颗粒空间之间存在的自由沥青越少，沥青混凝土的活性能越高，对废型砂、芯砂经过技术过程准备，制成对环境无危害的沥青混凝土所用的矿物粉，这种矿物粉的成分中废型芯砂约占 90%，飞灰熔体占 10%。由于废型（芯）砂在组成成分上不是均质的，含有许多粉状组分，利用时把它们加以磨碎，加工好的矿物粉体符合制造水泥的规定即可。

制造蒸压砖：水玻璃砂和黏土砂均以二氧化硅为主，在一定的湿热条件下，砂粒表面的活性二氧化硅很容易变成水合硅酸，该物质能和周围的碱性物质如氢氧化钙发生硅酸盐凝胶反应，把砂粒紧密地连接在一起，形成了以废砂为核心颗粒骨架、硅酸盐凝胶为基体的复合体系。在高温湿热条件下，水玻璃砂中的可溶性硅酸钠是硅酸盐凝胶反应的促进剂，可加速反应的进行，使化学反应在较短的时间完成，黏土砂中的黏土成分有利于改善成型性能，提高生坯强度，未经表面处理的有机黏结剂砂不能作为蒸压砖的原料。用铸造废砂制造蒸压砖的工艺包括破碎、粉磨、配料、混合、消化、成型、蒸压等过程。

项目 20　电力工业废渣的资源化

20.1 案例

粉煤灰由废物向材料的转变

近年来，我国经济的稳步增长带动了电力工业的迅速发展，发电能力年年增长，以煤炭为电力生产基本燃料的状况带来了粉煤灰排放量的急剧增加，按全国平均计，每增加 10MW 装机容量，每年将增加近万吨粉煤灰的排放量，近五年的统计数据表明，全国燃煤消耗量达 12×10^{8}t/a，火电及热电联产消耗原煤 6×10^{8}t/a，排放的粉煤灰高达 3×10^{7}t/a，燃煤所造成的粉煤灰污染已严重威胁着生态环境。

20 世纪 70 年代世界性能源危机、环境污染及矿物资源的枯竭等现状强烈激发了粉煤灰利用的研究和开发，世界各国粉煤灰研究应用方面也有了长足的进步。对粉煤灰的实践性应用的广泛开展，促使粉煤灰成为国际市场上引人注目的资源丰富、价格低廉、兴利除害的新兴建材原料和化工产品的原料，受到人们的青睐。我国利用粉煤灰生产的产品也在不断增加，技术不断更新，主要表现为：粉煤灰治理的指导思想已从过去的单纯环境角度转变为综合治理、资源化利用；粉煤灰综合利用的途径以从过去的路基、填方、混凝土掺合料、土壤改造等方面的应用，发展到目前的在水泥原料、水泥混合材、泵送混凝土、大体积混凝土制品、大型水利枢纽工程、特殊填料、高附加值应用等利用途径。

20.2 案例分析

20.2.1 粉煤灰的成分与矿物组成

粉煤灰是煤粉经高温燃烧后经收尘装置捕集得到的一种似火山灰质的混合材料，为灰色或灰白色粉状物，粉煤灰主要成分为 SiO_2、Al_2O_3、Fe_2O_3、CaO 和未燃炭，另含有少量的 K、P、S、Mg 等化合物，及 As、Cu、Zn 等微量元素。粉煤灰主要矿物组成、化学组成及物化性质见表 5.7～表 5.9。粉煤灰的化学成分因煤种、煤层、燃烧方式、煤粉细度和燃烧程度等不同而有差异。粉煤灰的烧失量范围在 1%～26%之间，烧失量越高，即含碳量越高、颜色越深、粒径越粗、质量越差。

表 5.7 粉煤灰的矿物组成（质量分数） %

石英	富铝红柱石	赤铁矿	SiO_2	Al_2O_3
10.90	13.60	6.11	35.81	13.16

表 5.8 粉煤灰的化学成分（质量分数） %

SiO_2	Al_2O_3	Fe_2O_3	CaO	MgO
50.51～56.77	23.59～24.22	6.11～7.37	6.57～10.71	1.52～1.86

表 5.9 粉煤灰的物化性质

表观密度/相对密度	细度/%	烧失量/%	需水量比/%	SO_3/%	含水率/%
2.08～2.22	12.6～15.5	1.02～1.97	99.0～105.5	0.67～0.98	<1.0

20.2.2 粉煤灰的活性

粉煤灰活性是指粉煤灰在和石灰、水混合后所显示出的凝结硬化性能，具有化学活性的粉煤灰本身无水硬性，但在潮湿条件下，能与 $Ca(OH)_2$ 等发生反应，显示出水硬性。粉煤灰的活性是潜在的，需要激发剂激发才能发挥出来，常用的激发剂有：石灰和少量石膏、石灰和少量水泥、水泥熟料和少量石膏。

粉煤灰活性的测定一般有石灰吸收法、强度试验法及溶出度法三种。石灰吸收法是测定粉煤灰活性的最古老的方法，又称维卡法，但是如果粉煤灰中的氧化钙本身就偏高，那石灰的吸收值，自然也就低，也就影响了测试的准确度；溶出度法是将粉煤灰，置于或酸、或碱的溶液中，溶解出其中可溶物的成分，测定其可溶部分的含量。但它并不能真实地反映出粉煤灰的活性；而强度试验法是目前国内外公认的粉煤灰活性的最佳评定方法，是用粉煤灰与石灰或水泥熟料结合后所呈现的强度作为衡量粉煤灰活性的指标。

20.2.3 粉煤灰的资源化

粉煤灰经高温后会产生以下变化：颗粒变小，孔隙率提高，比表面积增大，活性程度和吸附能力增强，电阻值加大，耐磨强度变高，三维压缩系数和渗透系数变小。以上的各种性能特征的变化，可被有效地加以应用到环境污染控制中，除此之外，粉煤灰中的 C、Fe、Al 及稀有金属可以回收；CaO、SiO_2 等活性物质可广泛用作建材和工业原料；Si、P、K、S 等组分可用于农业肥料与土壤改良剂等，因此粉煤灰具有广阔的资源化前景。

20.2.3.1　建筑工程中的应用

生产建筑材料的应用中，利用粉煤灰的量最大，约占利用总量的35%，且利用途径和方式也最多。作为水泥原料：生产粉煤灰水泥、代替黏土做水泥原料、普通水泥、硅酸盐水泥、硅酸三钙水泥、硫酸铝酸钙水泥、低密度油田水泥、早强水泥等。作为配合料（或掺合料）生产建材：加气混凝土砌块、烧结陶粒、烧结砖、蒸压砖、蒸养砖、高强度双免浸泡砖、双免砖、钙硅板等，其中粉煤灰掺量较多的是硅酸盐承重砌块和小型空心砌块。

粉煤灰建筑制品可分为非烧制和烧制型，非烧制粉煤灰建筑制品的诸多产品中，最先得到开发的是蒸养制品，这类产品的特点是利用粉煤灰的火山灰活性，与含钙物质配合，在一定温、湿度条件下与之发生反应，生成水化产物而获得一定强度和性能。粉煤灰作为一种优质的活性掺合料，以其碳化性、胶凝性、体积稳定性、耐久良好性的特点，广泛应用于大体积混凝土、泵送混凝土、高低标号混凝土、灌浆材料混凝土等工程中，例如粉煤灰取代20%～35%的水泥，在合适的水灰比条件下可以制备具有优良耐久性的高性能混凝土，而且由于水泥用量的减少，可使混凝土的单方造价降低约3%左右，因此掺用粉煤灰对降低工程造价，节约能源，保护环境都具有可观显著的效果。

20.2.3.2　化工及环保领域中的应用

粉煤灰比表面积大、多孔，具有很好的吸附性和沉降作用，因此可以制作人造沸石、分子筛、活性炭或直接做吸附剂，用于印染、造纸、电镀等行业的工业废水和有害废气的脱色、净化、吸附重金属离子；粉煤灰还能显著改善活性污泥的沉降性能，克服污泥膨胀。

用粉煤灰制成的脱硫剂，在适当的石灰比和反应温度时，脱硫率可达90%以上，高于纯的石灰脱硫剂，这是因为气-固反应中吸收剂比表面积的大小是主要决定因素。粉煤灰用于处理含磷废水，能有效地使废水中的无机磷沉淀，并中和废水中的酸，降低有机磷的浓度。

粉煤灰中含有Al_2O_3、CaO等活性组分，能与氟生成配位化合物或生成对氟有絮凝作用的胶体离子，有较好的除氟能力，因此粉煤灰对电解铝、磷肥、冶金、硫酸、化工、原子能等生产中排放的含氟废水处理具有一定效果。

粉煤灰在高分子材料制备中也有良好的应用。采用铝酸酯活化处理风选粉煤灰微珠，可以大大增加粉煤灰微珠与酚醛树脂的相容性，从而提高微珠酚醛复合材料的力学性能，使制造成本大大降低；粉煤灰通过磨细、焙烧、表面活性处理后，可作为橡胶的补强填充剂，从而大大降低橡胶制品的生产成本。

20.2.3.3　农业领域中的应用

氮、磷、钾是化肥的三大元素，而锰、锌、铜等微量元素是构成酶或一些维生素的组成部分，硼和铜则能提高作物抗寒、抗旱和抗病虫害的能力。粉煤灰70%～90%的组成中有无定型的铁铝硅酸盐，其余为石英、赤铁矿、磁铁矿及2%左右未被燃烧的炭，几乎含有自然界所有化学元素，其中铝、铁、钙、钾、钠、硅、镁含量最高，对土壤和植物来说，营养源丰富。以粉煤灰为原料生产磁化肥，其依据的理论依据是土壤磁学、磁生物学和作物生长营养学，粉煤灰经高强磁化和激活，具有其独特的剩磁作用，能有效地刺激作物对各种营养成分的吸收率，活化土壤中微团粒结构的形成，可以有效克服长期使用单元素化肥所造成的土壤板结和酸化。

20.2.3.4　冶炼行业中的应用

高温下将粉煤灰中的SO_2、Al_2O_3、Fe_2O_3等氧化物的氧脱出，并除去杂质制成硅、铝、铁三元合金或硅、铝、铁、钡四元合金，作为热法炼镁的还原剂和炼钢的脱氧剂，可显著提高金属镁的纯度和钢的质量。

20.3 任务

查询资料，综述粉煤灰的分级及标定的方法

20.4 知识拓展

20.4.1 脱硫石膏的资源化

山西太原第一热电厂的烟气脱硫石膏加工自动生产线，被称为国内综合利用示范工程：二水脱硫石膏在180～200℃下焙烧2～3h，生成含量可达74.67%的β型半水脱硫石膏，细度可达0.2mm，方孔筛筛余小于5%；初凝9min、终凝17min；两小时抗压强度不小于8MPa，两小时抗折强度不小于2.9MPa；半水脱硫石膏达到了GB 9776—88（建筑石膏）优等品的技术指标。该电厂以半水脱硫石膏为主要原料，采用原料计量、混合、加水搅拌、浇注、立模成型、液压顶升、自然干燥的工艺生产砌块，形成了具有一定规模的全自动石膏砌块生产线，产品达到我国建材行业标准JC/T 688—1998（石膏砌块）各项技术性能的要求。

20.4.1.1 脱硫石膏的来源

我国以煤为主的能源结构产生了大量的SO_2，燃煤电厂的SO_2排放量约占全国排放总量的50%以上。脱硫石膏就是火电厂脱除SO_2后得到的工业副产品。

20.4.1.2 脱硫石膏的组成

脱硫石膏与天然石膏的不同点：脱硫石膏主要矿物相为二水硫酸钙（$CaSO_4 \cdot 2H_2O$），脱硫石膏以单独的结晶颗粒存在。杂质为石灰石中伴生的相关其他矿物（如碳酸钙、氧化铝和氧化硅、氯化铁、方解石、长石、方美石等），对石膏的建筑性能基本没有影响。烟气脱硫石膏的颗粒大小较为平均，其分布带很窄，颗粒主要集中在30～60μm之间，级配不同于天然石膏磨细后的石膏粉。

脱硫石膏与天然石膏的相同点：脱硫石膏物化性能与天然石膏基本一致，脱硫石膏的水化动力学、凝结特征及过程与天然石膏也相同，只是速度较快。脱硫石膏中二水石膏（$CaSO_4 \cdot 2H_2O$）的品位可达90%～93%，游离水含量10%～12%，含碱低，无放射性，有害杂质少，可以代替天然石膏用作建材工业原料。

20.4.1.3 脱硫石膏的综合利用

水泥缓凝剂：水泥生产过程中，需要添加一定量的石膏作为缓凝剂，脱硫石膏与天然石膏成分相近，纯度比天然石膏更高、成分更加稳定，$CaSO_4 \cdot 2H_2O$含量大于90%。从化学成分、物理性能来看，脱硫石膏完全可以替代天然石膏用做水泥缓凝剂。脱硫石膏的水分一般为10%～12%，如果直接用作水泥缓凝剂，不仅会在运输、储存过程中出现黏结、堵料现象，而且会造成计量不准、生产不稳定，影响水泥质量。另外，脱硫石膏的水分也会影响水泥磨机的产量。因此，在用作水泥缓凝剂前，需要进行低湿烘干，将水分控制在3%～5%，并且通过造粒将脱硫石膏制成5～40mm小球或料块，避免运输及储存过程的黏结、堵料现象，消除因细粉飞扬造成的环境污染。

纸面石膏板：纸面石膏板是以建筑石膏和护面纸板为主要原料，掺加适量纤维、淀粉、促凝剂、发泡剂和水，经混合、成型、凝固、切断、烘干、切边等工序制成的轻质建筑薄板。它可广泛用于各种工业建筑和民用建筑，尤其在高层建筑中可作为内墙材料和装饰装修材料，具有质轻、防火、抗振、保温隔热、加工性能良好，施工方便，可拆装性能好，装饰效果好，增大使用面积等优点。2004年以前，纸面石膏板生产主要用天然石膏作原料，大多分布在石膏矿产资源丰富的地区，随着脱硫石膏处理技术及装备的不断开发，以及脱硫石膏量的激增，纸面石膏板行业逐渐将脱硫石膏作为了主要的原料。

石膏砌块：石膏砌块是采用石膏为主要原料，经计量、混合、搅拌、浇注、成型、干燥等工艺生产，用于非承重内隔墙。产品规格尺寸、相对密度和断裂强度，需符合国标及其他标准的规定，一般最普通的尺寸为666mm×500mm，厚度通常在60～150mm范围内，3块为$1m^3$，石膏砌块具备了石膏制品优异的防火、质轻、隔声和“呼吸”等优良的功能，非常适合城市建筑市场的需求，具有广阔的前景。

粉刷石膏：粉刷石膏是一种多相石膏胶结料。它具有抹灰材料所需要的各种性能：初凝快，终凝慢，适应粉刷工的平均工作速度；具有柔性和塑性，产浆量高；抹灰层干燥快，相对密度适宜，强度高。粉刷石膏是一种高效节能的建筑内墙及顶板抹灰材料，它主要代替建筑水泥石灰砂浆抹灰。传统的水泥砂浆、混合砂浆存在易开裂、空鼓、落地灰多、凝结硬化慢、装修周期长等缺点，粉刷石膏可完全克服以上缺点，是抹灰材料的发展方向。

自流平石膏：自流平石膏是一种在混凝土楼板垫层上利用石膏浆体自身的流动性自流动摊平形成平滑表面，成为较理想的建筑物地面找平层，从而可以铺设木地板、各种地面装饰材料或直接铺设地毯的基层材料。尤其是在有地面加热的建筑中，采用自流平石膏施工的地面，尺寸准确，平整度高，不空鼓、不开裂，浇灌24h后即可在上面行走，48h后可以在上面进行作业。干燥后，一般不需进行修整即可满足使用要求。自流平石膏在日本和西欧国家应用非常普遍，在我国目前尚未得到大规模的应用，非常具有发展前景。

石膏速成墙板：石膏速成墙板，由石膏、玻璃纤维和化学添加剂浇筑成型，硬化抽芯生产而成的大面积空心板材。速成墙是在工厂里加工成墙体构件，在工地进行装配，实现房屋工厂化，施工工业化。该板材既可以作为围护结构，和其他承重体系配合使用，如钢结构、框架结构等；又可以和钢筋混凝土配合共同组成承重结构，并自成体系。由于施工速度快，故称之为“速成建筑体系”。石膏制品具有多孔性结构，最主要的缺点是耐水性和耐冻融循环性能差，因此石膏制品一般不用于承重墙、外墙和卫生间等，但速成墙突破了这个范畴，发展高质量的板材是推进住宅产业现代化的需要，也是发展节能建筑的需要，是提高住宅部件生产效率和施工效率的必然选择。

其他：脱硫石膏可根据市场的需求生产其他的石膏建材如纤维石膏板、石膏空心条板、石膏装饰天花板、石膏嵌缝腻子和石膏粘贴剂等产品；在白度允许的情况下也可进一步开发用于陶瓷模型石膏、工业模型石膏和铸造石膏等。

20.4.2　无机胶凝材料的基本知识

建筑材料中凡是自身经过一系列物理、化学作用，或与其他物质（如水等）混合后一起经过一系列物理、化学作用，能由浆体变成坚硬的固体，并能将散粒材料（如砂、石等）或块、片状材料（如砖、石块等）胶结成整体的物质，称为胶凝材料。无机胶凝材料以无机化合物为基本成分，常用的有石膏、石灰、各种水泥等，根据无机胶凝材料凝结硬化条件的不同，其可分为气硬性胶凝材料与水硬性胶凝材料。

气硬性胶凝材料：只能在空气中（即在干燥条件下）硬化，也只能在空气中保持和发展其强度的胶凝材料，为气硬性胶凝材料，代表性材料有石灰、石膏、水玻璃、镁氧水泥。石膏是以硫酸钙为主要成分的气硬性胶凝材料，其主要原料为天然二水石膏（$CaSO_4 \cdot 2H_2O$），还有天然无水石膏（$CaSO_4$）及含 $CaSO_4 \cdot 2H_2O$ 或含 $CaSO_4 \cdot 2H_2O$ 与 $CaSO_4$ 混合物的化工副产品。石膏有凝结硬化快、硬化时体积微膨胀、硬化后孔隙率较大，表观密度和强度较低、隔热、吸声性良好、防火性能良好，具有一定的调温调湿性，加工性能好，但耐水性和抗冻性差，主要用于室内抹灰及粉刷，制作纸面石膏板、石膏空心条板、装饰石膏板、纤维石膏板等构件。

水硬性胶凝材料：不仅能在空气中，而且能更好地在水中硬化，保持并继续发展其强度的胶凝材料为水硬性胶凝材料，代表性材料有硅酸盐水泥、铝酸盐水泥、其他水泥。硅酸盐水泥是以硅酸钙为主的硅酸盐水泥熟料，5%以下的石灰石或粒化高炉矿渣，适量石膏磨细制成的水硬性胶凝材料，国际上统称为波特兰水泥。硅酸盐水泥的主要矿物组成是：硅酸三钙、硅酸二钙、铝酸三钙、铁铝酸四钙。硅酸盐水泥熟料：由主要含 CaO、SiO_2、Al_2O_3、Fe_2O_3 的原料，按适当比例磨成细粉烧至部分熔融所得以硅酸钙为主要矿物成分的水硬性胶凝物质。其中硅酸钙矿物不小于66%，氧化钙和氧化硅质量比不小于2.0。硅酸盐水泥的强度等级分为42.5、42.5R、52.5、52.5R、62.5、62.5R 六个等级。水泥包装袋标明了：执行标准、水泥品种、代号、强度等级、生产者名称、生产许可证标志及编号、出厂编号、包装日期、净含量。包装袋两侧应根据水泥的品种采用不同的颜色印刷水泥名称和强度等级，硅酸盐水泥和普通硅酸盐水泥采用红色；矿渣硅酸盐水泥采用绿色；火山灰质硅酸盐水泥、粉煤灰硅酸盐水泥和复合硅酸盐水泥采用黑色或蓝色。硅酸盐水泥有凝结硬化快，早期强度与后期强度均高、抗冻性好、水化热高、耐腐蚀性差、耐热性差、抗碳化性好、干缩小的特性。

项目21　化工废渣的资源化

21.1 案例

磷石膏制取硫酸钾

磷石膏经漂洗去除部分杂质，使 $CaSO_4 \cdot 2H_2O$ 质量分数从87%提高至92%～94%，在低温条件下将磷石膏与碳酸氢铵混合，生成硫酸铵、碳酸钙并排出 CO_2，低温条件下氨挥发较少，CO_2 气体较纯，可用于制备液体 CO_2。反应后的料浆分离碳酸钙后，得到硫酸铵溶液，再与氯化钾反应生成硫酸钾和氯化铵。经分离、洗涤、干燥得硫酸钾产品；滤液经蒸发、分离副产品氯化铵。采用此法时，磷石膏利用率达65%～70%，产品可作为优质硫酸钾肥料使用，副产品氯化铵、碳酸钙也可做肥料或水泥原料。

利用磷石膏制备硫酸铵工艺流程见图5.5。母液中加氯化钾可制氮磷钾复合肥料，英国、奥地利、日本和印度均有成功应用案例，不足之处是硫酸铵中的氮含量低，其单位养分的费用高于尿素和硝酸铵。

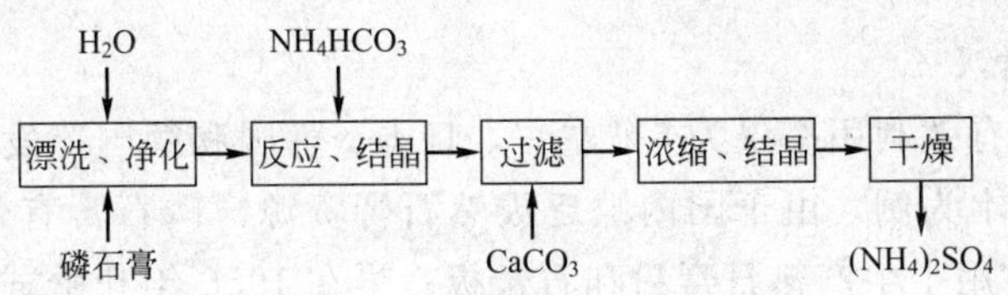

图 5.5　磷石膏制备硫酸铵工艺

用磷石膏生产无氯钾肥-硫酸钾，是以氨为催化剂，用磷石膏与氯化钾反应制得硫酸钾和氯化钙，该法工艺简单，流程短，所用设备简单，且氯化钾转化率可达到94%以上。

21.2　案例分析

21.2.1　磷石膏的产生

我国磷复肥行业经过近二十年的发展，已经成为世界磷肥生产和消费大国，生产量和消费量均居世界首位，磷肥产量增长了三倍，年均增长14%，年排放磷石膏量增长了三倍多。2011年磷肥产量1650万吨，磷石膏副产量6750万吨，目前累计磷石膏堆存量约为3亿吨，预测2015年磷石膏产量将达到8300～8500万吨。

磷石膏是湿法磷酸生产过程中排放的工业废渣，主要成分是二水合硫酸钙，即含有约20%的水分，其次是少量未分解的磷矿以及未洗涤干净的磷酸、氟化钙、铁等多种杂质。

我国是一个磷肥生产和使用大国，据统计，每生产1t磷酸（100% P_2O_5）产生磷石膏5～6t（干基），实物量7～10t，目前，大部分磷石膏被当作废物丢弃，排出的磷石膏废渣占用了大量土地、污染环境，堆场投资大、运行费高且浪费了宝贵的资源。由于硫酸钙的溶解度小且不易分离，人们长期以来从各个方面在探索磷石膏有效利用的途径。

21.2.2　磷石膏的化学成分与矿物组成

磷石膏主要成分为：$CaSO_4 \cdot 2H_2O$，此外还含有多种其他杂质。不溶性杂质包括石英、未分解的磷灰石、不溶性 P_2O_5、共晶 P_2O_5、氟化物及氟、铝、镁的磷酸盐和硫酸盐。可溶性杂质包括水溶性 P_2O_5、溶解度较低的氟化物和硫酸盐。山东某磷铵厂磷石膏废渣化学成分、放射性水平见表5.10、表5.11。

表 5.10　某磷铵厂磷石膏废渣的化学成分（质量分数）　%

SO_3	CaO	P_2O_5	水溶 P_2O_5	F^-	水溶 F^-	Fe_2O_3
40～42	30～32	0.30～3.22	0.1～1.65	0.22～0.87	0.33～0.70	0.12～0.21
Al_2O_3	SiO2	MgO	有机质	结晶水	酸不溶物	pH值
0.028～0.26	0.166～5.6	0.1～1.60	0.12～0.16	18.9～20.05	0.0013～0.81	1.5～2.0

表 5.11　某磷铵厂磷石膏废渣放射性水平

放射性物质	镭-226	钍-232	钾-40	备　注
放射性比活度/(Bq/kg)	166.7	0.0	81.7	经检测，其放射性水平低于国标(GB 6763—86)的规定

21.2.3 国内外磷石膏的资源化情况

21.2.3.1 国外的情况

全世界磷石膏的有效利用率仅为5%左右，日本、韩国和德国等发达国家磷石膏的利用率相对高一些。以日本为例，由于国内缺乏天然石膏资源，磷石膏有效利用率达到90%以上。其中的75%左右用于生产熟石膏粉和石膏板；早在1956年开始试验用磷石膏做水泥缓凝剂，现已大量推广应用。其他国家磷石膏的利用率相对很低，一般以堆存和直接排放（排海）为主，法国、德国、英国、澳大利亚等磷石膏的综合利用主要用于β-熟石膏粉、α-熟石膏粉、石膏面板等；美国以堆存为主，堆场技术规范相当完善，有堆场国家标准；少部分用于石膏墙板、建筑灰泥、自流平地板灰泥等。

21.2.3.2 国内利用情况

磷石膏在我国产生的历史较长，其综合利用技术开发的时间已有近40年。通过广大科研人员的不懈努力，磷石膏资源化利用技术的开发已有了巨大的进展，特别是近几年发展较快，但由于排放量大，目前有效利用率仅为年产量的20%左右。

随着对磷石膏危害的广泛认识，对磷石膏综合利用的重视程度提高，但普及程度低，全国90多家湿法磷酸生产企业中，目前开展综合利用生产的企业约有十几家，许多企业由于种种原因还没有大面积展开利用。主要原因是而天然石膏和其他工业副产石膏较磷石膏杂质含量低、磷石膏的下游市场很难打开、磷石膏综合利用经济效益低等。普通型利用产品多，高档次产品少。目前磷石膏的综合利用产品主要为普通建筑材料、土壤改良剂、矿坑填充材料、筑路材料等，主要为低端产品，附加值低，高档次的产品少，如石膏基导电材料、石膏基磁性材料、新型隔热材料、新型磷石膏基聚氯乙烯型材、石膏晶须、α-高强石膏粉等产品正在或尚未进行开发。以磷石膏为原料生产化工产品的种类和数量也较少。

21.2.3.3 我国磷石膏资源化利用发展建议

每年我国生产湿法磷酸产生的磷石膏量与全国每年开采的天然石膏量大体相当，一方面副产的磷石膏大量堆存，占用土地并污染环境，同时又大量开采天然石膏，产业政策和产业导向方面不够完善，其利用受到其他石膏的冲击。磷石膏综合利用属于废物再利用产业，经济效益差，理应享受更加优惠的政策，如免收相关税费等，但目前该行业享受的优惠政策少，许多鼓励措施不到位，从而导致了诸多企业虽然有充分的认识但积极性不高。从长期看会影响到磷石膏资源化再利用的进程。

应出台相应的产业政策以示导向，鼓励和引导磷石膏的资源化利用产业快速发展，推进相关产业的立法，为磷石膏资源化利用、产业化健康发展提供法律保护和支持，产业政策中对利用磷石膏资源和天然石膏资源给予差别大的优惠政策，鼓励多利用磷石膏，限制和引导少利用或不利用天然石膏，不仅节约天然石膏的开采，而且减少土地资源占用；从税收方面，对磷石膏资源化利用给予最大限度的优惠，享受所有的环保和废物利用的税收政策，并给予更加优惠，提高对该产业发展的积极性和经济效益；国家有关部门要设立专项资金支持，如国债专项、固体废物利用专项、环保专项等专项资金，长期支持和扶持该产业的发展；各级政府及主管部门对于磷石膏综合利用产品的推广、市场销售给予政策上的支持，加快产品的市场化推广，提高市场占有率，加大成熟技术和利用方式的推广力度。

21.3 任务

综述磷石膏高附加值利用的发展方向

21.4 知识拓展

21.4.1 化工废渣的概况

化学工业固体废物简称“化工固废”，是指化工生产过程中，产生的固体、半固体或浆状废物，包括化工生产过程中分解、合成等化学反应产生的不合格产品（含中间产品）、副产物、失效催化剂、废添加剂、未反应的原料中夹带的杂质等，以及直接从反应装置排出的或在产品精制、分离、洗涤时由相应装置排出的工业废物，还有空气污染控制设施排出的粉尘，废水处理产生的污泥，设备检修和事故泄漏产生的固体废物及报废的旧设备、化学品容器和工业垃圾等。化工废渣具有一些特性，如产生量大、种类繁多、性质复杂、来源分布广泛，并且一旦发生了化工废渣所导致的环境污染，其危害具有潜在性、长期性和不易恢复性。随着我国化工生产的发展，化工固废的产生量日益增加，除一部分进行处置外，相当一部分废物排至环境中并造成污染，其危害包括侵占工厂内外大片土地，污染土壤、地下水和大气环境，直接或间接危害人体健康。

21.4.1.1 化工废渣的来源

化工生产过程中所用的原料种类、反应条件和二次回用方式等的不同，使得产生废渣的化学成分和矿物组成等均有较大差异。比如，硫酸生产过程中产生的硫铁矿烧渣，各种铬盐生产产生的铬渣，纯碱生产排出的白灰，氯碱生产产生的电石渣，干法制磷肥排出的黄磷水淬渣，合成氨中煤造气排出的灰渣和油造气排出的炭黑渣，各种工业窑炉排出的灰渣，烧碱生产产生的盐泥，各种有机和无机产品废渣，还有废水处理过程产生的污泥，但总的来说，化工废渣中的主要成分为硅、铝、镁、铁、钙等化合物，同时还含有一些钾、钠、磷、硫等化合物。对于一些特定的化工废渣，如铬渣、汞渣、砷渣等则含有铬、汞、砷等有毒物质。因此，化工废渣种类繁多、组分复杂、数量巨大、部分有毒。

21.4.1.2 化工废渣的分类

从化工废渣污染防治的需要出发，通常把化工废渣分为危险废渣和一般工业废渣两大类。一般工业废渣指量大、面广、危害较小的粉煤灰、冶炼废渣、尾矿等。危险废渣也称危险废渣和特殊废渣，是指具有毒性、腐蚀性、反应性、易燃性、爆炸性、传染性等特性之一的固态、半固态和液态废物。一般说来，化学工业产生的废渣，凡含有氟、汞、砷、铬、铅、氰等及其化合物和酚、放射性物质均为危险废渣。

按照化学性质进行分类，一般将化工废渣分为无机废渣和有机废渣。无机废渣有些是有毒的废渣，如铬渣、汞渣、砷渣等则含有铬、汞、砷等有毒物质，其特点是废渣排放量大、毒性强，对环境污染严重；有机废渣大多指的是高浓度有机废渣，其特点是组成复杂，有些具有毒性、易燃性和爆炸性，但其排放量一般不大。

化工废渣按其组分可分为常规的化工废渣以及含大量贵金属的废催化剂。对于常规的化工废渣，其组分以硅、铝、镁、铁、钙等化合物为主，同时兼有部分特定的有毒物质；而对于化工废催化剂，则一般是以氧化铝为载体，同时含有较高浓度的贵金属。

为了便于管理统计，化工废渣一般按废物产生的行业和生产工艺过程来进行分类。例如，硫酸生产过程产生的硫铁矿烧渣；铬盐生产过程中产生的铬渣；烧碱生产过程中产生的盐泥、电石渣等。

21.4.2 磷石膏的资源化

化学石膏是指以硫酸钙为主要成分的一种工业废渣，由磷脂石与硫酸反应制造磷酸所得到的硫酸钙称为磷石膏；由萤石与硫酸反应制氟氯酸得到的硫酸钙称为氟石膏；生产二氧化钛和苏打时所得到的硫酸钙分别称为钛石膏和苏打石膏。其中，以磷石膏产量最大，每生产1t磷酸约排出5t磷石膏，目前我国磷石膏的年排放量超过1000万吨，世界磷石膏的年排放量接近2亿吨。此外，我国氟石膏的年排放量也达到了45万吨。

21.4.2.1 代替天然石膏作缓凝剂

水泥生产中要使用大量的石膏作为推迟凝固时间的缓凝剂，同已作为缓凝剂长期使用的天然石膏相比较，磷石膏一般呈酸性，还含有水溶性五氧化二磷和氟，一般不能直接做水泥缓凝剂使用，需要经过预处理去除杂质，或经过改性处理。试验表明，一般要求可溶性 P_2O_5 质量分数小于0.3%，可溶性氟质量分数小于0.05%，与使用天然石膏比较，掺用磷石膏时水泥强度可提高10%，综合成本降低10%～20%，磷石膏中的含磷量虽然会影响水泥凝结的时间，但其强度并不低于掺天然石膏的水泥的强度。

21.4.2.2 制硫酸联产水泥

20世纪90年代开发的磷石膏制硫酸联产水泥技术，目前国内已有数十套联产装置。作为水泥含体积分数8%～9%的 SO_2 窑炉气经净化、干燥后，在钒催化剂催化氧化下制得 SO_3，再用质量分数98%的浓硫酸二次吸收 SO_3 制得 H_2SO_4。用磷石膏制造硫酸，对于缺乏资源的国家来说意义重大。将磷酸装置排出的二水石膏转化为无水石膏，再将无水石膏经过高温煅烧，使之分解为二氧化硫和氧化钙。二氧化硫被氧化为三氧化硫而制成硫酸，氧化钙配以其他熟料制成水泥。

21.4.2.3 制备石膏建材

将磷石膏净化处理，除去其中的磷酸盐、氟化物、有机物和可溶性盐，使其符合建筑材料的要求。净化后的磷石膏经干燥、煅烧去除游离水和结晶水，再经陈化即可制成半水石膏。以它为原料可生产纤维石膏板、纸面石膏板、石膏砌块或空心条板、粉刷石膏等，其中以纸面石膏板的市场需求为最大。

磷石膏成分以 $CaSO_4 \cdot 2H_2O$ 为主，其含量为70%左右，磷石膏中的二水硫酸钙必须转变成半水硫酸钙方可用于做石膏建材。半水石膏分α和β两种晶型，前者为高强石膏，后者为熟石膏，α型是结晶较完整与分散度较低的粗晶体，β型是结晶度较差与分散度较大的片状微粒晶体，β型水化速度快、水化热高、需水量大，硬化体的强度低，α型则与之相反。

由磷石膏制取半水石膏的工艺流程大体上分为两类：一类是高压釜法将二水石膏转换成半水石膏（α型），另一类是利用烘烤法使二水石膏脱水成半水石膏（β型）。经测算生产单位产量α型半水石膏的能耗仅为β型半水石膏的1/4，而α型半水石膏的强度是β型半水石膏的四倍。我国生产磷酸以二水法工艺为主，所产磷石膏杂质含量高，生产α型半水石膏较为合适，将磷石膏加水制成料浆并加入媒晶剂，可以使生成的α型半水石膏发育完全，强度较高，其工艺流程如图5.6所示。

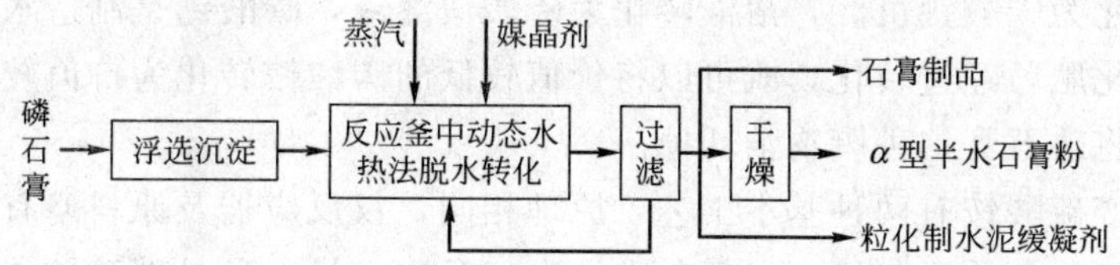

图5.6　磷石膏制备α型半水石膏工艺流程

淄博某磷肥生产企业副产的磷石膏，其主要技术指标：颜色，灰白；pH值1～2；二水硫酸钙含量，77%～83%；游离水量，12%～14%；杂质含量，3%～5%。生石灰：工业品。添加剂：由聚乙烯醇（10%～30%）、木钙（10%～20%）和明矾石（40%～80%）等组成。磷石膏生产纸面石膏工艺流程如图5.7所示。

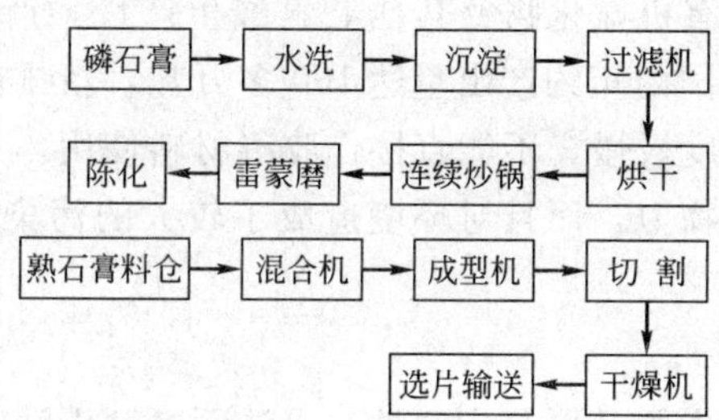

图5.7　磷石膏生产纸面石膏工艺流程

水洗：配制浓度为0.2%～0.3%左右的石灰水，将磷石膏加入石灰水中（水固比为1），搅拌，根据不同磷石膏的pH值，需另外添加浓石灰水调制，直到测得悬浮液pH值为7.0，静置12h。

沉淀：清液上层漂浮物较多时，用滤网滤出，将清液抽入水处理池中，在沉淀中加入清水（水固比为1）水洗，水洗2次，清液抽入水处理池处理。

过滤：将沉淀物进入真空过滤脱水机中脱水，然后进入干燥等后续工序。抽入水处理池中的清水，经处理后的水可循环使用。

烘干：烘干温度为40～60℃。

煅烧：煅烧温度根据DSC分析确定。

粉磨：粉磨后熟石膏的0.2mm筛的筛余量，应少于6%。

陈化：将煅烧好的磷石膏放在地上摊平存放一周左右，其间每隔一天搅拌一次。刚煅烧后的石膏性能不稳定，须经历一段时间的陈化。

混合：在混合过程中加入复合添加剂，旨在增加护面纸与石膏板芯的黏结力和石膏板芯强度。

21.4.2.4　*磷石膏作土壤改良剂*

磷石膏pH值为1～4.5，呈酸性，可以有效降低土壤碱度并改善土壤的渗透性，用于改良碱土、花碱土和盐土，改良土壤理化性状及微生物活动条件，提高土壤肥力。磷石膏中含有作物生长所需的磷、硫、钙、硅、锌、镁、铁等养分，除了在作物代谢生理中发挥各自的功能外，又由于交互作用而促进了彼此的效应，磷石膏中硫和钙离子可供作物吸收，且石膏中的硫是速效的，对缺硫土壤有明显的作用。

21.4.2.5　*用磷石膏制硫酸铵和碳酸钙*

磷石膏利用碳酸钙在氨溶液中的溶解度比硫酸钙小很多的原理，制备硫酸铵和碳酸钙。

硫酸钙很容易转化为碳酸钙沉淀，溶液转化为硫酸铵溶液，碳酸钙是制造水泥的原料，硫酸铵是肥效较好的化肥，经过转化，既可以将价值较低的碳酸铵转化为价值较高的、用途更广的产品，又可以将磷石膏这种废物消耗掉。

用磷石膏生产硫酸铵有两种基本工艺，原理相同，仅反应器及原料略有不同，一种是将磷石膏洗涤过滤去掉杂质后与氨、二氧化碳混合气反应，另一种是碳酸铵的复分解反应法：

$$CaSO_4 + (NH_4)_2CO_3 \longrightarrow CaCO_3 \downarrow + (NH_4)_2SO_4$$

21.4.3 氟石膏的资源化

21.4.3.1 氟石膏的来源

氟石膏是氢氟酸生产过程中的副产品，是由硫酸与萤石反应产出的以含硫酸钙为主的废渣，主要产自无机氟化物和有机氟化物及其他氢氟酸生产厂，产生量可观，每生产1t氢氟酸约产氟石膏3.6t。目前，国内年约产出量达100多万吨，新排出的氟石膏主要成分是无水硫酸钙，难溶于水，水化速度极慢，不能直接作胶凝材料使用。大量的氟石膏仍需建堆场处理，不但浪费大量的人力和物力，而且对环境造成了较大的污染。因此处理和利用氟石膏，具有十分重要的意义。

21.4.3.2 氟石膏的特性

根据生产工艺，氟石膏主要又可分为两种：干法石膏，干法氟化铝生产过程中的石膏排渣用石灰粉拌和后中和而成，呈灰白色粉粒状；湿法石膏，氢氟酸生产过程中的石膏排渣用石灰乳或黏土矿浆中和，浆化成石膏料浆。

氟石膏的化学成分见表5.12，氟石膏的物相组成见表5.13。新生的氟石膏为干燥粉粒状固体，呈微晶状晶体，微晶体紧密结合，粒度在0.07～0.21mm之间，其中0.147mm以下的细粉占30%～40%，其他矿物在氟石膏中呈零星分布，H^+含量为0.38×10^{-3}mol/g，吸附水为2%～3%，其晶体比天然石膏细小，一般为几个至几十微米，发育不完整，密度约为2.9g/cm^3，比表面积约600m^2/kg。氟石膏长时间露天堆放后可慢慢水化，晶粒结构由原来的粒状结构变成针状、片状或板状结构，颗粒逐渐变粗，强度增加。

表5.12 氟石膏化学成分 %

品种	CaO	SO_3	SiO_2	Al_2O_3	Fe_2O_3	MgO	CaF_2	H_2O(400℃)
干法	40～45	50～58	0.3～2.2	0.1～0.8	0.08～0.6	微量	1.2～4.0	0～0.2
湿法	33～39	40～51	0.62～4.1	0.1～2.2	0.05～0.27	0.12～0.9	2.7～6.8	0.1～1.5

表5.13 氟石膏的物相组成

样品名称	主要矿物组成
干法石膏	硬石膏($CaSO_4$)＋微量的CaF_2颗粒
湿法石膏	硬石膏($CaSO_4$)＋微量的CaF_2颗粒
堆场石膏	透石膏($Ca_2SO_4\cdot2H_2O$)＋微量的CaF_2颗粒

21.4.3.3 氟石膏的资源化

作水泥的缓凝剂：国内厂家一般采用天然硬石膏作水泥缓凝剂，但是由于氟石膏与天然石膏化学成分十分接近，因此可用氟石膏代替天然石膏作水泥缓凝剂。氟石膏SO_3含量通常在45%左右，颗粒细，使用方便，质量稳定，价格便宜，氟石膏经中和、过滤、烘干，再经过一段时间的存放后$CaSO_4$可部分或全部形成二水石膏。

利用氟石膏-粉煤灰制水泥：氟石膏与粉煤灰均为工业副产品，水泥水化产生的 $Ca(OH)_2$ 能对粉煤灰起碱性激发剂的作用，同时氟石膏中的 $CaSO_4$ 又能对粉煤灰起硫酸盐激发作用，粉煤灰的活性得到充分的发挥和利用，产品具有优良的力学性能和抗水性，适量掺加改性剂可促进钙矾石的生成与粉煤灰的反应，缩短凝结时间，提高强度。极大地提高了这两种工业废料的利用潜力。既消除了环境污染，又创造了使用价值，从而具有良好的经济和社会效益。

利用氟石膏制备粉刷石膏：氟石膏经粉磨，添加激发剂、增塑剂、保水剂等外加剂进行强制混合，即为F型粉刷石膏，具有黏结力强、硬化后体积稳定、不易产生干缩裂缝、起鼓等现象的优点，可以从根本上克服水泥混合砂浆和石灰砂浆等传统抹灰材料的干缩性大、黏结力差、龟裂、起壳等通病，且具有防火作用，并能在一定范围内调节室内温度。因此，目前许多工业发达国家使用粉刷石膏非常普遍，如德国70%以上的抹灰材料是粉刷石膏，英国粉刷石膏占石膏总量的50%，我国粉刷石膏的研发始于20世纪80年代，主要是半水石膏为主的单相或混合相粉刷石膏。

生产石膏砌块：半水石膏10%、氟石膏60%、石灰15%、粉煤灰10%、复合缓凝剂、增强纤维及其他原料共计5%、外加水量45%。表5.14为石膏砌块物理特性，氟石膏加气砌块具有体积密度小，热导率低、保温、隔热、隔声、防火、有足够的机械强度等。建筑应用后可减少结构投资，加快施工进度，提高房屋建筑的节能效果。

表 5.14　石膏砌块物理特性

体积密度/(kg/m^3)	抗压强度/MPa	抗折强度/MPa	热导率/[W/(m·K)]
657	3.44	0.79	0.188

生产保温墙板：氟石膏复合墙板的生产，是将各种原料经计量、混合搅拌制作成复合墙板的芯料，然后与纸面连续复合成型，采用了“加气”与“泡沫”混合工艺，使制品含有更多的微孔，以提高制品的保温隔热性能。复合轻质墙板密度小，各项性能指标均能达到或超过国家有关轻质墙板的标准。

图5.8所示为湿法石膏的利用实例，由于湿法石膏呈泥浆状，便于直接添加外加剂，可以成型生产石膏空心砌块和石膏空心条板等新型墙材。根据情况可采用利用、远距离输送两种工艺。

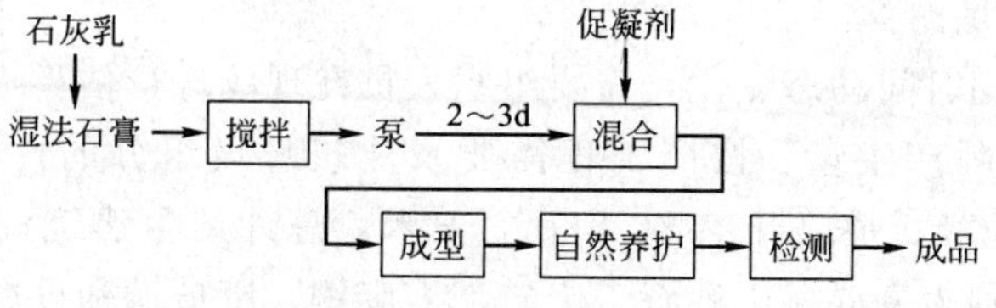

图 5.8　湿法石膏现场利用生产工艺

山东某企业利用无水氟石膏生产新型墙材的实例：先将氟石膏与粉煤灰按比例混合，后进行粉碎，在40℃下进行烘干，在渣场平放堆放10d进行陈化，加入1%的硫酸盐激发剂，然后进入高速搅拌机，搅拌1min成均匀料浆，浇注后10min脱模，取出坯体送入干燥窑，经14h热风干燥，控制砌块含水率小于9%即可出窑。成本低，减少污染，节约能源较为显著。

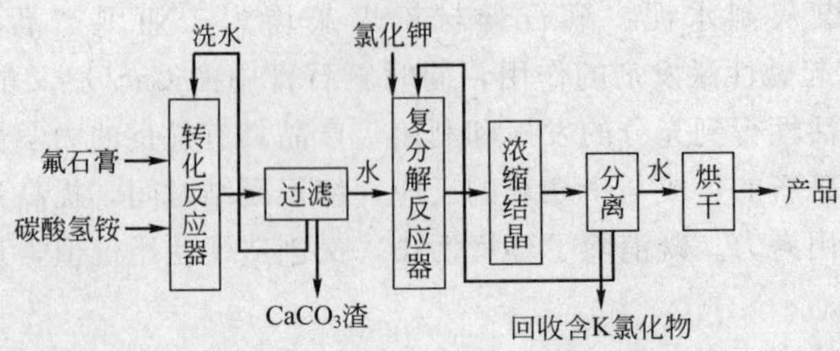

图 5.9 氟石膏制硫酸钾流程

制备硫酸钾：石膏法生产硫酸钾工艺一直是国内外研究重点，随着环境保护意识的增加，近几年用氟石膏生产硫酸钾的工艺研究取得了突破性进展，图 5.9 所示为氟石膏制硫酸钾流程，通过在硫酸铵与氯化钾反应中加入有机溶剂（二元醇），使硫酸钾优先析出，可制得硫酸钾和副产含钾的氯化铵肥料，把石膏中 SO_4^{2-} 转化率提高到 90%以上，使氟石膏的综合利用价值得到进一步提高。

项目 22 建筑垃圾的资源化

22.1 案例

上海虹桥交通枢纽工程原位建筑垃圾的物流平衡与循环利用

上海虹桥综合交通枢纽工程服务于 2010 年世博会，规划面积 26.26km²。旧建筑拆除后产生了体量庞大的建筑垃圾，鉴于建筑垃圾的主要消纳途径是拆迁工地→运输→郊区中转场地，再运输→回填工地或运输→填埋处置场，存在运输路线长、资源利用效率低等问题；另外考虑到随着该枢纽工程道路交通、市政设施、绿地广场、主要场馆等基础设施的开工建设，必然需要大量的标高回填土方、路基用再生混凝土骨料、铺地砖及砌块等墙体材料，因此拆迁与建设工期相互交叉，使得在虹桥西区内进行原位建筑垃圾的物流平衡和循环利用成为可能，其主要内容包括建筑垃圾产生量测算、建筑垃圾物流平衡和建筑垃圾的资源化利用。

① 建筑垃圾产生量测算

现场的实际情况随时间动态变化，需要组织人员在现场进行估算，以确定现场拆迁进展以及当前建筑垃圾实际产生量。按照工程需要及建筑垃圾组分的性质，建筑拆迁产生约 199.5 万立方米建筑垃圾、道路开挖 24.8 万立方米，总计产生建筑垃圾约 240 万吨。建筑垃圾可分为 5 类，分别为废混凝土砂石、废砖瓦、废钢、废玻璃和可燃废料，建筑垃圾中的废钢、废玻璃和可燃废料具有较高的回收价值，因此拆迁商一般会在拆迁过程中回收了这几类组分，因此，剩余的废混凝土砂石和废砖瓦将是项目的主要对象。经调研，废混凝土砂石和废砖瓦为主要的大量组分，所占的比例分别为 74%和 24%，其他三个组分所占的比例只有 2%。

② 建筑垃圾的物流平衡

图 5.10 所示为建筑垃圾再利用物流组织，在建筑垃圾再利用物流规划框架下，汇集主

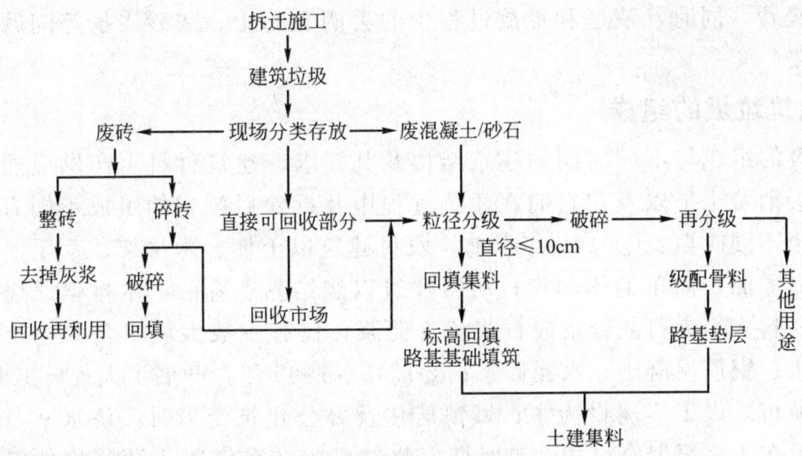

图5.10 建筑垃圾再利用物流组织

要的建筑物选择性拆毁技术以及建筑垃圾预处理技术，提出了建筑垃圾资源化利用的具体操作流程及工程应用技术，使建筑垃圾的产生和再生骨料需求之间的物流规划具有技术可行性。建筑物拆毁之后产生的废混凝土砂石暂时留在工地，通过短驳运输到处理场，加工成合格集料，然后应用于园区施工。

③ 建筑垃圾的循环利用

废砖在整个建筑物外壳推倒后，用移动碎石机把砖墙再适当捣散开，然后通过人工方式去掉砖块上的砂浆，回收整砖，在现场暂存到一定量时用卡车运走；碎砖可以用气压碎石机捣碎，作为回填料，也可以和混凝土块一起处理制作再生骨料；大量的废混凝土砂石通过粒径分级后，粒径小于10cm的可作为回填集料，应用于标高回填和道路基础填筑等，而大块的废混凝土则可通过设备进行破碎和再分级过程，生产可应用于道路基层的级配骨料；另外，可从废混凝土砂石和可回收部分中精选出各种物料组分，委托相应的再生产品制造企业生产商品建筑材料，回用于建设工程。

22.2 案例分析

22.2.1 建筑垃圾的来源

建筑垃圾是指在建（构）筑物的建设、维修、拆除过程中产生的固体废物，伴随建设工程所产生的副产品，包括废混凝土块、施工过程中散落的砂浆和混凝土、碎砖渣、金属、竹木材、装饰装修产生的废料、各种包装材料和其他废物等；其中的废混凝土块、沥青混凝土块、施工过程中散落的砂浆和混凝土以及碎砖渣又叫废建材。

按照建筑垃圾的来源不同可分为：①土地开挖，分为表层土和深层土，前者可用于种植，后者主要用于回填、造景等；②道路开挖，分为混凝土碎块和沥青混凝土碎块；③旧建筑物拆除，分为砖和石头、混凝土、木材、塑料、石膏和灰浆、钢铁和非铁金属等；④建筑工地垃圾，分为剩余混凝土（工程中没有使用掉的混凝土）、建筑碎料（凿除、抹灰等产生的旧混凝土、砂浆等矿物材料）以及木材、纸、金属和其他废料等类型。

目前我国建筑垃圾的数量已占到城市垃圾总量的30％～40％，随着新增建筑面积的增加，新产生的建筑垃圾量将是令人震撼的数字，然而，绝大部分建筑垃圾未经任何处理，便被施工单位运往郊外或乡村，露天堆放或填埋，耗用大量的征用土地费、垃圾清运费等建设经费，同时，清运和堆放过程中的丢洒和粉尘、灰砂飞扬等问题又造成了严重的环境污染。

22.2.2 建筑垃圾的组成

建筑垃圾的组成与不同时期的建筑结构及其要求、建筑材料生产供应能力、经济发展程度及社会消费水平以及与它们在建筑过程中及拆除后废物的组成不同有关。我国建筑经历了3个不同时期：①1949年以前，农村建筑以土坯、木排架、草屋面为主少数用砖做墙、瓦做屋面，简单的木门窗；城镇建筑以烧结黏土青砖、木排架、烧结黏土青瓦为主，砌筑材料多半为石灰膏浆或石灰黄土泥浆；仅有少数大城市公共建筑及工业建筑用一些混凝土、钢筋混凝土、水泥砂浆；②1949～1985年，开展了大规模工业项目建设，改造、发展城市，以工厂建设为主；城镇居住及办公建筑受当时经济水平及建筑生产水平所限，建筑多为多层混合结构；该时期以烧结黏土砖和混凝土预制构件组合的混合结构为主；屋面由瓦转为预制混凝土空心楼板，以沥青油毡防水；门窗以木门窗为主转为木门窗、钢门窗并重；砌筑抹面以水泥砂浆、水泥石灰砂浆为主，在中小城镇及农村仍有不少使用石灰；③1985年至今，农村建筑多以砖石钢筋混凝土混合结构为主，而城市建筑基本以钢和钢筋混凝土框架结构为主。表5.15为建筑垃圾组成，主要为烧结实心黏土砖、黏土施工瓦、砌筑、钢筋、铸铁管、木门窗、钢门窗、沥青、陶瓷卫生洁具、瓷砖、玻璃等。

表5.15 建筑垃圾的组成 %

垃圾成分	建筑施工垃圾组成比例		
	砖混结构	框架结构	框剪结构
碎砖(砌砖)	30～50	15～30	10～20
砂浆	8～15	10～20	10～20
混凝土	8～15	15～30	15～35
桩头	—	8～15	8～20
包装材料	5～15	5～20	10～20
屋面材料	2～5	2～5	2～5
钢材	1～5	2～8	2～8
木材	1～5	1～5	1～5
其他	10～20	10～20	10～20

22.2.3 建筑垃圾的产生量估算

通过科学合理的方法估算拆毁建筑垃圾产生量，可以为相关管理部门评估拆迁工作、项目预算、发展建筑垃圾的循环利用技术、控制建筑垃圾的物流去向等提供依据。目前一般的估算方法为：民用房屋建筑按照每平方米1.3t计算；有旧物利用的，在考虑综合因素后砖木结构每平方米0.8t，砖混结构每平方米0.9t，钢筋混凝土结构每平方米1t，钢结构每平方米0.2t；工业厂房和跨度9m以上的仓储类房屋钢结构每平方米0.2t，其他按同类结构民用房屋建筑单位面积垃圾量的40%～60%；构筑物拆除工程建筑垃圾量按照实际体积计算，每立方米折合垃圾量1.9t。

22.3　任务

根据所学知识，综述建筑垃圾的预处理方法

22.4　知识拓展

22.4.1　国外建筑垃圾的资源化

对建筑垃圾的处理，做得比较好的国家大多施行的是“建筑垃圾源头削减策略”，即在建筑垃圾形成之前，就通过科学管理和有效的控制措施将其减量化；对于产生的建筑垃圾采用科学手段，使其具有再生资源的功能。

22.4.1.1　日本立法实现建筑垃圾循环利用

日本由于国土面积小、资源相对匮乏，构造原料价格比欧洲都要高。因此日本将建筑垃圾视为“建筑副产品”，十分重视将其作为可再生资源而重新开发利用。比如港埠设施，以及其他改造工程的基础设施配件，都利用再循环的石料，代替相当数量的自然采石场砾石材料。早在1977年日本政府就制定了《再生骨料和再生混凝土使用规范》，并相继在各地建立了以处理混凝土废物为主的再生加工厂，生产再生水泥和再生骨料。1991年日本政府又制定了《资源重新利用促进法》，规定建筑施工过程中产生的渣土、混凝土块、沥青混凝土块、木材、金属等建筑垃圾，必须送往“再资源化设施”进行处理。日本对于建筑垃圾的主导方针是：尽可能不从施工现场排出建筑垃圾；建筑垃圾要尽可能重新利用；对于重新利用有困难的则应适当予以处理。

22.4.1.2　美国回收材料打造“资源保护屋”

美国政府的《超级基金法》规定“任何生产有工业废物的企业，必须自行妥善处理，不得擅自随意倾卸”。该法规从源头上限制了建筑垃圾的产生量，促使各企业自觉寻求建筑垃圾资源化利用途径。近年来，美国住宅营造商协会开始推广一种“资源保护屋”，其墙壁就是用回收的轮胎和铝合金废料建成的，屋架所用的大部分钢料是从建筑工地上回收来的，所用的板材是锯末和碎木料加上20%的聚乙烯制成，屋面的主要原料是旧的报纸和纸板箱，不仅积极利用了废弃的金属、木料、纸板等回收材料，而且比较好地解决了住房紧张和环境保护之间的矛盾。

22.4.1.3　法国专业公司的市场运作

法国CSTB公司是欧洲首屈一指的“废物及建筑业”集团，专门统筹在欧洲的“废物及建筑业”业务。其目标一是通过对新设计建筑产品的环保特性进行研究，从源头控制工地废物的产量；二是在施工、改善及清拆工程中，对工地废物的生产及收集作出预测评估，以确定相关回收应用程序，从而提升废物管理层次。该公司以强大的数据库为基础，使用软件工具对建筑垃圾进行从产生到处理的全过程分析控制，以协助相关机构针对建筑物使用寿命期的不同阶段作出决策。例如，可评估建筑产品的整体环保性能；可依据有关执行过程、维修类别，以及不同的建筑物清拆类型，对某种产品所产生的废物量进行评估；可向顾问人员、总承建商，以及承包机构，就某一产品或产品系列对环保及健康的影响提供相关概览资料；可以对废物管理所需的程序及物料作出预测；可根据废物的最终用途或质量制订运输方案；就任何使用“再造”原料的新工艺，在技术、经济及环境方面的可行性作出评定，而且可估计产品的性能。

22.4.1.4　荷兰有效分类建筑垃圾

荷兰目前已有70%的建筑废物可以被循环再利用，政府制定了一系列法律，建立限制废物的倾卸处理、强制再循环运行的质量控制制度，计划将循环利用的比例增加到90%。以建筑废物重要副产品筛砂为例，由于砂很容易被污染，其再利用是有限制的，因此专门采用了砂再循环网络，由分拣公司负责有效筛砂，依照其污染水平进行分类，储存干净的砂，清理被污染的砂。

22.4.2　我国建筑垃圾的资源化

我国建筑业是产生垃圾的大户，随着城镇化迅速推进，建设规模、旧城改造量都在不断增加，大规模的建设和拆迁必定会产生大量的建筑垃圾，同时建材行业也是利用各类废物最多、潜力最大的行业，是整个社会实现资源循环的一个关键环节，发展循环经济为建材行业赋予了新的生机。据统计，2011年全国建材业每年消纳和利用的各类固体废物数量在4亿吨左右，约占全国工业部门固体废物利用总量的80%以上。

22.4.2.1　建筑垃圾用作建筑回填料

采用旧房改造、拆迁过程中产生的碎砖瓦、废钢渣、碎石等建筑垃圾为填料，采用特殊工艺和机具，形成夯扩超短异型桩，是针对软弱地基和松散地基的一种地基加固处理技术。经重锤夯扩形成扩大头的钢筋混凝土短桩，并采用了配套的减隔振技术，具有扩大桩端面积和挤密地基的作用，单桩竖向承载力设计值可达500～700kN，该项技术较其他常用技术可节约基础投资20%左右。

22.4.2.2　建筑垃圾生产环保型砖块

实心黏土砖目前在我国农村地区仍是最主要的建筑材料，生产这种砖需要不断毁田取土，浪费了宝贵的土地资源；另一方面，黏土砖的烧制不仅耗煤量大，而且排出的烟气也会造成空气污染。而利用建筑垃圾中的渣土可制成渣土砖、利用废砖石和砂浆与新鲜普通水泥混合再添加辅助材料生产轻质砌块、利用废旧水泥、砖、石、沙、玻璃等经过配制处理，可制作成空心砖、实心砖、广场砖和多孔砖等。这些产品与黏土砖相比，可以起到替代的作用，并且具有抗压强度高、抗压性能强、耐磨、吸水性小、质轻、保温、隔声效果好等优点。

22.4.2.3　建筑垃圾加工再生骨料

构成废混凝土块的混凝土一般是以石子或碎石为粗骨架材料，砂或细砂为细骨架材料，通过与硅酸盐水泥或以硅酸盐水泥为主体的其他类型水泥的水合物黏合硬化而制得的混凝土，密度为2.3～2.4t/m^3。废混凝土块，经破碎筛分得到粗骨料和细骨料，粗骨料可作为碎石直接用于地基加固、道路和飞机跑道的垫层、地坪垫层，细骨料用于砌筑砂浆和抹灰砂浆，若将磨细的细骨料作为再生混凝土添加料可取代10%～30%水泥和30%的砂子。废旧沥青混凝土块的再生骨料可铺在下层做垫层，也可部分掺入到新的沥青混凝土中利用。对湿润的砂浆混凝土可通过冲洗，将其还原为水泥浆、石子和砂进行回收，碎砖块可作为粗骨料搅拌混凝土，可作为地基处理，地坪垫层的材料，若将磨细的废砖粉利用硅酸盐熟料激发，经磨细免烧可制成砌筑水泥。

再生骨料是指将建筑垃圾进行物理或化学处理，使其成为符合有关规定和质量标准的混凝土骨料。再生骨料具有与天然石子接近的物理性能，是比较理想的配制低、强度中等的再生混凝土材料，可广泛应用于道路工程、市政工程和房屋建筑工程，研究表明，仅采用再生粗骨料制成的再生混凝土，其性能与普通混凝土相差无几，应用再生骨料的混凝土具有拌和物流动性低、黏聚性和保水性好等特点，并且在同配比的条件下，应用再生骨料的混凝土立方体抗压强度有所增加。废混凝土块的破碎工艺流程如图5.11所示。

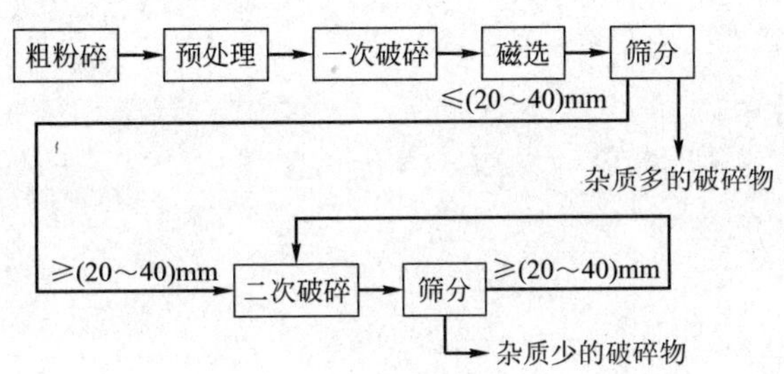

图5.11　混凝土块的破碎工艺流程

废混凝土块一般都堆放在建设工地现场或附近，因此废混凝土块的再生利用不仅节约了天然骨料资源，而且还降低了建筑垃圾的产量和清运费用，经济效益十分明显。

22.4.2.4　建筑垃圾绿化造景

天津市用3年时间完成了一个“山水相绕、移步换景”的最大规模的人造山，占地约40万平方米、利用建筑垃圾500万立方米，如今垃圾山已成为天津市民游览休闲的大型公共绿地；上海市虹口区20世纪90年代就利用生活垃圾和建筑垃圾堆起了一座人造假山，如今山上绿树成荫；邯郸市2008年出台《关于做好建筑垃圾处置利用及堆山造景的通知》，首批明确了7处“堆山造景”地点进行绿化施工，建成了体现匠心、彰显特色、独具魅力的城市景观，共消纳建筑垃圾约1520万立方米。

22.4.3　我国建筑垃圾处理中存在的问题

建筑垃圾分类收集的程度不高，绝大部分依然是混合收集，增大了垃圾处理难度，再加上管理不当，严重影响了城市环境。主要表现为：占用土地，降低土壤质量；大多数垃圾以露天堆放为主，经长期日晒雨淋后，垃圾中有害物质通过垃圾渗滤进入土壤中，造成污染；造成空气的环境污染；少量可燃建筑垃圾在焚烧过程中又会产生有毒的物质，造成了空气污染；破坏市容、恶化城市环境卫生；城市建筑垃圾占用空间大、堆放无序，甚至侵占了城市的各个角落，恶化了城市环境卫生，与城市的美化与文明的发展极不协调，影响了城市的形象。存在安全隐患，建筑垃圾的崩塌现象时有发生，甚至有的会导致地表排水和泄洪能力的降低。

建筑垃圾市场运作不规范，没有从源头上做到“谁产生垃圾谁处理”，建筑单位只负责将建筑垃圾从工地上清理干净，运往哪里和怎么处理一般都交给运输公司；为了省钱省事，运输公司常就近随意倾倒或填埋；利用建筑垃圾生产的再生产品与用天然材料制成的建筑材料相比，价格上不占优势。同时，市场上通常认为用建筑垃圾制成的产品质量不好，不愿意用；建筑垃圾循环利用成本高，从事建筑垃圾循环利用的企业需要将垃圾运输、分拣、加工，都要耗费很大的人力和物力成本。

法律法规不健全，管理体制不完善，我国至今尚无一部全国性的关于建筑垃圾管理的法律法规。建筑垃圾的处理和利用是一个系统工程，涉及产生、运输、处理、再利用各个层面，还涉及市政、建设、环保等多个行政管理部门。只有所有的环节统一管理、协同配合、有效联动，才能形成一个完整的建筑垃圾处理链，真正实现建筑垃圾的再生利用。

模块 6

危险废物的控制与最终处置

项目 23　危险废物的危害

23.1 案例

危险废物的越境转移

随着工业的发展，工业生产过程排放的危险废物日益增多。全球每年产生的危险有毒固体废物约有 5 亿多吨，大部分产生于工业发达国家。每 1 台新电脑投放市场就有 1 台电脑沦为垃圾，制造 1 台电脑需要 700 多种化学原料，而这些原料一半以上对人体有害。如一台 15 英寸电脑显示器就含有铅、镉、水银、铬、聚氯乙烯塑料和阻燃剂等有害物质；电视机、电冰箱、手机等电子产品也都含有铅、铬、水银等重金属，如果处理不妥，这些物质会破坏人的神经、血液系统以及肾脏。由于危险废物带来的严重污染和潜在的严重影响，在工业发达国家危险废物已成为“政治废物”，公众对危险废物问题十分敏感，反对在自己居住的地区设立危险废物处置场。危险废物的处置费用高昂，一些公司极力试图向工业不发达国家和地区转移危险废物，危险废物的这种越境转移量有多少尚难统计，但显然是正在增长。据绿色和平组织的调查报告，发达国家正在以每年 5000 万吨的规模向发展中国家转运危险废物，从 1986 年到 1992 年，发达国家已向发展中国家和东欧国家转移总量为 1.63 亿吨的危险废物。

我国部分地区从境外转移危险废物的事件时有发生，给我国带来了潜在威胁，引发了严重的环境污染、社会道德、政治问题。

23.2 案例分析

23.2.1　跨国转移的主要形式和原因

23.2.1.1　转移形式

以兜售“资源性”废物为名，通过直接贸易形式把“洋垃圾”转移至我国。即污染物的直接输出；如浙江台州、广东南海等地区洋垃圾拼成“名牌电脑”事件；上海南京也曾经发生类似“洋垃圾”进口的事件。

通过提供假检验证书或其他欺诈手段，向我国输出在本国禁止生产和流通的有害产品，一般是一些已经被淘汰的库存产品，即污染产品的输出。

以直接贸易的形式向我国输出在本国禁止生产的石棉、铸造、有色金属冶炼、化工、医药、纸浆生产等高污染产业或者项目，即对环境产生污染的技术设备和污染行业的输出。有些地方为完成经济指标，甚至制定了各种优惠政策以吸引外资投资兴建污染治理费用高、处理难度大、易给我国带来严重污染和危害的生产性企业。

23.2.1.2　原因分析

污染废物发生量的膨胀：全世界每年产生的危险废物 90%产生于发达国家。这还只是平均水平，对于发达国家，由于其环境标准往往高于发展中国家，因此在产生同样经济收益量的前提下，其被列为有害废物的副产品的相对数量偏高，这在客观上也促使发达国家通过废物的跨境输出来缓解其国内的环境压力。

发达国家转嫁环境危险动机的客观存在：各国的经济发展水平、国民的环保意识、环境的经济价值观念的不同带来对有害废物贸易的经济价值评价观的差异。目前几乎所有发达国家在处理危险废物方面的环保法规和标准都日益严格起来。发展中国家由于受经济文化发展水平的制约，满足于进口废物带来的短期资金收入，而发达国家通过输出有害废物，可以节约大量用于环境治理的资金，还会取得国际贸易利益。据统计，危险废物在非洲处置大约需 40 美元/t，而在欧洲需要 4～25 倍的费用，在美国为 12～36 倍。

发展中国家国民环境保护的行政和法律体制不健全：废物处理有待引进先进的市场机制，相对于发达国家而言，发展中国家普遍存在民众环境意识薄弱、环境法规不健全、执法不力、缺乏再生利用和无害处理有害废物的能力的状况。主要体现在：人员素质不高；管理水平有限，有的环保部门甚至没有专门的废物处置管理机构；用简单粗糙的方法处置有环境危险的废物，有的直接将工业废料与生活垃圾混在一起，用简易的掩埋或露天焚烧的方法处置。

23.2.2　危险废物的产生

联合国环境规划署对危险废物的表述是："危险废物是指除放射性以外的那些废物（固体、污泥、液体和利用容器装盛的气体）。由于它的化学反应性、毒性、易爆性、腐蚀性和其他特性引起对人体健康或环境的危害，不管它是单独的或与其他废物混在一起，不管是产生的或是被处置的或正在运输中的，在法律上都称危险废物"。《中华人民共和国固体废物污染环境防治法》对危险废物的表述是："危险废物指列入国家危险废物名录或者根据国家规定的危险废物鉴别标准和鉴别方法认定的具有危险废物特性的废物"。

国家环保部发布的危险废物名录中详细的规定了危险废物具体范围，共 47 类包括医院临床废物、医药废物、废药物药品、农药废物、木材防腐剂废物等。

据 2012 年统计，我国工业危险废物产生量超过 2000 万吨，循环利用量不足 500 万吨，主要来源于机械加工、化学原料及化学制造业。另外，社会生活中也产生了大量废弃的含有镉、汞、铅、镍等的电池和日光灯管等危险废物，特别是随着我国经济的快速发展和社会消费水平的不断提高，废旧计算机、电视、手机等电子类危险废物迅速增加，已成为不可忽视的环境污染源，如何在安全处置的前提下，处理、处置危险废物是我们亟待解决的难题。

23.2.3　危险废物的危害

高危险性。主要是指危险废物的毒害性、易燃性、爆炸性、腐蚀性、反应性、传染疾病性、放射性等。危险废物不适当地利用、存放和处置都会导致空气、水体、土壤等环境要素污染，损害人体健康，引发严重污染事故。

可转移性。危险废物一般呈固态或液态，在存放、利用或处置时可以被转移，因而危险废物往往容易扩散，不利于管理和控制。

处置专业性。危险废物往往来自化工、医药、机械、电子、印染等专业部门，化学特性相差很大，不同危险废物需应用不同技术原理和工艺流程。危险废物的高危险性决定其处置必须由专业人员采用特定技术手段完成，否则易酿成重大环境污染事故，所以危险废物处置应当由具备专业资历的专门单位承担。

难消除性。在处理工艺上，危险废物处置成本太高，而且很难被彻底清除。在环境中，危险废物处置难以利用环境自净能力，其污染环境较“稳”，呆滞性大，各种化学物质不易为环境消纳转化，危险性难以消除。在实践中，危险废物处置一般采用卫生填埋技术与环境隔离。

23.2.4　危险废物的管理

由于我国目前对固体废物的处理还处在低水平阶段，加剧了污染问题的严重性。因此，制定形成完善的法律法规制度，加强市场监管等措施，制定健全、完善废旧物资回收利用标准和进口固体废物环境保护标准，加强对行业的引导和技术指导，合理调控国外固体废物进口，有效地开发利用本国废品市场，对于解决我国经济发展、环境污染治理与有限的自然资源之间的矛盾，具有十分重要的意义。

23.2.4.1　国际公约

参加巴塞尔外交大会的共有 117 个国家和 34 个国际组织，1990 年我国政府参加并签署了该公约。《巴塞尔公约》对缔约国和非缔约国、有害废物的出口国和进口国来说都是一个制约。在缔约国和非缔约国之间，有害废物的越境转移被禁止。在缔约国之间，出口国须是由于技术能力和设备方面的原因不能恰当处理有害废物，同时进口国须是需要该有害废物等作为循环利用的原料，根据缔约国制定的标准才能进行越境转移。

23.2.4.2　我国相关的环保法律法规

《中华人民共和国环境保护法》、《中华人民共和国环境影响评价法》和《中华人民共和国清洁生产促进法》、《中华人民共和国固体废物污染防治法》、《中华人民共和国固体废物污染环境防治法》、《危险废物转移联单管理办法》、《医疗废物管理办法》、《危险废物经营许可证管理办法》等法规。

23.3　任务

综述危险废物的处理处置现状

23.4　知识拓展

我国垃圾进口现状

① 垃圾进口现状

我国进口和加工利用可用作原料的废物已有十几年历史，进口废物数量一直保持高速增长趋势，对补充我国资源不足缓解资源供给紧张局面起到了促进作用。同时，我国对废物进口实行的“自动”“限制”和“禁止”进口政策也在不断完善过程之中。

可用作原料废物进口数量增加：据海关统计 1995 年可用作原料废物的进口量为 652 万吨，1997 年达到 1119 万吨。2005 年达到 4298 万吨，十年增长了 3646 万吨，平均每年递增 381.72 万吨；2003 年可用作原料废物进口量增长率为 21.23%，2004 年增长率为 27.08%，

2005年增长率为29.92%，呈逐年递增趋势，在可用作原料的废物进口中，金属废物的进口量递增较快，我国2002年废物进口量2147万吨，其中废钢铁785万吨，废铜308万吨，废铝45万吨，占总进口的53%。2005年进口量则高达4298万吨，其中金属类占进口总额的40.3%。同时废纸和废塑料进口增长迅速。

可用作原料废物的进口来源：主要集中于日本、美国、加拿大以及德国，从这些国家的进口大约占到进口总量的一半。近年来随着进口量的逐年增加，废物来源国也日益广泛，来自韩国、荷兰、马来西亚及比利时等新兴工业国的废物在进口中所占比重越来越大，特别是某些品种的进口上，增速明显。

废物进口比较集中的地区：主要分布在沿海地区，如广东、上海、天津、浙江、江苏、福建、山东等地，是主要进口地和使用地。近年来，沿长江的一些省份，如江西、湖北等也有进口废物的情况。

② 用作原料的废物进口

资源需求与资源供给矛盾增大。矿产资源的供给与经济发展对矿产资源需求之间的差距日益扩大。我国的煤炭、水泥、钢、硫铁矿等10种有色金属及原油产量已跃居世界1～5位，但矿产资源已不能满足经济发展的需要。从国外进口废物成为我国资源供给的一个新途径，多数进口废物经过加工后就能够作为原材料或零部件投入市场使用，填补了国内缺口。

进口废物原料比国内原生材料具有质优价廉的优势。一些进口到国内的废物，经过简单处理后，多数质量优于国内原生材料。以进口废纸为例，进口废纸无论在质量、价格还是对环境的影响上都优于国内废纸。国内市场塑料原料（颗粒）价格已经上涨至8000～9000元/t，而大部分废塑料进口完税价格仅为300～400美元/t，已经包括了进口关税和运输等费用，可观的经济效益促使废物原料进口量持续增加。

我国劳动力资源有大量闲置劳动力，且价格低廉。而经济发达国家劳动力费用高，因此劳动力成本低、进口废物加工业高额利润是推动废物进口量持续增加的原动力。

项目24 危险废物的污染控制

24.1 案例

24.1.1 危险废物的污染控制案例

天津危险废物处理处置中心示范工程，是1999年国债资金高科技产业化项目。厂区占地面积87000m^2，项目建成后处理能力为焚烧厂13500t/a；资源回收及物化处理厂15000 t/a；安全填埋场6200t/a，医疗非焚烧处理能力7300t/a。该项目提供一套先进的有毒有害危险废物焚烧处理系统，提供国内首座集资源化、焚烧、安全填埋为一体的现代化有毒有害危险废物处理处置示范基地。

重庆长寿危险废物处置中心总处理能力为2.56万吨/年，焚烧处理能力48t/d；焚烧系统采用引进的德国鲁奇能捷斯公司的熔渣回转窑危险废物焚烧技术，能够使危险废物焚烧产生的污染物排放指标控制严于国家标准，部分指标达到欧盟2000标准。

24.1.2　我国医疗垃圾的处理处置状况

24.1.2.1　医疗垃圾的分类

医院在对病人进行诊治过程中所产生的废物称为医疗垃圾。由于诊治手段和内容不同，医疗垃圾中包括了化学性的、物理性的、生物性的、放射性的各种废物，医疗垃圾具有极强的传染性、生物病毒性和腐蚀性，其中携带病菌的数量巨大，种类繁多，具有空间传染、急性传染，交叉传染和潜伏传染的危险，医疗垃圾若是管理不严或处理不当，会造成对水体、大气、土壤的污染及对人体的直接危害。

我国公布的 47 种危险废物名录中，医疗废物被列在首位，对医疗垃圾进行无害化处理，已成为城市环境保护工作的一项重要课题。医疗废物的分类名目繁多，目前医学上多采用的是 Chih2 Shan 的分类方法，医疗垃圾的分类见表 6.1。

表 6.1　不同医疗垃圾的分类方法

分类	具体内容	处理要求
感染性废物	可能含有病原体的废物，可回收医疗废物，经高压毁形后再做焚烧处理	不可回收医疗废物，经喷洒消毒后进入垃圾填埋场
病理性废物	人体的组织或液体	采取焚化处理
损伤性废物	包括针头、注射设备、刀片等	先用消毒液浸泡，毁形后送垃圾场填埋
药物性废物	过期或无用的药品	由医院退回原生产厂家处理或销毁
化学性废物	毒性、腐蚀性、易燃易爆性的废物品	使用危害性较低的化学制品替代，危险的化学制品设备应置于通风处，对工作人员进行培训
基因毒性废物	细胞毒素、抗肿瘤药物和基因毒性药剂等	不能高压处理，只能在指定的焚化炉中焚烧
放射性废物	核放疗、放射性免疫测定和细菌学检测中产生的任何废品	必须藏在规定的地方让它腐烂，存放同类型废品的塑料袋或窗口均采用统一颜色及标志

24.1.2.2　医疗废物的危害及存在问题

医疗废物集中处置率低，二次污染严重。具体表现在：一些医疗机构和诊所等对其产生的医疗废物基本上自行分散处置，部分医院采用间歇式焚烧炉、热水锅炉、工业窑炉不定期地进行焚烧，这些焚烧炉制造简陋，炉型设计不能适应医疗废物特征，没有烟气净化装置，易造成二次污染；大部分中小型医院和乡镇医院的医疗废物流失进入生活垃圾中，实际产量远远超过处置产量；从业人员对颁布的《医疗废物分类目录》理解不清，导致医疗废物的分类混乱；医疗废物处理的费用没有纳入医疗成本，致使医疗机构主观上无负责任感；医疗废物的处理手段和技术不规范，造成对自然环境的危害性；医疗废物的收集、转运、储存不规范，没有实行分类收集，没有专用包装物和容器，没有专用运输车辆，运输中的污染现象不能完全避免。

因此，建议采用国际上通用的“五联单制”对医疗废物交接流程的每个环节，就其内容数量等进行登记，防止医疗垃圾遗失和流向不当对社会造成危害。提倡引进国际上先进性的非焚烧技术，停建不合格焚烧炉，提倡集中处理、有计划、有指导地建设一批规模化的处理中心；按照医疗废物监督管理原则，加强对各级各类医疗机构的经常性监督检查。

24.2 案例分析

24.2.1 危险废物的收集、运输与储存

24.2.1.1 危险废物的收集方式

(1) 收集方式　放置在场内的桶或袋装危险废物可直接运往收集中心或回收站。也可以通过专用运输车按规定路线运到指定的地点储存或作进一步处理处置；典型的收集站由防火墙及混凝土地面等构筑物所组成，储存废物的房室内应保证空气流通，防止具有毒性和爆炸性的气体积聚产生危险。

(2) 危险废物的相容性　除了分类收集外，为了减少危险废物对环境的污染，以及保证收集和后期工作的有效开展，一般要求对危险性固体废物进行包装，危险固体废物的包装容器，应根据废物特性选择，注意其相容性。

对于腐蚀性废物，为防止容器腐蚀泄漏，必须装在衬胶、衬玻璃或衬塑料的容器中，甚至用不锈钢容器；

塑料容器不应用于储存废溶剂；

对于放射性废物，必须选择有安全防护屏蔽的包装容器；

对于反应性废物，必须装在防湿防潮的密闭容器中；

对于含氰化物废物，必须密封，如装在不密封的容器中，一旦通水或酸就会产生氰化氢剧毒气体；

对于欲进行焚烧的有机废物，如滤饼、泥渣等，宜采用纤维板；

盛装危险废物的容器装置可以是钢圆筒、钢材或塑料制品，所有装满废物待运走的容器或储罐都应清楚地标明内盛物品的类别与危害说明，以及数量和装进日期。

危险废物的包装应足够安全，并经过周密检查，严防在装载、搬移或运输途中出现渗漏、溢出、抛洒或挥发等情况，否则，将引发所在地区大面积的环境污染。危险废物的收集容器往往与运输容器合用，主要是为了避免在收集和运输过程中造成不必要的污染扩散。

根据危险废物的性质和形态，采用不同大小和不同材质的容器进行包装。以下是可供选择的包装装置和相应适宜于盛装的废物种类：

盛装废油和废溶剂，一般选用 $V=200\text{L}$ 带塞钢圆桶或钢圆罐；

盛装固态或半固态有机物选用 $V=200\text{L}$ 带卡箍盖钢圆桶；

盛装无机盐液选用 $V=30\text{L}$、45L 或 200L 塑料桶或聚乙烯箱；

散装的固态或半固态危险废物装入选用 $V=200\text{L}$ 带卡箍盖钢圆桶或塑料桶。

储罐外形与大小尺寸可根据需要设计加工，要求坚固结实，并应便于检查渗漏或溢出等事故的发生。该装置适宜于储存，可通过管线、皮带等输送方式送进或输出的散装、液态危险废物。

24.2.1.2 危险废物的运输

危险废物的清运过程是危险废物产生与废物储存、处理之间的关键环节。对危险废物的运输，要配备必要的防护工具，工作人员要使用专用的工作服、手套和眼镜，以确保操作人员和运输者的安全。对装卸操作人员和运输者要进行专门的培训，并进行危险废物的装卸技术和运输中的注意事项等方面的知识的学习。对易燃或易爆性废物，应当在专用场地上操作，场地要装配防爆电气装置和清除静电设备。对于毒性及可能具有致癌作用的废物，为防

止废物与皮肤、眼睛或呼吸道接触，操作人员必须佩戴防毒面具。对于具有刺激性或者致敏性废物，也一定要使用呼吸道防护器具。

整个清运过程要严格按照一定的规章制度来进行运作，确保危险废物安全清运到目的地。近年来，国际上对危险废物开始实行转移联单制度，即产生者、运输者、管理者、处理者等各持一单，单上注明废物的种类、特性、形态、处理方法等。根据废物的种类和管理方法等的不同，分为三联单、五联单、八联单等。如日本的废物转移联单共有八种，其中产业废物、感染性废物和建筑废物为四联单，危险废物有五联单、六联单和八联单。此外，也可采用一种文件跟踪系统，并形成制度。在其开始即由废物产生者填写一份记录废物产地、类型、数量、性质等情况的运货清单经主管部门批准，然后交由废物运输承担者负责清点并填写装货日期、签名并随身携带，并将其分送有关处所，最后将剩余一单交给原主管部门检查，并归档保管。

出于安全、经济、方便等方面的考虑，公路运输为危险废物的主要运输方式，运输工具为专用公路槽车或铁路槽车。因而载重汽车的装卸作业乃是容易造成废物污染环境的主要环节。在公路运输危险废物时，为了保证运输安全，必须按如下所列的要求进行操作：

危险废物的运输车辆必须经过主管单位检查，并持有有关单位签发的许可证，负责运输的司机应通过专门的培训，持有证明文件；

承载危险废物的车辆必须有明显的标志或适当的危险符号，目前可以参照使用我国铁路部门制定的 12 种危险物品的标志方法；

承载危险废物的车辆在公路上行驶时，应持有运输许可证，标明废物性质和运往地点；此外，在必要时要有专门单位人员负责押运工作以引起关注，其上应注明废物来源；

组织危险废物运输的单位，在事先必须做出周密的运输计划和行驶路线，其中包括有效的废物泄漏情况下的紧急补救措施。

如果在清运过程发生泄漏、倾泻等意外情况，应当迅速采取应急措施，并尽快通知名地环保、公安部门。

放置在场内的桶或袋装危险废物可直接运往场外的收集中心或回收站，也可以通过专用运输车按规定路线运往指定的地点储存或作进一步处理处置。前者的运行方案如图 6.1 所示，后者的方案如图 6.2 所示。

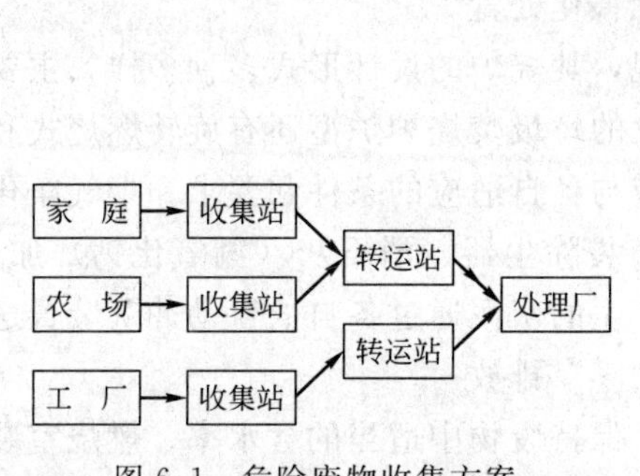

图 6.1　危险废物收集方案

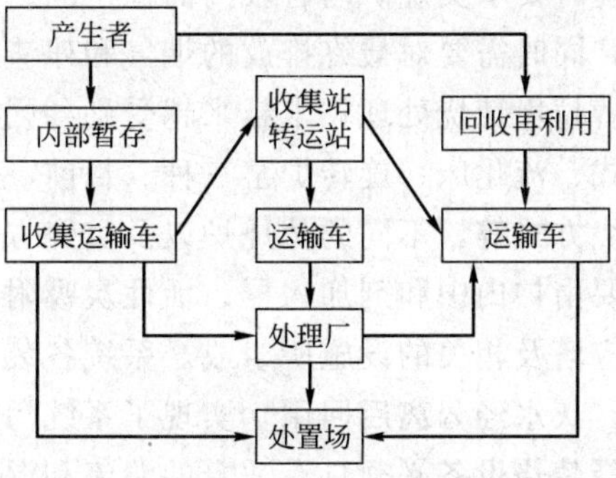

图 6.2　危险废物收集与转运方案

24.2.1.3　*危险废物的储存*

典型的收集站由砌筑的防火墙及铺设有混凝土地面的若干库房式构筑物所组成。储存废物的库房室内应保证空气流通，以防具有毒性和爆炸性的气体积聚而产生危险。收进的危险废物应详实登载其类型和数量，并应按不同性质分别妥善存在安全装置内。另外，还要根据危险废物的种类和特征进行标记，以便识别管理。例如美国按照危险废物的成分、工艺加工过程和来源进行分类，对各种危险固体废物规定了相应的编码符号，同时规定了几种主要危险特性标记。这几种主要特性的标记如表 6.2 所示。

表 6.2 危险废物特性标记

特性	标记	特性	标记
毒性	(T)	易燃性	(I)
EP 毒性	(E)	腐蚀性	(C)
急性毒性	(H)	反应性	(R)

危险废物转运站的位置宜选择在交通路网便利的地方，内设有隔离带，由埋于地下的液态危险废物储罐、油分离系统及盛装有废物的桶或罐等库房群所组成。站内工作人员应负责办理废物的交接手续，按时将所收存的危险废物如数装进运往处理场的清运车辆，并责成清运者负责途中安全。

24.2.2 医疗垃圾的处理与处置

目前境外许多国家和地区对医疗废物的减量化、分类收集、储存、运输和处理处置等各个方面、各个环节都有严格、明确的规定。在技术研究方面，投入了大量人力、物力、财力对医疗废物的处理处置进行深入研究，主要方法有焚烧、高压灭菌、化学处理、微波辐射、高温分解，等离子体和电弧炉等方法处置医疗废物。依照医疗废物的类型不同，可选择不同的处置方法，焚烧法适宜于处理各类感染性医疗废物（包括锋利物）、病理性废物、药物性废物和化学性废物。

24.2.2.1 高温焚烧法

医疗废物主要由有机碳氢化合物组成，含有较多的可燃成分，具有很高的热值，采用焚烧处理方式具有完全的可行性。焚烧处理是一个深度氧化的化学过程，在高温火焰的作用下，焚烧设备内的医疗废物经过烘干、引燃、焚烧三个阶段将其转化成残渣和气体，医疗废物中的传染源和有害物质在焚烧过程中可以被有效破坏。焚烧技术适用于各种传染性医疗废物，焚烧时要求焚烧炉内有较高而稳定的炉温，良好的氧气混合工况，足够的气体停留时间等条件，同时需要对最终排放的烟气和残渣进行无害化处置。

随着垃圾焚烧处理技术越来越受到各国的重视，焚烧炉的设计形式多种多样。主要形式有炉排式、流化床、旋转炉窑三种。目前，新开发的垃圾焚烧炉炉型还有旋转燃烧式和等离子弧燃烧方式等，不同的焚烧炉以及焚烧方法有着与各自适应的条件和要求。烟气净化处理系统主要由炉内中和剂加入器、活性炭吸附器、布袋除尘器、消石灰（氢氧化钙）加入器、中和反应塔及相关的设施所组成。系统各装置中产生的灰泥通过各自的自动冲灰装置送入灰泥储池。灰水经分离后回用，实现了系统污水的“零”排放。

选择焚烧设备必须具有适合的湍流和混合度，保持废物中适当的含水率、燃烧室装填情况、温度和停留时间、维护和检修这些重要的焚烧参数。焚烧处理技术主要优点是体积和质量显著减少，废物毁形明显；适合于所有类型医疗废物及大规模应用；运行稳定，消毒灭菌及污染物去除效果好；潜在热能可回收利用；技术比较成熟。缺点主要表现在成本高，空气污染严重，易产生二噁英、多环芳香族化合物、多氯联苯等剧毒物及氯化氢、氟化氢和二氧化硫等有害气体，底渣和飞灰具有危害性，需要配置完善的尾气净化系统。

24.2.2.2　压力蒸汽灭菌法

压力蒸汽灭菌处理方法的原理是经过分拣和破碎后的医疗废物在 100kPa，121℃的工艺条件下运行 20min 以上，压力蒸汽穿透物体内部，使微生物的蛋白质凝固变性而被杀死；处理后的医疗废物送往卫生填埋场或进行焚烧处理。这种方法也适用于受污染的工作服、注射器、敷料、微生物培养基等的消毒，但是不适宜处理病理性垃圾，如人体组织和动物尸体等，对药物和化学垃圾的处理效率也不高。压力蒸汽灭菌处理主要技术参数是温度、蒸汽质量和作用时间，废物进料尺寸会影响蒸汽穿透性，处理周期时间影响灭菌的彻底性，容器内空气去除不彻底可影响灭菌器内温度。压力蒸汽灭菌技术相比之下具有投资低、操作费用低，易于检测，残留物危险性较低，消毒效果好，适宜的处理范围较广等优点。主要缺点是体积和外观基本没有改变；可能有空气污染物排放，易产生臭气，不能处理甲醛、苯酚及汞等物质。

24.2.2.3　化学消毒法

化学消毒法的实质就是将破碎后的医疗废物与一定浓度的消毒剂（次氯酸钠、过氧乙酸、戊二醛、臭氧等）混合作用，并保证其与消毒药剂有足够的接触面积和时间，有机物在消毒过程中被分解、微生物被杀灭。消毒药剂与医疗废物最大接触是保障处理效果的前提。通过使用旋转式破碎设备提高破碎程度，保证消毒剂能够将其穿透。化学消毒法适合处理液体医疗废物和病理方面的垃圾，最近也在逐步用于那些无法通过加热或润湿进行消毒灭菌的医疗废物的处理。决定化学消毒法效果的因素主要有消毒剂浓度和作用温度，根据废物性质选择具有相应 pH 值的消毒剂、废物和药剂接触混合时间、流体的再循环等也是重要因素。

化学消毒法的优点是工艺设备和操作简单方便；除臭效果好；消毒过程迅速一次性投资少，运行费用低。对于干式处理，废物的减容率高、不会产生废液或废水及废气。缺点是干式废物对破碎系统要求较高，对操作过程的 pH 值监测（自动化水平）要求很高。湿式废物处理过程会有废液和废气生成，大多数消毒液对人体有害。不适用于处理化学疗法废物、放射性废物、挥发和半挥发有机化合物。

24.2.2.4　电磁波灭菌法

电磁波灭菌法包括微波和无线电波两种方法。微波灭菌法使用 2450MHz 的高频电磁波，而无线电波灭菌法则使用 10MHz 的低频电磁波，其穿透力比微波更强。电磁波灭菌法的原理是其具有可被水、脂肪、蛋白质吸收的特点，利用微生物细胞选择性吸收能量的特性，将其置于电磁波高频振荡的能量场中，使微生物的液体分子按外加电场的频率振动，这种振动使细胞膜内的能量迅速增加，产生高温，最终导致细胞的死亡，以此杀死医疗废物中的病原体。经电磁波处理后的医疗废物可以作为生活垃圾进行卫生填埋。电磁波灭菌法在美国、澳大利亚、德国和菲律宾都有应用实例。

无论是微波还是无线电波，决定杀菌效果的因素是输出功率和实际场强，还要根据废物特性，废物含水率对微波处理影响明显，暴露持续时间和废物混合范围也有一定影响。电磁波灭菌处理法优点体现在体积显著减少，垃圾毁形效果好；系统完全封闭，环境污染很小；完全自动化，易于操作。缺点是建设和运行成本不低；处理后减重效果不好，会有臭味，不适合血液和危险化学物质的处理。

24.2.2.5　等离子体法

等离子体法是美国在 20 世纪 90 年代开始研发用以处理危险废物的新技术。用于废物处理的等离子体是一种惰性气体经过电离形成的气体云，通常称为物质的第4种状态。等离子体体系中含大量正负带电粒子和中性粒子组成。在等离子体系统中，通入电流使惰性气体，通过施加能量使气体发生电离，产生辉光放电，在1/1000s内即可达到1200～3000℃的高温，从而使有机废物迅速脱水、热解、缓解，产生以氢气、一氧化碳和烷烃类等混合可燃气体，再经过二次燃烧，得以破坏垃圾中潜在的病原微生物。等离子体技术可以将医疗废物变成玻璃状固体或炉渣，产物可直接进行最终填埋处置。

决定等离子体作用的主要因素是设备功率和所能提供的能量，输出能量越高、产生的温度转换越快，另外必须满足规定的处理时间周期，废物特性对电磁波作用有影响。等离子体处理技术的优点是低渗出、高减容、高强度，处置效率高，可处理任何形式医疗废物，无有害物质排放，潜在热能可回收利用。缺点是建设和运行成本很高；系统的稳定性易受影响；可靠性有待验证与提高。

24.2.2.6 干热粉碎灭菌法

干热灭菌是指将物品置于干热灭菌柜、隧道灭菌器等设备中，利用干热空气达到杀灭微生物。目前主要采用远红外线干热消毒设备，处理医疗废物最好采用密封式干热炉，利用高温加热处理某些特殊医疗废物。干热灭菌时，被灭菌物品应有适当的装载方式，不能排列过密，以保证灭菌的有效性和均一性。干热处理法主要杀菌因子为高温，维持足够的作用时间即可达到灭菌要求；废物特性应符合干热处理要求。干热灭菌主要优点是杀菌效果可靠，建设和运行成本低，处理后的垃圾可进行填埋处理或综合利用，处理过程不采用消毒剂。缺点是须进行破碎化等预处理，热传导速度慢；可能有空气污染物排放，易产生臭气。

24.2.2.7 高温热解焚烧法

高温热解法的原理是将医疗废物有机成分在无氧或贫氧的条件下加热到600～900℃，用热能使化合物的化合键断裂，使大分子量的有机物转变为可燃性气体、液体燃料和焦炭的过程。热解产生的气体中主要含有氢气、甲烷、一氧化碳、二氧化碳以及其他烃类和挥发性有机物。高温热解法主要作用因子是温度和反应时间，保持废物一定湿度和物料尺寸对处理效率有影响，物料分子结构特性决定热解方式。医疗废物高温热解焚烧法所焚烧的是裂解气与裂解焦，裂解气中的可燃气体作为热解焚烧的燃料，其运行成本大大低于常规焚烧法。另外，热解焚烧法所需的空气系数较小，产生的烟气量明显减少，所需的烟气净化装置较小，因此总体费用比常规焚烧法小。传统的焚烧处理法中，由于是富氧燃烧，在这种条件下很容易产生二噁英。热解法是在缺氧和除去氯等酸性气体条件下进行，降低了二噁英的生成，所以热解焚烧法比传统焚烧法的二噁英生成量大为减少。高温热解法医疗废物不需要预处理，不需要分类，直接投入炉内进行处理即可，因此对处理的废物无明显选择性。

24.2.2.8 卫生填埋法

卫生填埋法是医疗废物的最终处置方法，其原理是将垃圾埋入地下，通过微生物长期的分解作用，使之分解为无害的物质。医疗废物的填埋系统如果没有防渗措施，各种有毒物质、病原体、放射性物质等会随雨水渗入土壤，有害物质会通过食物链进入人体，危及人类健康。因此，卫生填埋场须经过科学选址，并用黏土、高密度聚乙烯等材料铺设防渗层，还必须设置填埋气的收集和输出管道，所以采用填埋处理法必须非常慎重，一定按有关规定对医疗废物进行严格的预处理。

采用填埋处理法应根据医疗垃圾特性，选择地质条件符合要求的场地，结合土壤和气候，采用相适应的土木技术，确定场地建设规模。填埋处理方法的优点是工艺较简单，投资少，可处理大量的医疗废物。主要缺点是填埋前需消毒，废物减容少，填埋场建设投资大，需占用大量土地，产生甲烷、氨气、硫化氢气体、氮气、一氧化碳等大量有害气体，同时也产生氧气和氢气和挥发性有机物，需对土壤和地下水进行长期监测。

24.3 任务

调研所在城市医疗垃圾的产生和处理处置情况

对你所在学校医院或周边医院的医疗废物产生和处理情况进行调研，形成调研报告。调研内容包括以下中几方面。

医疗废物的产生环节有哪些

医疗废物的分类情况，是否采取了分类收集

储放过程中是否采取了消毒措施

运输方式，运往何处，是否与其他垃圾一起运走

是否定期接受相关部门检查，或有自查

最终处置方式

24.4 知识拓展

24.4.1　危险废物的固化

24.4.1.1　固化技术及其分类

利用物理或化学方法将有害固体废物固定或包容在惰性固体基质内，使之呈现化学稳定性或密封性。固化所用的惰性材料称为固化剂。有害废物经过固化处理所形成的固化产物称为固化体。几种固化技术的比较见表 6.3。

水泥固化技术：以水泥为固化剂将有害废物进行固化的一种处理方法，从而达到减小表面积、降低渗透性，使之能在较为安全的条件下运输与处置的目的。水泥是一种无机胶结剂，经水化反应后可形成坚硬的水泥块，能将砂、石等骨料牢固地凝结在一起。水泥固化有害废物就是利用水泥的这一特性。常用作固化剂的有硅酸盐水泥和火山灰质硅酸盐水泥。

石灰固化处理：以石灰和具有火山灰活性的物质（如粉煤灰、垃圾焚烧灰渣、水泥窑灰等）为固化基材，活性硅酸盐类为添加剂对危险废物进行稳定化与固化处理的方法。适用于稳定石油冶炼污泥、重金属污泥、氧化物、废酸等无机污染物，并已用于烟道气脱硫的废物的固化。该法简单，物料来源方便，操作不需特殊设备及技术，比水泥固化法便宜，但石灰固化处理得到固化体的强度较低，所需养护时间较长，并且体积膨胀较大，增加清运和处置的困难，因而较少单独使用。

热塑性材料固化处理：热塑性材料如沥青、石蜡、聚乙烯、聚丙烯等，用熔融的热塑性物质在高温下与干燥脱水危险废物混合，以达到对废物稳定化的目的的过程。以沥青类材料作为固化剂，与危险废物在一定的温度、配料比、碱度和搅拌作用下发生皂化反应，使有害物质包容在沥青中并形成稳定固化体的过程。沥青——憎水性物质、良好的黏结性、化学稳定性、较高的耐腐蚀性；石油蒸馏的残渣，其化学成分包括沥青质、油分、游离碳、胶质、

表 6.3　几种固化技术的比较

技术	适用对象	主要优点	主要缺点
水泥固化	重金属氧化物废酸	1. 水泥搅拌技术已成熟 2. 对废物中化学性质变动承受力强 3. 可调节固化体的结构缺点与防水性 4. 无需特殊设备，处理成本低 5. 可直接处理无需前处理	1. 如含特殊盐类会造成固化体破裂 2. 有机物的分解造成裂隙，增加渗透性，降低结构强度 3. 水泥会增大固化体的体积和质量
石灰固化	重金属氧化物废酸	1. 物料来源方便，价格便宜 2. 不需特殊设备与技术 3. 产品便于运输，渗透性有所降低	1. 固化体强度较低，需较长的养护时间 2. 有较大的体积膨胀，增加清运和处置的困难
热塑性材料固化(沥青)	重金属氧化物废酸	1. 需要对废物进行预先脱水和浓缩 2. 固化体空隙率和污染物浸出率均大大降低 3. 固化体的增容较小	1. 需高温操作，安全性较差 2. 一次性投资费用与运行费用比水泥固化高
热固性材料固化	非极性有机物氧化物废酸	1. 固废物的渗透性较其他固化法低 2. 对水溶液有良好的阻隔性 3. 接触液损失率远低于水泥固化与石灰固化法	1. 需特殊设备和专业操作人员 2. 如含氧化剂或挥发性物质，加热时有会着火或逸散，处理前先对废物进行干燥和破碎
玻璃固化	不挥发高危型废物核废物	1. 固化体可长期稳定 2. 可利用废玻璃屑做固化材料 3. 对核能废料已有相当成熟的技术	1. 不适用与可燃和挥发性物质 2. 高温热熔需消耗大量能源 3. 需要特殊设备和人员
自胶结固化	硫酸钙和亚硫酸钙	1. 烧结体的性质稳定，结构性强 2. 烧结体不具生物反应性及着火性	1. 应用面狭窄 2. 需要特设备和专业人员

沥青酸和石蜡等。

热固性塑料固化：热固性材料如脲醛树脂、聚酯、聚丁二烯、酚醛树脂、环氧树脂等，用热固性有机单体和经过粉碎处理的废物充分混合，在助凝剂和催化剂的作用下产生聚合以形成海绵状的聚合物质，从而在每个废物颗粒的周围形成一层不透水的保护膜。部分液体废物遗留，需干化。特别适用于对有害废物和放射性固体废物的固化处理。

玻璃固化处理：玻璃原料为固化剂，将其与危险废物以一定的配料比混合后，在1000～1500℃的高温下熔融，经退火后形成稳定的玻璃固化体。主要适用于处理含高比放射性废物，不适宜于大型工业有害固体废物的固化处理。

自胶结固化：利用废物自身的胶结特性来达到固化目的的方法。主要用来处理含有大量硫酸钙和亚硫酸钙的废物，如磷石膏、烟道气脱硫废渣等。$CaSO_4 \cdot 2H_2O$ 或 $CaSO_3 \cdot 2H_2O$ 经煅烧成具自胶结作用半水，遇水后迅速凝固和硬化。该方法不需要加入大量添加剂，废物也不需要完全脱水，工艺简单；固化体化学性质稳定，具有抗渗透性高、抗微生物降解和污染物浸出速率低的特点，并且结构强度高；但只限于含有大量硫酸钙的废物，应用面较为狭窄。此外还要求熟练的操作和比较复杂的设备，煅烧泥渣也需要消耗一定的热量。

24.4.1.2　*危险废物的固化技术要求*

有害废物经过固化处理后所形成的固化体应具有良好的抗渗透性、抗浸出性、抗干湿性、抗冻融性及足够的机械强度等，最好能作为资源加以利用；

固化过程中材料和能量消耗要低，增容比要低；

固化工艺过程简单，便于操作。

24.4.1.3　危险废物的固化评价体系

浸出率：有毒有害物质通过溶解进入地表或地下水环境中，是废物污染扩散的主要途径。因此，固化体的浸出率是鉴别固化体产品性能的最重要的一项指标。通过实验室或不同的研究单位之间固化体浸出率的比较，可以对固化方法及工艺条件进行比较、改进或选择，有助于预计各种类型固化体暴露在不同环境时的性能，并且可以估计有毒危险废物的固化体在储存或运输条件下与水接触所引起的危险大小程度。

体积变化因数：体积变化因数为固化处理前后固体废物的体积比，即

$$C_R=V_1/V_2$$

式中，C_R 为体积变化因数；V_1 为固化前固体废物体积；V_2 为固化后产品的体积。

体积变化因数，是鉴别固化方法好坏和衡量最终处置成本的一项重要指标。它的大小实际上取决于能掺入固化体中的盐量和可接受的有毒有害物质的水平。因此，也常用掺入盐量的百分数来鉴别固化效果；对于放射性废物，C_R 还受辐照稳定性和热稳定性的限制。

抗压强度：为了能够安全储存，固化体必须具有一定的抗压强度，否则会出现破碎和散裂，从而增加暴露的表面积和污染环境的可能性。对于一般的危险废物，经固化处理后得到的固化体，如进行处置或装桶储存，对其抗压强度的要求较低，控制在 0.1～0.5MPa 便可；如用作建筑材料，则对其抗压强度要求较高，应大于 10MPa。

24.4.2　危险废物的浅地层埋藏处置

浅地层埋藏处置是指地表或地下的、具有防护覆盖层的、有工程屏障或没有工程屏障的浅埋处置，主要用于处置容器盛装的中低放射性固体废物，埋藏深度一般在地面下 50m 以内。浅地层埋藏处置场由壕沟之类的处置单元及周围缓冲区构成。通常将废物容器置于处置单元之中，容器间的空隙用砂子或其他适宜的土壤回填，压实后再覆盖多层土壤，形成完整的填埋结构。这种处置方法借助上部土壤覆盖层，既可屏蔽来自填埋废物的射线，又可防止天然降水渗入。如果有放射性核素泄漏释出，可通过缓冲区的土壤吸附加以截留，浅地层埋藏处置适于处置中低放固体废物。由于其投资较少，容易实施，是处置中低性废物的较好方法，在国内外解决低放废物处置问题上应用较广。

24.4.2.1　浅地层埋藏处置场场址的选择步骤和要求

浅地层埋藏处置场场址的选择步骤和要求与生活垃圾卫生填埋场或危险废物填埋场一样，也要遵循安全、经济两条原则，要从水文地质、生态、土地利用和社会经济等几个方面加以考虑。另外，场地边界与露天水源的距离应不少于 500m，处置层的岩土应具有较高的离子交换和吸附能力等。浅地层埋藏处置场的规模和占地面积可根据待处置废物的数量来确定，计算与确定方法与危险废物填埋场类似。

24.4.2.2　处置废物的种类及要求

由于浅地层埋藏处置主要用于处置容器盛装的中低放固体废物。根据处置技术规定，适于浅地层处置的废物所含核素及其物理性质、化学性质和包装必须满足以下条件：

①含半衰期大于 5 年、小于或等于 30 年放射性核数的废物，比活度不大于 3.7×10^{10} Bq/kg；②含半衰期小于或等于 5 年放射性核素的废物，比活度不限；③300～500 年内，比活度能降到非放射性固体废物水平的其他废物；④废物应是固体形态，其中游离液体不得超过废物体积的 1%；⑤废物应具有足够的化学、生物、热和辐射稳定性；⑥比表面积小，弥散性低，且放射性核数的浸出率低；⑦废物不得产生有毒有害气体；⑧废物包装体必须具有

足够的机械强度，以满足运输和处置操作要求；⑨包装体表面的剂量当量率应小于 2mSv/h；⑩废物不得含有易燃、易爆、易生物降解及病菌等物。

为使处置的废物满足上述条件，必须根据废物的性质在处置前进行预处理。预处理方法有去污、包装、切割、压缩、焚烧、固化等。

24.4.2.3 处置场设计与总体布置

浅地层埋藏处置场处置的是中低放废物，其目的是在废物可能对人类造成不可按受的危险时间范围内，同时又要把废物中的放射性核数限制在处置场范围之内作为工作的重点。因此，处置场的设计，除要考虑废物处置前的预处理、渗滤液的收集、地表径流的控制外，还要考虑辐射屏蔽防护问题。

处置场的设计原则为：①处置场的设计必须保证在正常操作和事故情况下，对操作人员和公众的辐射防护符合辐射防护规定的要求；②要避免处置场关闭后返修补救；③尽可能减少水的渗入；④充分排出地表径流水；⑤尽量减少填埋废物容器之间的空隙；⑥合理布置处置单元；⑦废物之上要覆盖 2m 以上的土壤。

处置场由处置设施和辅助设施组成。处置设施由不同结构及规模的处置单元构成，各处置单元的设计则按全场的总体规划来安排。辅助设施包括卸料分类设施、废物预处理（亦称调制）设施、去污设施、分区控制设施、一般服务设施等，此外还有进出口和安全防护围墙。

场地总体设计时要特别注意入口和通道的布置，以及沾污区和非沾污区的控制。通常，根据辐射防护要求把处置场分为两个区：一是限制进入的限制区，二是非限制进入的行政管理区。为确保周围居民的安全，处置设施周围要设置一缓冲区，场地四周应修筑围墙，以防无关人员进入场地。

24.4.2.4 处置单元设计

处置单元主要有沟槽式和混凝土结构式两种，设计时可根据场地的特性和对不同类型废物的处置要求来选择。同安全土地填埋一样，防水和排水是处置单元设计考虑的重点。

① 沟槽式浅地层埋藏　沟槽式浅地层埋藏处置同卫生土地填埋的沟槽法相似。沟槽分细长沟和一般沟两种，细长沟一般宽 1m，深 6m，长 75～150m；一般沟宽 30m，深 6m，长 300m。具体尺寸可根据场地的规模和水文地质条件确定。沟槽式浅地层埋藏法具有处置量大、投资少和容易实施等优点，适用于大型处置场。

细长沟适于处置比活度较高、表面剂量大的废物。沟槽应在黏土层挖掘，否则应在沟的底部和侧面铺设黏土衬里。沟的底部应具有适当坡度，倾向沟的长度方向。在沟底低的一侧设置 0.3% 坡度的盲沟，盲沟内填充碎砖瓦砾石。沟的底部还要铺设 60～90cm 厚的砂层，使沟平坦。沟槽内还设有集水井，集水井的数量及位置根据沟的长度确定。沟槽内的积水及渗滤液可通过盲沟流入集水井，再通过立管抽出。废物填埋完后用砂回填，然后用土覆盖封场。覆盖土一般分三层，下部为 90cm 厚的土层，压实后至少再覆盖一层 60cm 厚的黏土，黏土之上再铺设 15～45cm 的顶部土壤，并进行植被。完成填埋作业的沟槽，在其四角要埋设石碑标志，详细记载所处置废物的种类、数量、照射量率和埋藏日期等。

② 混凝土结构式浅地层埋藏　混凝土结构法分沟槽式、坑式、井式、古坟式等形式，处置场的建造为混凝土结构，屏蔽及防渗效果好，实际上是一种改进的沟槽式浅地层埋藏法。具体为在地上挖一适当尺寸的坑，坑底用混凝土浇筑抹平，在底边建造排水构，用以收集垃圾渗滤液。壁面为由金属框架面定的混凝土板，一层一层排列堆放。在每一层废物之上

均浇灌混凝土，使每个废物块完全镶嵌在混凝土中，这样便筑成了混凝土“巨石”块。这个巨石块的上部表面平台还可作储存低放废物的基座。废物填满后，按沟槽式浅地层埋藏方式进行覆盖封场。

24.4.3 危险废物的深井灌注处置

深井灌注是将固体废物液化，形成真溶液或乳浊液，用强制性措施注入地下与饮用水和矿脉层隔开的可渗透性岩层中，从而达到固体废物的最终处置。

适于深井灌注处置的废物可分为有机和无机两大类，它们可以是液体、气体或固体。在进行深井灌注时，将这些气体和固体都溶解在液体里，形成溶液、乳浊液或液固混合体。深井灌注方法主要是用来处置那些实践证明难以破坏、难以转化、不能采用其他方法处理处置，或者采用其他方法费用昂贵的废物。一般废物和有害废物，都可采用深井灌注方法处置。在某些情况下，它是有害废物安全的处置方法，但如果产生裂隙，就有可能导致蓄水层的污染，因此也有人反对这种处置方法。

深井灌注的最大使用者是化学、石油化工和制药工业，其次是炼油厂和天然气厂，然后是金属公司，再是食品加工、造纸业也占有一定的比例。

24.4.3.1 处置地层的选择

深井灌注处置系统要求适宜的地层条件，并要求废物同建筑材料、岩层间的液体以及岩层本身具有相容性。在砂石岩层处置，废液的容纳主要依靠存在于穿过密实砂床的内部相连的间隙。在石灰岩或白云岩层处置，容纳废液的主要条件是岩层具有空穴型孔隙，以及断裂层和裂缝。供深井灌注的地层一般是石灰岩或砂岩，不透水的地层可以是黏土、页岩、泥灰岩、结晶石灰岩、粉砂岩和不透水的砂岩以及石膏等。

适于深井灌注的地层应满足以下条件：①处置区必须位于地下饮用水源之下；②有不透水岩层把注入的废物与地层隔开，阻断废物与有用的地下水和矿藏之间的联系；③地层结构及其原来含有的流体与注入的废物相容，或者花少量的费用就可以把废物处理到相容的程度；④孔隙率高，面积较大，厚度适宜，饱和度适宜，有足够的容量；⑤有足够的渗透性和低压性，能以理想的速度和压力接受废液。

24.4.3.2 钻探分析

在地质资料比较充分的条件下，可根据附近的钻井记录估计可能有的适宜地层位置。为了确定不透水层的位置、地下水水位以及可供注入废物地层的深度，一般需要钻勘探井，对注水层和封存水取样分析。同时进行注入试验，以选择确定理想的注入压力和注入速率，并根据井底的温度和压力进行废物和地层岩石本身的相容性试验。钻探过程中，还要采集岩芯样品，经过分析，进一步确定处置区对废物的容纳能力。

深井灌注处置井的钻探与施工和石油、天然气井的钻探技术大体相同。值得注意的是深井的套管要多于一层，外套管的下端必须处在饮用水基面之下，并且在紧靠外套管表面足够深的地段内灌上水泥。深入到处置区内的保护套管，在靠表面处也要灌上水泥，以防止淡水层受到污染。另外，并内灌注管道和保护套管之间的环形空间需采用杀菌剂和缓蚀剂进行保护处理，凡与废物接触的器材，都应根据其与废物的相容性来选择。

24.4.3.3 操作与监测

处置操作分地上预处理和地下灌注两步。预处理主要是在地面设施进行，目的是防止处理区岩层堵塞、减少处置容量或损坏设备。在某些条件下，废物的组分会与岩层中的流体起反应，形成沉淀，最终可能会堵塞岩层。如难溶的碱土金属碳酸盐、硫酸盐及氢氧化物沉淀、难溶的重金属碳酸盐、氢氧化物沉淀以及氧化还原反应产生的沉淀等。通常采用的预处理方法是化学处理或液固分离的方法，使上述组分除去或中和。防止沉淀的另一种方法是向井里注入缓冲剂，把废液和岩层液体隔离开来。

地下灌注是在有控制的压力下，以恒定的速率向处置区灌注。灌注速率一般为 300～4000L/min。深井灌注系统配备有连续记录监测装置，可以连续记录灌注压力和速率。在灌注管道和保护套管设置有压力监测器，以检验管道或套管是否发生泄漏。如出现故障，应立即停止操作。深井处置的费用与生物处理的费用相近。对某些工业废物来说，深井灌注处置可能是对环境影响最小的切实可行方法。

24.4.4 危险废物的海洋处置

海洋处置可分为传统的海洋倾倒和远洋焚烧。海洋处置具有填埋处置的显著优点而又不需要填埋覆盖，因此受到许多国家的欢迎，但由于存在环境问题，在国际上争议很大。在国际上主要有两种观点：一种观点认为，海洋具有无限的容量，是处置多种工业废物的理想场所，即使有毒有害物质进入海洋，也会通过海洋的稀释扩散作用，不危害环境和人体健康。例如，美国、英国、法国、日本、德国等国家都曾用海洋倾倒法处置了大量的固体废物。美国曾认为海洋倾倒是处置低放废物的理想方法，由于大部分低放废物的放射性核数半衰期较短，经计算，稀释加衰变可使废物达到无害水平，对人类造成的危害是极小的。认为即使废物包装容器泄漏，大量海水将稀释和弥散进入海洋中的废物。对于远洋焚烧，则认为即便不是一种理想方法，也是一种可接受的方法。另一种观点则认为，长期大量倾倒将会造成海洋污染，杀死海洋生物，破坏海洋的生态环境。由于生态问题是一个长时期才能显现变化的问题，虽然在短时期内对海洋处置所造成的污染难得出确切结论，但也必须予以充分考虑。

目前西方工业发达国家为了加强对固体废物海洋处置的管理，相继制定了有关法律、规定及协议。我国对海洋处置基本上持否定态度，1985 年颁布的《中华人民共和国海洋倾废管理条例》，对海洋处置申请程序、处置区的选择、倾倒废物的种类、倾倒区的封闭提出了明确规定。海洋处置目前已被国际公约制止。对于海洋处置主要应考虑以下几个方面的问题：①通过小型试验研究对生态环境的影响如何；②同其他处置方法比较是否经济可行；③是否满足有关海洋处置的法律规定。

24.4.4.1 海洋倾倒

海洋倾倒是利用海洋的巨大环境容量，将固体废物直接投入海洋处置的一种方法。其理论依据是，海洋是一个巨大的废物接受体，对投弃其中的污染物质有极大的稀释和扩散能力，对用容器包装的危险废物，即使容器破裂，污染物质泄漏，海洋也会通过它的自然稀释和扩散作用，使污染物质保持在环境容许水平的限度。

海洋倾倒的法律定义是指利用船舶、航空器、平台及其他载运工具，向海洋倾倒废物或其他有害物质的行为。为了防止海洋污染，需对海洋倾倒进行科学管理。根据废物的性质、有害物质的含量和对海洋环境的影响，废物可分为以下三类。

① 被禁止倾倒的废物，包括含有有机卤素、汞、镉及其化合物的废物；原油、石油炼制品、残油及其废物；高放废物；严重妨碍航行，捕鱼及其他活动或危害海洋生物的、能在海面上漂浮的物质。

② 需经过特别批准后才能倾倒的废物，包括含有氰化物、氯化物及有机硅化合物的废

物；含有砷、铅、铜、锌、铬、镍、钒等物质及化合物的废物；低放废物；容易沉入海底，可能严重妨碍捕鱼和航行的笨重废物。

③ 需获普通许可证即可倾倒的废物，是指除上述两类废物之外的低毒或无毒的废物。

海洋倾倒的操作程序主要有三大步骤：根据有关法律规定选择处置场地；根据处置区的海洋学特性、海洋保护水质标准、处置废物的种类及倾倒方式进行技术可行性研究和经济分析；按照设计的倾倒方案进行投弃。

根据海洋倾废管理条例，我国海洋倾倒由国家海洋局及其派出机构主管；海洋倾倒区由主管部门会同有关机构，按科学合理、安全和经济的原则划定；需要向海洋倾倒废物的单位，应事先向主管部门提出申请，在获得倾倒许可证之后方能依据废物的种类、性质及数量进行倾倒。

24.4.4.2　远洋焚烧

远洋焚烧是利用焚烧船将固体废物运至远海进行船上焚烧作业的一种处理处置方法。远洋焚烧利用焚烧船在远海对废物进行焚烧破坏。适于处置具有可燃性废物，主要用来处置卤化废物，产生的废气通过气体净化装置和冷凝器。冷凝液和残渣直接排入海中。因此，处理费用比陆地焚烧便宜，但比海洋倾倒昂贵。

远洋焚烧的理论依据是对于处置的含氯有机废物，焚烧产物主要是氯化氢气体和少量焚烧残渣。对于氯化氢气体经冷凝后可直接排入海中，焚烧残渣无须处理也可直接排入海中。通过实验证明，含氯有机物完全燃烧后产生的水、二氧化碳、氯化氢和氮氧化物，由于海水本身氯化物含量高，并不会因为吸收大量氯化氢冷凝液而影响海水中氯的平衡。同时由于海水中碳酸氢盐的缓冲作用，也不会因吸收氯化氢而使海水的酸度发生变化。

远洋焚烧船的焚烧器结构因焚烧对象不同而异，需要专门设计，一般采用同心管燃烧嘴供给空气和液体的液、气雾化型焚烧器，但有些焚烧器既能焚烧固体废物又能焚烧液体废物。

远洋焚烧的管理程序同海洋倾倒一样。进行远洋焚烧的单位要向主管部门提出申请，在其海洋焚烧设施通过检查并获得焚烧许可证之后，才能在指定海域按照设计的焚烧方案处置废物。远洋焚烧操作的基本要求为：①应控制焚烧系统的温度不低于1250℃；②焚烧效率至少为（99.95±0.5）%；③炉台上不应有黑烟或火焰延展；④焚烧过程随时对无线电呼叫作出反应。

远洋焚烧的法律定义是指以高温破坏有毒有害废物为目的，而在海洋焚烧设施上有意地焚烧废物或其他物质的行为。对于远洋焚烧，由于存在生态方面的争议，目前许多国家都持谨慎态度。

参 考 文 献

[1] 北京水环境技术与设备研究中心. 三废处理工程技术手册. 北京：化学工业出版社，2003.

[2] 张颢瀚，鲍磊. 长三角区域的生态特征与生态治理保护的一体化推进措施. 科学发展，2010，(2).

[3] 国家发改委，科技部.《当前优先发展的高新技术产业化重点领域指南》(2007年).

[4] 国务院.《国家中长期科学和技术发展规划纲要（2006—2020年）》.

[5] 孙可伟，李如燕. 铸造废物资源化系统工程. 铸造，2008，57 (1).

[6] 赵旭东，项光明，等. 电石渣在循环流化床烟气脱硫中的应用. 化学工程，2006，34 (9).

[7] 陈莲芳，徐夕仁，马春元. 石灰和石灰石湿法脱硫系统运行控制指标探讨. 环境污染与防治，2005，(1).

[8] 方芳，莫建松，王凯南，等. 石灰-石膏法旋流板塔脱硫技术及其应用. 环境污染与防治，2008，30 (12).

[9] 吴倩倩，秦梦华，郝秉清. 造纸白泥在烟气脱硫中的应用. 上海造纸，2008，39 (1).

[10] 江苏省统计局. 江苏省统计年鉴数据，2010.

[11] Eiji Hosoda. International aspects of recycling of electrical and electronic equipment：material circulation in the East Asian region. Journal of Material Cycles and Waste Management，2007，09.

[12] 张雷. 玻璃/铝基废物复合材料制备工艺及流场模拟研究. 昆明：昆明理工大学，2008.

[13] 赵由才，牛冬杰，柴晓利，等. 固体废物处理与资源化. 北京：化学工业出版社，2006.

[14] 聂永丰. 三废处理工程技术手册. 北京：化学工业出版社，2000.

[15] 芈振明，高忠爱，祁梦兰，吴天宝. 固体废物的处理与处置. 北京：高等教育出版社，1993.

[16] 李国学. 固体废物处理与资源化. 北京：中国环境科学出版社，2005.

[17] 栾智慧，王树国，等. 垃圾卫生填埋实用技术. 北京：化学工业出版社，2004.

[18] 钱学德，郭志平，施建勇，等. 现代卫生填埋场的设计与施工. 北京：中国建筑工业出版社，2001.

[19] 沈东升. 生活垃圾填埋生物处理技术. 北京：化学工业出版社，2003.

[20] 建设部. 城市生活垃圾卫生填埋技术. 北京：中国建筑工业出版社，2004.

[21] 胥传阳. 上海市固体废物处置现状及对策. 上海人居与信息化论坛.

[22] 徐晓军，管锡君，羊依金. 固体废物污染控制原理与资源化技术. 北京：冶金工业出版社，2007.

[23] 宁平. 固体废物处理与处置. 北京：高等教育出版社，2007.

[24] 李秀金. 固体废物工程. 北京：中国环境科学出版社，2003.

[25] 彭长琪. 固体废物处理与处置技术. 武汉：武汉理工大学出版社，2009.

[26] 赵由才，宋立杰，张华. 固体废物污染控制与资源化. 北京：化学工业出版社，2002.

[27] 刘恩志. 固体废物处理与利用. 大连：大连理工大学出版社，2006.

[28] 胡亨魁. 水污染治理技术. 武汉：武汉理工大学出版社，2009.

[29] 罗固源. 水污染控制工程. 北京：高等教育出版社，2006.

[30] 郭正，张宝军. 水污染控制和设备运行. 北京：高等教育出版社，2007.

[31] 孙东. 城市生活垃圾综合处理前分选系统设计. 安全与环境学报，2002.

[32] 宁平，张承中，陈建中. 固体废物处理与处置实践教程. 北京：化学工业出版社，2005.

[33] 龚佰勋. 环保设备设计手册——固体废物处理设备. 北京：化学工业出版社，2004.

[34] 杨慧芬. 固体废物处理技术及工程应用. 北京：机械工业出版社，2003.

[35] 李国建，赵爱华，张益. 城市垃圾处理工程. 北京：科学出版社，2003.

[36] 聂永丰. 三废处理工程技术手册——固体废物卷. 北京：化学工业出版社，2003.

[37] 曾兆华，杨建文编著. 材料化学. 北京：化学工业出版社，2008.

[38] 聂永丰，刘富强，王进军. 我国城市垃圾焚烧技术发展方向探讨. 环境科学研究，2000，13 (3).

[39] 徐海云. 我国城市生活垃圾处理的典型特征和问题. 废物治理，2005，(3).

[40] 郭广寨，朱建斌，陆正明. 国内外城市生活垃圾处理处置技术及发展趋势. 环境卫生工程，2005，13 (4).

[41] 蒋斌，严桂英. 垃圾焚烧中的二噁英生成及抑制机理. 污染防治技术，2005，18 (3).

[42] 顾捷，陈蕾，夏顺阳. 论生活垃圾处理与污染防治技术. 污染防治技术，2006，19 (1).

[43] 侯晓龙，马祥庆. 中国城市垃圾的处理现状及利用对策. 污染防治技术，2005，18 (6).

[44] 扈云圈. 废钢铁回收与利用. 北京：化学工业出版社，2011.

[45] 陈津，赵晶，张猛编著. 金属回收与再生技术. 北京：化学工业出版社，2011.
[46] 宋立杰，赵由才. 冶金企业废物生产设备设施处理与利用. 北京：冶金工业出版社，2009.
[47] 徐惠忠. 固体废物资源化技术. 北京：化学工业出版社，2004.
[48] GB/T 20861—2007 废弃产品回收利用术语.
[49] 李晓明，曹利军，韩文辉. 污染转移分析及对策. 重庆环境科学，2003，04.
[50] 鲁勇干，巫晓中. 合格评估程序在进口废物原料中的应用. 问题讨论，2005，12：10.
[51] 陈佳木. 进口废物原料的立体监管模式. 中国检验检疫，2004，10.
[52] 匡维华. 进口废物原料管理中存在的问题. 中国检验检疫，2005，11.
[53] Wen-Tien Tsai'Yao-Hung Chou，Chien-Ming Lin，Hsin-Chieh Hsu. Perspectives on resource recycling from municipal solid waste in Taiwan. Resources Policy，2007，03.
[54] GB 4223—2004 废钢铁.
[55] GB 16487. 6—1996 进口废物环境保护控制标准—废钢铁.
[56] 李国鼎，等编. 固体废物的处理与资源化. 北京：清华大学出版社，1990.
[57] 庄伟强. 固体废物处理与利用. 北京：化学工业出版社，2001.
[58] 北京市环境保护科学研究院、国家城市环境污染控制工程技术研究中心主编. 三废处理技术工程手册. 北京：化学工业出版社，2000.
[59] 郭锦涛. 牛海斌，等. 粉煤灰的综合利用研究. 资源节约和综合利用，2000，4.
[60] 刘小波. 我国煤矸石利用的现状及展望. 煤矿环境保护，1997，3.
[61] 李海滨，等. 新型的垃圾资源化利用技术——能量自给型城市生活垃圾堆肥系统.
[62] 刘均科，等. 塑料废物的回收与利用技术. 北京：中国石化出版社，2001.
[63] 张永波，等. 地下水环境保护与污染控制. 北京：中国环境科学出版社，2003.
[64] 赵由才主编. 实用环境工程手册. 固体废物污染控制与资源化. 北京：化学工业出版社，2002.
[65] 高艳玲. 固体废物处理处置与工程实例. 北京：中国建筑工业出版社，2004.
[66] 杨玉楠，熊运实，杨军，等. 固体废物的处理处置工程与管理. 北京：科学出版社，2004.
[67] 杨慧芬，张强编著. 固体废物资源化. 北京：化学工业出版社，2004.
[68] 李金秀. 固体废物工程. 北京：中国环境科学出版社，2003.
[69] 汪慧群主编，叶暾旻，谷庆宝副主编. 固体废物处理及资源化. 北京：化学工业出版社，2004.
[70] 郭永海，等. 世界高放废物地质处置库选址研究概况及国内进展. 地学前缘，2001，8（2）.
[71] 孙庆红. 放射性废物技术的一些新进展和趋势——IAEA 国际放射性废物技术委员会第四次会议简介. 辐射防护通讯，2004，24（6）.
[72] 蒋建国编著. 固体废物处理处置工程. 北京：化学工业出版社，2005.
[73] 王绍文，梁富智，王纪曾编著. 固体废物资源化技术与应用. 北京：冶金工业出版社，2003.
[74] 汪宝华主编.《中华人民共和国固体废物污染环境防治法》实施手册. 北京：中国环境保护出版社，2005.
[75] 赵庆祥. 污泥资源化技术. 北京：化学工业出版社，2002.
[76] 彭长琪主编. 固体废物处理工程. 武汉：武汉理工大学出版社，2004.
[77] 杨国清主编，刘康怀副主编. 固体废物处理工程. 北京：科学出版社，2000.
[78] 姚向君，等. 生物质能资源清洁转化利用技术. 北京：化工出版社，2005.
[79] 戴维斯，康韦尔. 环境工程导论. 王建龙译. 北京：清华大学出版社，2000.
[80] 李秀金主编. 固体废物工程. 北京：中国环境科学出版社，2003.
[81] 危险废物管理培训与技术转让中心编. 危险废物管理与处理处置技术. 北京：化学工业出版社，2003.
[82] 唐鸿寿，王如松，等编著. 城市生活垃圾处理和管理. 北京：气象出版社，2002.
[83] 张小平. 固体废物污染控制工程. 北京：化学工业出版社，2004.
[84] 陈勇，等. 固体废物能源利用. 广州：华南理工大学出版社，2002.
[85] GB 18484—2001. 危险废物焚烧污染控制标准.
[86] GB 18598—2001. 危险废物填埋污染控制标准.
[87] GB 13600—92. 低中水平放射性固体废物的岩洞处置规定.
[88] GB 9132—88. 低中水平放射性固体废物的浅地层处置规定.

[89] HJ/T 23—1998. 低、中水平放射性废物近地表处置设施的选址.
[90] 曹本善编著. 垃圾焚化厂兴建与操作务实. 北京：中国建筑工业出版社，2002.
[91] 钟振洋，周启祥，阿世孺，等. 环卫机械设备合理选择与经济使用. 北京. 中国建筑工业出版社，1999.
[92] 李国学，张福锁. 固体废物堆肥化与有机复混肥生产. 北京：化学工业出版社，2000.
[93] 张克强，高怀友. 畜禽养殖业污染物处理与处置. 北京：化学工业出版社，2004.
[94] 董保澎. 我国工业固体废物现状与处理对策. 中国环保产业，2001，(10)：20.
[95] 朱金城. 探索我国固体废物资源化综合利用产业化道路. 再生资源研究，1999，(5)：24.
[96] 鞠春华. 某些工业固体废物的资源化. 国土与自然资源研究，1998，(1)：76.
[97] 马荣. 利用工业固体废物生产建材的现状与对策. 中国煤炭，1997，23 (12)：24.
[98] 孙可伟. 固体废物资源化现状与展望. 中国资源综合利用，2000，(1)：10.
[99] 建设工程造价与计价实务全书(中册). 北京：中国建材工业出版社，2001.
[100] 建筑施工手册. 第 2 版. 北京：中国建筑出版社，1988.
[101] 给水排水设计手册. 第 2 版. 北京：中国建筑工业出版社，2000.
[102] 吴贤国，郭劲松，李惠强，杜婷. 建筑废料的再生利用研究. 建材技术与应用，2004.
[103] Poon C S，Kou S C，Lam L Use of recycled aggregates in molded concrete bricks and blocks. Construction and Building Materials，2002，16 (5).
[104] Franklin Associates. Characterization of Building-Related Construction and Demolition Debris in the United States. EPA530-R-98-010，1998.
[105] Poon C S，Ann T W Yu，L H Ng. On-site sorting of construction and demolition waste in Hong Kong. Resources，Construction and Recycling，2001，32.
[106] Kartam N，Al-Mutairi N，Al-Ghusain I，Al-Humoud J. Environmental management of construction and demolition waste in Kuwait. Waste Management，2004，24 (10).
[107] Huang W L，Lin D H，Chang N B，Lin K S. Rcycling of construction and demolition waste via a mechanical sorting process，Resources，Conservation and Recycling，2002，37.
[108] 杨文渊，钱绍武. 道路施工工程师手册. 北京：人民交通出版社，2002.
[109] 张志民. 利用建筑垃圾收集雨水技术研究. 中国资源综合利用，2004，(3).
[110] 《基础工程施工手册》编写组. 基础工程施工手册. 第 2 版. 北京：中国计划出版社，2002.
[111] 《建筑施工手册》编写组. 建筑施工手册. 第 2 版. 北京：中国建筑工业出版社，1988.
[112] Poon C S，Kou S C，Lam L. Use of recycled aggregates in molded concrete bricks and blocks. Construction and Building Materials，2002，16 (5).
[113] Shelburne W M，Degroot D J. Use of Waste & Recycled Materials in Highway Construction. Civil Engineering Practice，1998，13 (1).
[114] 马睿，孙晓红，汪群慧. 建筑垃圾的再生与利用. 技术交流，2004，(7).
[115] 徐家和. 建筑施工实例应用手册. 北京：中国建筑工业出版社，1998.
[116] 黄士基. 土木工程机械. 北京：中国建筑工业出版社，2000.
[117] Public Fill Committee，Civil Engineering and Development Department. Guidelines for Selective Demolition and on-site Sorting. 2004.
[118] Public Fill Committee，Civil Engineering and Development Department. Interim Review Report on Establishment of Pilot Construction and Demolition Material Recycling Facility in Tuem Mun Area38. 2004.
[119] 邹惟前，邹菁. 利用固体废物生产新型建筑材料——配方、生产技术、应用. 北京：化学工业出版社，2004.
[120] 郑立，姚通稳. 新型墙体材料技术读本. 北京：化学工业出版社，2004.
[121] Poon C S. Management and recycling of Demolition waste in Hong Kong. Waste Management&Research，1997，15 (6).
[122] McGrath C. Waste minimization in practice. Resources，Conservation and Recycling，2001，32 (3-4).
[123] 邓学钧. 路基路面工程. 北京：人民交通出版社，2000.
[124] 湛轩业. 建筑废料：可回收利用的新资源(一) 从西欧现状看中国建筑废料回收利用的必要性. 综合利用，2004，(3).

[125] 湛轩业，建筑废料：可回收利用的新资源（二）从西欧现状看中国建筑废料回收利用的必要性．综合利用，2004，(4).

[126] Poon C S, Kou S C, Lam L. Use of recycled aggregates in molded concrete bricks and blocks. Construction and Building Materials, 2002, 16 (5).

[127] Dantata N, Touran A, Wang J. An analysis of cost and duration for deconstruction and demolition of residential buildings in Massachusetts. Resources, Conservation and Recycling, 2005, 44 (1).

[128] 张梓太．环境法律责任研究．北京：商务印书馆，2004.

[129] 金瑞林．环境与资源保护法学．北京：北京大学出版社，2006.

[130] 王灿发．环境法学教程．北京：中国政法出版社，1997.

[131] 朴光洙，刘定慧，马品懿著．环境法环境执法．北京：中国环境科学出版社，2002.

[132] 赵建林．《固体废物污染环境防治法》修订的新亮点——生产者延伸责任制度．中国环境管理，2005，(06).

[133] 袁锦秀．固体废物污染环境防治法的立法完善探析．湘潭师范学院学报（社会科学版），2005，27，(05).

[134] 韩德培．环境保护法教程．北京：法律出版社，2003.

[135] 孙佑海．固体废物污染环境防治法的新变化．中国人大，2005，(01).

[136] 陈德敏．资源循环利用论——中国资源循环利用的技术经济分析．重庆：新华出版社，2006.

[137] 付晓东．循环经济与区域经济．北京：经济日报出版社，2007.

[138] 崔铁宁．循环经济概论．北京：中国环境科学出版社，2007.

[139] 刑帆．对废物进口大声说不．新闻搜索，2007，06：12.

[140] 陈竹．电子垃圾进口：中国的利益与代价．焦点透视，2007，05.

[141] 曹秋菊．对外贸易对我国生态环境安全的影响及对策．绿色经济，2005，06.

[142] 徐建浦，姚永华，刘坚．进口废物原料检验检疫实践与探索．中国卫生检验杂志，2006，12.

[143] 周炳炎．进口固体废物环境保护标准的意义和作用．产业纵横，2006，07.

[144] 赵静．论固体废物污染越境转移法律法规的完善——从我国的洋垃圾谈起．广州环境科学，2006，03.

[145] 韩飞．我国废钢铁进口管理工作现状及存在的问题．再生资源研究，2005，01.

[146] 胡涛，吴玉萍，张凌云．我国固体废物的管理体制问题分析．环境科学研究，2005，10.

[147] 李华友，冯东方．我国进口废物污染控制的制度困局．我国进口废物循环利用和环境管理政策研究，2007，03.

[148] 雒书鸿．我国进口固体废物管理措施研究．北京：北京交通大学，2007.

[149] 柴国樑．我国废塑料进口情况及其回收利用分析．中国石油和化工经济分析，2005，10.

[150] 马鸿昌，李宁．中国废塑料进口利用现状及展望．有色金属再生与利用，2004，10.

[151] 张翠华．进口二氯乙烷接卸作业与环境保护．化工贸易，2004，02.

[152] 沈东升，冯华军，贺永华．第七类进口废物拆解业的环境经济分析．农业环境科学学报，2005，12.

[153] 魏伟．浅论保护合法进口废旧原材料行为．黑龙江对外经贸，2005，2.